云南森林经营体系构建

理论与实践

U0250754

宋永全　李　维　伏露红　编著

云南省林业调查规划院

YNK 云南科技出版社

·昆明·

图书在版编目（CIP）数据

云南森林经营体系构建理论与实践 / 宋永全，李维，
伏露红编著 . -- 昆明 : 云南科技出版社，2024.5
　　ISBN 978-7-5587-5653-5

　　Ⅰ.①云… Ⅱ.①宋… ②李… ③伏… Ⅲ.①森林经
营 - 研究 - 云南 Ⅳ.① S75

　　中国国家版本馆 CIP 数据核字（2024）第 103314 号

云南森林经营体系构建理论与实践

YUNNAN SENLIN JINGYING TIXI GOUJIAN LILUN YU SHIJIAN

宋永全　李　维　伏露红　编著

出 版 人：温　翔
责任编辑：代荣恒
封面设计：木束文化
责任校对：秦永红
责任印制：蒋丽芬

书　　号：ISBN 978-7-5587-5653-5
印　　刷：昆明高湖印务有限公司
开　　本：889mm×1194mm　1/16
印　　张：15
字　　数：350 千字
版　　次：2024 年 5 月第 1 版
印　　次：2024 年 5 月第 1 次印刷
定　　价：128.00 元

出版发行：云南科技出版社
地　　址：昆明市环城西路 609 号
电　　话：0871-64134521

编 委 会

前　言

　　党的十八大以来，国家提出把建设生态文明纳入中国特色社会主义事业"五位一体"的总体布局，并明确指出林业建设是事关经济社会可持续发展的根本性问题。党中央、国务院陆续出台《关于加快推进生态文明建设的意见》《生态文明体制改革总体方案》《2030年前碳达峰行动方案》等重要政策性文件，明确强调要加强森林资源保护、发展，加强自然生态系统修复，加强森林可持续经营，提高森林质量，实现森林资源可持续发展，提升林草碳汇潜力，助力碳达峰、碳中和目标的实现。

　　为贯彻落实党中央、国务院对林业工作的总目标要求和重要指示精神，特别是习近平总书记关于森林生态安全和精准提升森林质量的重要讲话精神，适应国际国内新形势和林业发展阶段特征，国家林业和草原局持续开展森林可持续经营试点示范建设，推广近自然森林经营、多功能森林经营，打造了河北塞罕坝木兰围场国有林场近自然全林经营模式。国家林业和草原局印发了《全国森林可持续经营试点实施方案（2023—2025年）》，将持续加大森林可持续经营工作，着力打造一批森林可持续经营的试点示范单位、初步建立科学可行的森林经营方案制度，推动建立有效的森林可持续经营管理决策机制，积极建立森林可持续经营工作的保障机制，探索国有林固碳增汇的经营模式，较好地发挥森林的经济、生态和社会效益，筑牢国土生态安全屏障，扩大经济环境容量，助力国家生态文明建设和人与自然和谐共生的中国式现代化建设。

　　云南省是我国西南地区重点林草资源大省。全省林地面积2496.90万 hm²，森林面积2117.03万 hm²，均居全国第二位；全省活立木蓄积量24.10亿 m³，居全国第一位；草原面积近133.33万 hm²，全省草原综合植被覆盖度80.17%。云南省委、省人民政府高度重视全省森林经营可持续发展工作，在《云南省"十四五"林业和草原保护发展规划》中明确提出强化森林经营工作，精准提升森林质量。2023年10月，云南省林业和草原局办公室在印发的《云南省关于推进森林可持续经营的指导意见》中明确指出，全省将进一步加强森林资源保护、经营与利用，充分发挥森林多重效益、多种功能，全面提升森林可持续经营水平，规范和引领全省森林经营工作，要科学有效分区、分类保护和利用森林，增强森林的供给、调节、服务、支撑能力，发挥森林的水库、钱库、粮库和碳库功能，促进全省林业高质量发展。全省林草事业正在以习近平新时代中国特色社会主义思想为指引，全面贯彻落实党的二十大精神，深入贯彻落实习近平生态文明思想和习近平总书记考察云南重要讲话精神，牢固树立绿水青山就是金山银山的理念，以培育稳定、健康、优质、高效的森林生态系统为目的，以森林可持续经营为主线，坚持和完善分类经营制度，着力提高森林质量，发挥森林多重效益，助力全省乡村振兴和生态文明建设。

结合多年的工作实践，作者深入研究学习了国内外森林经营科学理论进展及模式，总结、思考和探索了云南省森林可持续经营体系的构建思路，提出了云南森林经营的理论体系框架，以期为全省森林可持续经营研究和实践工作尽绵薄之力。在成果编制过程中，云南省林业和草原局、西南林业大学和云南省林业调查规划院专家、学者给予了极大鼓励与支持，并提出了宝贵意见，在此一并表示衷心感谢！

最后，由于本书研究内容涉及领域广，作者的实践经验和理论水平有限，再加上书中所涉及的内容是一个不断变化和发展的领域，因此疏漏和错误在所难免，恳请前辈、专家和同仁不吝赐教，批评指正。

《云南森林经营体系构建理论与实践》编委会

二〇二三年十二月

目　录

第一章 绪 论

一、森林经营体系研究背景

自党的十八大以来，坚持人与自然和谐共生，绿水青山就是金山银山，已成为引领中国绿色生态发展的重要理念。

党的二十大报告指出，必须牢固树立和践行"绿水青山就是金山银山"的理念，站在人与自然和谐共生的高度谋划发展。

我国新修订的《中华人民共和国森林法》第六条提出，国家以培育稳定、健康、优质、高效的森林生态系统为目标，对公益林和商品林实行分类经营管理，突出主导功能，发挥多种功能，实现森林资源永续利用。

国家林业和草原局出台《全国森林可持续经营试点实施方案（2023—2025年）》，成为推动新时代林草工作高质量发展的重要举措之一。一系列重大法规政策相继出台，为森林资源高质量发展指明了方向。

（一）生态文明建设赋予森林经营体系研究重要使命

党的十八大把生态文明建设纳入中国特色社会主义事业"五位一体"总体布局，提出"绿水青山就是金山银山"的科学论断，林业作为生态文明建设主力军，肩负时代发展重要使命。中央领导同志对生态文明建设和林业改革发展作出了一系列重要讲话和批示，对林业提出了"稳步扩大森林面积，提升森林质量，增强森林生态功能，为建设美丽中国创造更好的生态条件"的明确要求。近年来，国家高度重视生态文明建设，提出了要紧紧围绕"山水林田湖草沙"系统治理，以森林可持续经营作为贯彻落实"着力提高森林质量"的根本举措，提高森林质量，建立健康、稳定、高效的森林生态系统，在维护生态安全、推进生态文明建设中发挥基础性、战略性作用，为云南经济社会发展奠定生态根基。要着力提高森林质量，坚持保护优先、自然修复为主，坚持数量和质量并重、质量优先，并明确指示要实施森林质量精准提升工程，为全面加强森林经营工作指明了方向。

（二）新版《中华人民共和国森林法》为森林经营体系研究提出新要求和方向

《中华人民共和国森林法》已由第十三届全国人民代表大会常务委员会第十五次会议于 2019 年 12 月 28 日修订通过，自 2020 年 7 月 1 日起施行。

新修订的《中华人民共和国森林法》在结构上作了较大调整，从 1998 年《中华人民共和国森林法》7 章扩展至 9 章，条文从 49 条增加到 84 条。森林经营管理是贯穿《中华人民共和国森林法》修改的一条主线，作为重点内容得到了加强。这对进一步加强森林经营，提高森林质量，促进林业高质量发展具有举足轻重的作用。新修订的《中华人民共和国森林法》中，森林经营的内容涉及 6 章 16 条，主要体现在以下七个方面。

1. 森林经营的总原则

关于森林经营的原则，总则第三条规定"保护、培育、利用森林资源应当尊重自然、顺应自然，坚持生态优先、保护优先、保育结合、可持续发展的原则"。这是林业经营活动的原则，更是森林经营的原则。

2. 森林经营的总目标

关于森林经营的总目标，总则第六条规定：国家以培育稳定、健康、优质、高效的森林生态系统为目标。这个目标就是林业经营活动的总目标，更是森林经营的总目标，也是现代森林经营原理的要点之一。

3. 造 林

造林是森林经营的重要环节，在历次的《中华人民共和国森林法》中都是单独成章。本次也不例外，只不过将名称由"植树造林"改成了"造林绿化"。

第四十五条规定，各级人民政府组织造林绿化，应当科学规划、因地制宜，优化林种、树种结构，鼓励使用乡土树种和林木良种、营造混交林，提高造林绿化质量。这里的核心主题是明确新任务、保护原生态、重视造林质量，关键词是优化林种、树种结构，使用乡土树种和林木良种营造混交林。

4. 森林分类经营

对于分类经营，新《中华人民共和国森林法》作出了系列规定，包括基本制度、原则、划定对象、经营策略等方面，体现在 6 条法规中。

实行分类经营管理：总则的第六条明确了"国家以培育稳定、健康、优质、高效的森林生态系统为目标，对公益林和商品林实行分类经营管理，突出主导功能，发挥多种功能"的分类经营制度，这是分类经营作为基本法律制度首次写入《中华人民共和国森林法》。

明确分类原则：总则第四十七条规定，国家根据生态保护的需要，将森林生态区位重要或者生态状况脆弱，以发挥生态效益为主要目的的林地和林地上的森林划定为公益林。未划定为公益林的林地和林地上的森林属于商品林。

明确划定对象：总则第四十八条明确了公益林的划定对象，第五十条规定了鼓励发展的商品林类型。

明确经营策略：总则第四十九条规定，国家对公益林实施严格保护。对公益林中生态功能低下的疏林、残次林等低质低效林，采取林分改造、森林抚育等措施，提高公益林的质量和生态保护功能。第五十一条规定，商品林由林业经营者依法自主经营。在不破坏生态的前提下，可以采取集约化经营措施，合理利用森林、林木、林地，提高商品林经济效益。

5. 森林经营规划和方案

重视森林经营计划（规划、方案）的作用是现代森林经营原理的要点之一。本次修改，强化森林经营规划和森林经营方案的作用成为突出亮点。

强调规划统领：首先，强调规划统领，将原《中华人民共和国森林法》关于林业长远规划的有关内容进一步具体化，发展规划与专项规划相结合。明确县级以上人民政府应当将森林资源保护和林业发展纳入国民经济和社会发展规划。第二十六条明确要求，县级以上人民政府林业主管部门可以结合本地实际，编制林地保护利用、造林绿化、森林经营、天然林保护等相关专项规划。

强化法律地位：从根本上强化了森林经营方案的法律地位。新《中华人民共和国森林法》第五十三条规定，国有林业企业事业单位应当编制森林经营方案，明确森林培育和管护的经营措施。国家支持、引导其他林业经营者编制森林经营方案。

第七十二条规定，违反本法规定，国有林业企业事业单位未履行保护培育森林资源义务，未编制森林经营方案或者未按照批准的森林经营方案开展森林经营活动的，由县级以上人民政府林业主管部门责令限期改正，对直接负责的主管人员和其他直接责任人员依法给予处分。这是新增加的内容。

第七十二条规定与第五十三条相呼应，对森林经营方案的编制和执行提出了更高的要求，从根本上强化了森林经营方案的法律地位，对建立以森林经营方案为核心的森林经营制度体系建设、实施森林可持续经营将发挥重要作用。

6. 森林采伐

森林采伐在森林保护和经营中是一项关键活动。因此，以往的历次《中华人民共和国森林法》中都是单独成章的，而本次修订，将其与森林经营管理合并，作为一种森林经营措施纳入森林经营管理，是认识上的一次重要转变。

对于采伐森林、林木应当遵守的要求，新《中华人民共和国森林法》在分类经营的基础上进行了进一步的细化规定。第五十五条规定，公益林只能进行抚育、更新和低质低效林改造性质的采伐。但是，因科研或者实验，防治林业有害生物，建设护林防火设施，营造生物防火隔离带，遭受自然灾害等需要采伐的除外；商品林应当根据不同情况，采取不同采伐方式，严格控制皆伐面积，伐育同步规划实施；自然保护区的林木，禁止采伐。但是，因防治林业有害生物，森林防火，维护主要保护对象生存环境，遭受自然灾害等特殊情况必须采伐的和实验区的竹林除外。

7. 天然林保护

第三十二条规定，国家实行天然林全面保护制度，严格限制天然林采伐，加强天然林管护能力建设，保护和修复天然林资源，逐步提高天然林生态功能。具体办法由国务院规定。这是新增条款。本条的内容，就是为贯彻落实党中央决策部署作出的规定。这里有两点重要变化。

（1）严格限制天然林采伐

天然林全面保护制度出台后提出"停止天然林的商业性采伐"，新版《中华人民共和国森林法》明确了"严格限制天然林采伐"。相比之下，新的提法更加严谨、科学。因为何为"商业性采伐"，难以下一个严谨准确的定义。另外，前面已经提到了有两个"除外"的情况，如果用旧的提法，就会产生矛盾。

（2）保护修复天然林资源

新修订的《中华人民共和国森林法》提到了"保护和修复天然林资源"，如前所述，人工修复就是一种森林经营活动，所以这里传递了一种理念，即天然林也是需要经营的，这是符合现代森林经营原理的，是回归科学的体现。当然，天然林的修复或者经营，既要遵循现代森林经营原理，也要适应我国林业发展阶段的实际情况，遵守现阶段天然林保护的相关规定，使之成为符合我国国情、林情的科学举措。

自2008年以来，森林经营成为林业工作的一大主题，国家采取了一系列的政策措施来解决森林经营问题，森林经营开始步入正轨，但仍缺少社会层面的整体认识和观念的转变，重要原因就是没有在法律层面固化。现在，林业已经进入了高质量绿色发展阶段，着力提高森林质量、增强森林生态功能是这个阶段的重要目标，森林经营是实现这个阶段目标的重要抓手。

因此，急须对制约森林经营的一些关键问题作出法律上的回答。这次修改《中华人民共和国森林法》，本着科学、求实的精神，立足于我国林业的发展阶段，遵循现代森林经营原理，充分吸收了社会各界对森林经营工作的意见和建议，对森林经营作出了法律规定，起到了澄清认识、转变观念、理顺思路、完善体系、规范实践的引领作用。

（三）碳达峰、碳中和战略为森林经营提供了重大机遇

2020年9月22日，国家主席习近平在第七十五届联合国大会上宣布，中国力争2030年前二氧化碳排放达到峰值，努力争取2060年前实现碳中和"双碳"目标，这是事关中华民族永续发展和构建人类命运共同体的重大战略决策，充分彰显中国言必信、行必果的大国担当。碳达峰、碳中和倡导绿色、环保、低碳的生活方式，推动资源循环利用，提高资源利用效率，与我们每一个人都有关。随后在联合国生物多样性峰会 G20 达沃斯论坛、气候雄心峰会、达沃斯论坛、领导人气候峰会等多个国际场合，国家主席习近平对此又作了进一步阐述，并强调中国将说到做到，坚定不移地加以落实。党中央强调把碳达峰、碳中和纳入经济社会发展和生态文明建设整体布局，有效发挥森林固碳作用，提升生态系统碳汇增量刻不容缓。森林经营要牢牢把握这一重大发展机遇，在科学造林、森林经营资源保护等方面下功夫，大规模精准提升森林质量，充分发挥森林碳汇的重要作用，为实现碳达峰、碳中和目标作出更大贡献。

（四）全面推进林长制，为森林经营制度提供保障

2021年1月，中共中央办公厅、国务院办公厅印发《关于全面推行林长制的意见》，随后各省、自治区、直辖市相继出台关于全面推行林长制的意见和具体举措。全面推行林长制，强化地方党委、政府保护发展林草资源的主体责任和主导作用，是全面贯彻习近平生态文明思想和新发展理念的重大实践，是生态文明建设的一项重大制度创新，也是守住自然生态安全边界的必然要求，将有效解决林草资源保护的内生动力问题、长远发展问题、统筹协调问题，不断增进人民群众的生态福祉，更好地推动生态文明和美丽中国建设。林长制是指按照"分级负责"原则，由各级地方党委和政府主要负责同志担任林长，其他负责同志担任副林长，构建省、市、县、乡、村等各级林长体系，实行分区（片）负责，落实保护发展林草资源属地责任的制度。

"全面推行林长制，构建党政同责、属地负责、部门协同、源头治理、全域覆盖的长效机制，是生态文明领域的一项重大制度创新，将有效解决林草资源保护的内生动力问题、长远发展问题、统筹协调问题。"关志鸥说，林长制全域覆盖将加强林草部门基层基础建设，实现山有人管、林有人造、树有人护、责有人担，从根本上解决保护发展林草资源力度不够、责任不实等问题，让守住自然生态安全边界更有保障。

（五）国家出台一系列政策、法规，旨在加强森林经营工作的贯彻落实

2019年11月，国家林业和草原局发布了《关于全面加强森林经营工作的意见》（以下简称《意见》），对今后一段时期（2020—2035年）森林经营的指导思想、基本原则、总体目标、主要任务和保障措施作出了全面部署。新《中华人民共和国森林法》将自2020年7月1日起施行，国家林业和草原局已经下发了贯彻实施新修订《中华人民共和国森林法》的通知，对扎实有序做好新法的贯彻实施作出了全面的部署。森林经营是《中华人民共和国森林法》修改的一条主线，有许多新思想和新要求，需要在学习领会精神和配套制度建设方面做更多工作，才能保证正确贯彻实施。由于《意见》的制定和《中华人民共和国森林法》的修改正好是同期进行的，所以指导思想、基本原则、总体目标与《中华人民共和国森林法》的规定完全一致，提出的主要任务是对《中华人民共和国森林法》中森林经营内容的贯彻落实。《意见》提出了森林分类经营实践对接方案：要按照公益林和商品林的分类区划结果开展森林经营工作。一级国家级公益林原则上不开展森林经营活动。二级国家级公益林、地方公益林和商品林中的一般用材林，按照突出主导功能的原则，实施多目标经营。速生丰产林、短轮伐期用材林等商品林，坚持市场主导，同时考虑受生态环境约束，开展自主经营。这是对《中华人民共和国森林法》的分类经营体系的进一步细化，实现了与《全国森林经营规划（2016—2050）》确定的分类体系的衔接，给森林经营实践提供了可操作性依据。科学实施森林可持续经营，是提高森林质量最根本措施和最有效途径。国家林业和草原局近日下发《关于全面加强森林经营工作的意见》，提出力争到 2025 年初步形成森林经营方案制度框架，到 2035 年形成完备的森林经营方案制度体系。全面加强森林经营要坚持生态优先、分类经营、政府主导、规划引领等 5 项基本原则。要加快建立森林经营方案制度体系。积极开展县级森林经营规划编制工作，逐步建立和实行以森林经营规划和方案为基础的决策管理机制。要重点做好国有林森林经营。森林经营方案的实施要实行计划控制下的执行机制。要科学实施多功能森林经营。按照公益林和商品林的分类区划结果开展森林经营工作。要切实提高中幼林抚育质量。采取抚育间伐、补植补造等措施，逐步解决林分过密、过疏和目的树种少等问题。要认真开展森林经营试点示范。组织引导开展政策、管理和方法创新，总结推广有效经验做法。要统筹规范森林经营成效评价。将森林经营成效评价与深化落实各级政府保护发展森林资源目标责任制紧密结合。

为贯彻落实习近平总书记关于着力提高森林质量的重要讲话精神，原国家林业局（现国家林业和草原局）明确指出，提高森林质量的关键就是要加强森林经营，并于 2006—2008 年制定了《森林经营方案编制与实施纲要（试行）》、《森林经营方案编制与实施规范》（LY/T 2007—2012）、《简明森林经营方案编制技术规程》（LY/T 2008—2012）等有关森林经营方案编制技术规程，明确了新时代森林经营内容和要求。2016 年，原国家林业局组织编制了《全国森林经营规划（2016—2050 年）》，并制定了省级、县级森林经营规划编制有关技术规程或指南等，以此通过编制全国、省、县三级森林经营规划，开展国有林场、集体林场、自然保护区、森林公园等经营主体的森林经营方案编制与执行，实施森林经营成效监测与评估等措施，从而推动了森林经营质量提升。2019 年，国家林业和草原局印发了《关于全面加强森林经营工作的意见》，明确了森林经营总体目标，到 2025 年，初步形成森林经营方案制度框架，国有森林经营主体的森林经营方案执行水平显著提高，其他森林经营主体的森林经营方案编制和实施程度明显改善；全国森林蓄积量达 190 亿 m^3 以上，乔木林公顷蓄积量达 $100m^3$ 以上。到 2035 年，形成完备的森林经营方案制度体系，森林经营方案成为森林经营工作的根本遵循，基本建成健康、稳定、高效的森林生态系统，森林质量生态服务功能和资源承载力显著提升；全国森林蓄积量达 210 亿 m^3 以上，乔木林蓄积量达 $110m^3$ 以上。

2022 年，国家林业和草原局研究制定了《全国森林可持续经营试点实施方案（2023—2025 年）》，拟用 3 年时间开展试点，以各省遴选的 310 个森林经营单位为重点，在建立以森林经营方案制度为核心的管理、政策、投入、技术和保障体系等方面进行探索。以试点示范引领带动各地提高森林质量，未来 20 ~ 30 年，我国森林公顷蓄积生长量可提高 50% 左右。2023 年，将围绕试点方案组织实施，重点开展三方面工作。一是加快试点进度。指导协调各省级林草主管部门，将森林可持续经营试点经费用到实处，探索按照不同类型和作业成本实行差别化补助标准。二是全面加强管理。依据森林可持续经营方案，对试点任务、作业设计、实施结果等关键环节加强监管，主要信息上传到林草生态网络感知系统，实行落地上图管理，并将试点实施成效情况纳入林长制督查考核。三是强化技术指导。组建森林可持续经营专家委员会，加强人员培训指导，为试点提供有力科技支撑。选树一批示范典型，带动、引领全国各地有序开展工作。

总之，近年来，从国家到地方出台了一系列政策、规范、意见等，均强调了加强森林经营的重要性和迫切性，也为开展森林经营体系建设研究提出新的要求和方向。

二、开展森林经营体系研究的目的与意义

（一）践行习近平生态文明思想，推动林业高质量发展

2016 年 1 月 26 日，习近平总书记在中央财经领导小组第十二次会议上指出，森林关系国家生态安全。要着力提高森林质量，坚持保护优先、自然修复为主，坚持数量和质量并重、质量优先，并明确指示要实施森林质量精准提升工程。森林质量的精准提升就是森林经营全过程的精细化、差异化管理。本研究需要对云南近年来开展的森林经营规划、森林经营方案编制与执行、森林经营成效监测与评估等关键技术进行集成，提炼总结出一套符合云南省林情且行之有效的森林经营体系，助推云南林业高质量、跨越式发展。

（二）丰富云南森林经营理论体系，提升森林经营管理水平

云南属于山地高原地形，全省地势西北高、东南低，自北向南呈阶梯状逐级下降。云南气候基本属于亚热带高原季风型，立体气候特点显著，类型众多，年温差小，日温差大，干湿季节分明，气温随地势高低垂直变化异常明显。云南省从南到北随海拔的升高，跨越了从北热带到寒温带的各种气候性质的类型，孕育了与之相适应的多种多样的植被类型，出现了北热带的热带雨林、季雨林带；南亚热带的季风常绿阔叶林、思茅松林带；中亚热带、北亚热带的半湿润常绿阔叶林、云南松林带；山地垂直带上的湿性常绿阔叶林；温性、寒温性针叶林带；灌丛草甸和高山苔原带；雪山冰漠带。在西部横断山脉的西南部和东南部，分别受西南季风和东南季风影响明显，因而水分和热量自西南、东南向山原中部由多到少，逐步递减，从而生物气候的更替规律比较明显，随着离海洋由近到远，森林由热带雨林、季雨林过渡为偏干性的常绿阔叶林等。按照《云南森林》的分类系统，全省森林划分为 4 个森林植被型，17 个森林植被亚型，105 个森林类型。鉴于森林经营目的多样性、经营类型复杂性和经营技术丰富性，结合云南森林经营特点，开展森林经营体系构建研究，编制出更具有针对性和可操作性的云南森林可持续经营体系，对丰富我国南方森林经营理论，提高森林经营管理水平具有现实意义。

（三）破解森林质量精准提升难点，提升森林经营技术水平

森林经营是培育森林资源，提高森林质量，增强生态功能，恢复和构建健康、稳定、优质、高效森林生态系统的重要措施，是现代林业建设的永恒主题。云南省森林单位蓄积量偏低，中幼龄林面积占比大，林业产业结构单一，森林经营技术相对落后。通过采取科学合理的森林经营方式，

调整优化森林结构，进一步提高森林年生长量和公顷蓄积量，不断增加森林资源储备量，提升云南省森林资源的整体质量的空间大。

1. 森林单位蓄积量偏低，森林质量提升空间大

《2021 年中国林草生态综合监测评价报告》（国家林业和草原局）数据显示，云南省林地资源丰富，林地面积 2496.90 万 hm^2，森林蓄积量 21.44 亿 m^3。乔木林公顷蓄积量为 103.80m^3/hm^2，其中，天然乔木林为 111.81m^3/hm^2，人工乔木林为 81.83m^3/hm^2。全国乔木林公顷蓄积量为 95.02m^3/hm^2，按照起源分，天然林为 116.87m^3/hm^2，人工林为 60.04m^3/hm^2。重点林区省份的乔木林公顷蓄积量明显高于全国平均水平，其中，西藏森林公顷蓄积量为 229.96m^3/hm^2，吉林为 146.34m^3/hm^2，福建为 121.64m^3/hm^2，四川为 113.81m^3/hm^2，新疆为 112.29m^3/hm^2，黑龙江为 107.26m^3/hm^2，云南为 103.80m^3/hm^2。云南省森林公顷蓄积量相对偏低，与优越的自然条件极不相称，特别是人工林低于全国平均水平，质量提升空间大。云南省人工林面积大、发展快，但质量有待提高，扩大森林资源有较大潜力，要不断调整人工林森林结构，将纯林慢慢向混交林转变，使树种之间相互协调，并有效提升森林质量。

2. 中幼林抚育是提高森林质量和效益的重要途径

云南省乔木林面积为 2065.90 万 hm^2。其中，幼龄林面积 457.58 万 hm^2，占 22.15%；中龄林面积 872.50 万 hm^2，占 42.23%；近、成、过熟林合计面积 735.82 万 hm^2，占 35.62%。全省中幼林占 63.93%，急需加大中幼林森林经营管理。只有对现有森林资源进行更加科学全面的经营管理，不断精准提升森林质量，才能巩固来之不易的造林绿化成果，从而进一步改善生态环境，推进林业生态建设可持续发展。中幼林抚育是提高森林质量，改善森林生态环境，促进林木生长，增加林地生产力和森林的经济、生态与社会效益的重要途径，应该加大抚育强度，提高森林质量。

3. 林业产业结构需不断丰富，为提升森林质量创造条件

云南省是我国重点林区，林业资源丰富，但林业产业发展却很滞后。林业产业的发展不仅可以增加产业的附加值，提高竞争力，带动林农致富，而且有助于优化地区经济结构，为地区实现持续发展奠定基础。

林业产业结构单一是制约森林质量提升的重要因素。虽然云南省现已形成极具区域特色的林业产业集群和产业带，如南部的普洱市及西双版纳州已成为普洱系列茶叶、橡胶、咖啡和甘蔗的种植、加工中心，临沧市的茶叶、澳洲坚果、核桃和竹子产业区，东北部的昭通市、西北部的迪庆州以及东南部文山州已成为森林保健药材的主要产区等。但是，从整体来看，云南省 16 个州（市）的林业产业总产值却大小不同，产业的区域布局不尽合理，产业相对单一。

今后需要注重产业结构的优化，主动优化林业品种配置，提高营林生产种类。继续不断优化林业产业结构，丰富林业产品供应，形成多树种、多层次、多功能的稳定森林结构，为社会提供不同森林产品，提高森林质量和综合效益。

4. 森林经营理论与技术不断创新，为提升森林质量提供技术支撑

自党的十八大以来，生态文明建设被上升到国家战略的高度，成为"五位一体"总体布局和"四个全面"战略布局的重要内容。近年来，在习近平生态文明思想的指引下，生态文明建设取得了显著成就。以多功能森林经营理论为指导，尊重林业自然规律和经济规律，分类经营，分区施策，创新政策和管理机制，完善科技支撑体系，加强基础能力建设，全面提升森林经营水平，促进培育健康稳定优质高效的森林生态系统，增强森林的供给、调节、服务、支持等功能，持续获取森林生态产品。

提高森林质量的关键在于不断强化科学技术的研究和应用。适合中国森林经营的理论不断在创新与发展，逐步树立全周期森林经营理念，从单一经营向多因素经营转变，从分类经营向多目标经营转变，从单过程经营向全周期经营转变，从而培育出目标明确、功能完备、质量优良、健康稳定的森林生态系统，确保经营策略落到实处、经营行为科学规范。

把近自然林业理念作为指导森林质量提升的第一原则，充分尊重林木生长自然规律和生态系统的演替规律，制订合理的森林质量精准提升措施。提倡模拟自然演替的方式进行改造，大力营造针阔混交林；通过退化林修复，进行疏伐补植、人工促进天然更新、渐进式树种置换等方法逐步提高森林质量，优化树种结构，增强森林生态系统健康与稳定性。通过大力培育混交林和复层异龄林，优先选择乡土树种、珍贵树种，集中建设高质量生态防护林等举措，力争形成层次多、冠层厚、生态位错落有致的森林结构。因此，从理论上的不断创新为云南省森林质量提升创造了理论基础。

三、国外森林经营研究进展

森林哺育了人类，人类社会通过经营森林而发展，森林经营理论是林业生产的指南，是现代林业理论形成的基础和主要内容。几个世纪以来，随着科学技术的发展，不同时期产生了不同的森林经营理论，且随着人类文明、社会发展、科学技术进步而不断得到发展并日臻完善，如17世纪德国创立的森林永续利用理论，到森林多功能论、林业分工论、新林业、近自然林业、生态林业至21世纪提出的森林可持续经营理论。

（一）以木材生产为核心的森林永续利用理论

1. 森林永续利用理论

17世纪中期，德国因工业发展对木材的需求量猛增，开始大规模采伐森林，导致了18世纪初的"木材危机"。1713年，德国汉里希·冯·卡洛维茨（Carlowitz）首先提出了森林永续利用原则和人工造林的思想。1795年，德国林学家G. L. 哈尔蒂希（G. L. Hartig）提出，尽可能合理地利用森林，获得的木材要尽量符合在良好经营条件下永续经营所能提供的数量。他的理论中所包含的森林永续经营思想为后人所称赞。

2. 法正林理论

1826 年，德国森林经济学家洪德斯哈根在前人经验的基础上，创立了"法正林"理论，其基本要求是：在一个作业级内的森林，必须具备幼龄林、中龄林、成熟林三种，并且三种林的面积应该相等，地域配置要合理，符合林学技术要求，具备最高的生长量，使作业级内保持一定的蓄积量，实现森林的永续经营利用。这时期理论的主要特点是强调为了满足工业日益增长的木材需要而进行的森林资源单纯经济效益利用。

3. 木材培育论

德国林学家 G. L. 哈尔蒂希在提出森林永续经营理论的同时，还提出了"木材培育"，追求以获得木材为目的的永续经营，该理论在 18 世纪德国大规模造林运动中起着主导作用。但是，后来很多史实证明，这一理论因其"经济目标"违反自然规律造成森林灾害而被否定。到 20 世纪 70 年代，法国林学家 B. 马丁等人总结了各国森林资源管理理论，也提出了"木材培育论"，指出人类应该建立专门培育木材的企业，要求在面积不大但立地条件优越的林地上，采用科学经营，营造速生丰产林，以求高产、高效和高利润，而让其他类型的森林充分发挥其生态效益和社会效益。

（二）兼顾木材和生态效益的森林多效益经营理论

1. 森林多功能论

德国林学家哥塔把"木材培育"一词延伸为"森林建设"，把森林永续利用扩大到森林能为人类提供一切需要，并提倡营造混交林。19 世纪初，洪德斯哈根创立了"法正林"学说。鉴于土地纯收益理论给德国森林经营带来的不利影响，于 1867 年洪德斯哈根又提出了森林效益永续经营理论，该理论认为，经营国有林不能逃避对公众利益应尽的义务，必须兼顾持久地满足人们对木材和其他林产品的需要，以及森林在其他方面的服务目标。继他之后，恩特雷斯于 1905 年又提出了森林多效益问题，进一步发展了森林效益永续经营理论。该理论奠定了现代林业经营基础，并在第二次世界大战以前对世界各国林业经营的指导思想产生了重大的影响。

1888 年，波尔格瓦提出了森林纯收益理论，认为森林比林分大，森林经营应当追求森林总体效益最大而不是林分最高收益。1905 年，恩特雷斯又进一步发展了森林效益经营理论，指出森林对改善气候、水分、土壤和防止自然灾害，以及在卫生、伦理方面对人类的健康都有影响。第二次世界大战以后，德国著名林学家蒂特利希提出了著名的林业政策效益论，首次对森林与其他经济和社会状况的关系作了系统地阐述。20 世纪 50 年代，德国根据林业政策效益论和森林效益永续经营理论，确定了林业为木材生产和社会效益服务的双重战略目标。以后，德国又出现了两种截然不同的理论：一是以木材生产为首带动其他效益发展的船迹理论。二是和谐化理论（又称协同论），成为森林多功能理论的基础。20 世纪 60 年代，德国开始推行森林效益理论和森林多功能理论，进入森林多效益经营阶段。当时，森林多功能理论被许多国家所接受。1975 年，德国公布了《联邦保护和发展森林法》，正式确定了木材生产、自然保护和游憩三大效益一体化的林业发展战略。

这一时期，美国、瑞典、奥地利、日本、印度等国家也利用森林多效益理论制定了新的林业发展战略。一些发展中国家，如中国、印度森林经营指导思想也都采用森林永续利用的理论。

2. 近自然林业理论

德国林学家盖耶于 1898 年创建了近自然林业理论，或称回归自然林业。所谓"近自然林业"是指在森林经营中使乡土树种得到明显表现，它不是回归到天然的森林类型，而是尽可能使林分的建立、抚育、采伐的方式同潜在的天然森林植被的自然关系相接近，使林分的生长发育尽可能接近自然状态，达到森林生物群落的动态平衡。其主要观点是森林生长主要依靠自然力，因此，森林经营要符合自然规律。反对营造人工同龄纯林，主张利用天然更新经营混交林，即森林经营应回归自然，应尊重自然规律，应利用自然的全部生产力。国际林联前主席杜桑·穆林寨克在《什么是近自然林业》一文中指出，近自然林业是持久不懈探索的结果，是顺应自然管理森林的一种模式。近自然森林经营管理的理论和实践在德国和欧洲其他许多国家得到广泛的接受和应用，作为林业发展的指导思想、方针和目标。北美洲、日本等国也给予了广泛的重视，我国在这一领域的研究与实践仍处于起步阶段，近自然林业理论已是当代世界林业发展理论的重要组成部分。

（三）为社会可持续发展服务的森林可持续经营理论

1. 新林业理论

1985 年，美国著名林学家富兰克林提出"新林业"理论，旨在协调生产和保护之间的矛盾，突出森林的生态价值，要求森林经营应尽力模拟自然过程，保持成过熟天然林的生物遗产与结构特性。"新林业"找到了一条解决传统林业与单纯保护矛盾的林业发展道路。

2. 森林可持续经营理论

在全球生态环境日趋恶化的背景下，1992 年，联合国在巴西里约热内卢召开了世界环境与发展大会，100 多个国家的元首或政府首脑出席了大会，并达成了共识，通过了《21 世纪议程》《关于森林问题的原则声明》等 5 个文件。大会提出了森林可持续经营，即森林资源和林地应当采用可持续方式进行经营管理，以满足当代和子孙后代在社会、经济、文化和精神方面的需要。

森林可持续经营理论主要是指森林生态系统的生产力、物种、遗传多样性及再生能力的持续发展，以保证有丰富的森林资源与健康的环境，满足当代人和子孙后代的需要。森林可持续经营要求以科学方式经营森林，确保森林生物多样性、生产力、更新能力、活力和自我恢复的潜力；在地区、国家和全球水平上保护森林生态、经济和社会功能，不损害其他生态系统。森林可持续经营作为林业可持续发展的核心，森林可持续经营理论已成为世界各国制定林业发展战略的理论基础和基本原则。

关于森林可持续经营理论问题，近年来，国际组织和各国林学家均非常重视，不断深化研究其内涵、定义及其标准和指标。从世界总的发展趋势看，森林可持续经营理论已是世界各国制定21世纪林业发展战略的理论基础和基本原则。世界森林经营理论发展演变过程见图1-1。

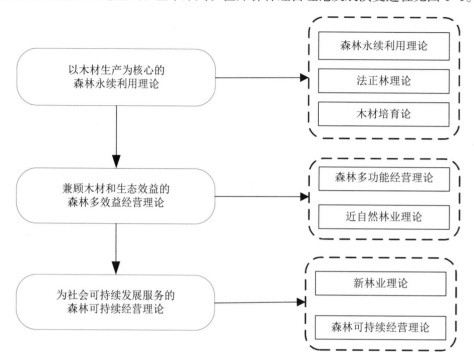

图1-1　世界森林经营理论发展演变图

（四）德国森林经营方案编制特点与启示

1. 德国森林经营方案编制基本情况

在德国，每个森林经营单位都有森林经营方案，方案规划时要重点考虑环境保护、景观培育和森林可持续利用等问题。在受法律保护的生境，森林经营规划需要兼顾森林生境制图的结果。在经营方案中严格规定不同经营作业方式强度，避免森林环境破坏，采伐方式一般为择伐（特殊情况下允许小面积皆伐）。另外，德国对林业基础工作的重视与坚持，包括小班调查、经营活动调查记载以及森林立地类型与土壤条件的全面调查，是科学编制森林经营方案的必要条件。

从不同尺度看，德国森林经营方案有3个层次：一是林业企业的方案（总体经营）。二是森林发展类型方案（树种、胸径等）。三是小班或林分水平，这个是在真正的操作层面上的。下面以德国巴登符腾堡州公有林经营管理条例和瓦尔德豪森社区林森林经营方案为例进行阐述。森林经营方案的核心内容包括：①现状评估（森林资源调查）。②上期森林经营方案执行情况评价。③下一个经营期的森林经营计划和实施。为了实施森林经营方案，并作为后续森林经营的基础，应在编制森林经营方案的准备阶段与森林所有者共同探讨和确定各种经营目标及其权重。方案设置的目标必须符合6个赫尔辛基标准，且当各种经营目标发生冲突时，经济目标应服从公共福利目标。近自然林业是实现森林所有者目标系统的核心部分。森林经营方案以对具体林分操作指南的形式实现森林所有者的经营目标，这有利于可持续地获取森林的各种功能。

2.德国森林经营方案编制的主要特点

（1）组织管理体系较完善

德国森林经营方案编制工作由林业委员会、地区林业管理部门、林业企业、森林调查员等利益相关方共同合作完成。林业委员会要及时更新地块目录，为林区提供森林发展类型的初始列表，给各个林区建立和分配相应的标签。每年4月1日，林业委员会要向政府部门报告方案实施情况，并提交下一年方案实施工作计划。林区管理部门要向林业委员会提供各林业企业的初步报告（包含上期森林经营方案实施情况和下个森林经理期的经营建议）。在德国，林业企业是管理林区的技术和经济实体，州林业企业负责管理辖区内的州有林，社区林业企业负责管理辖区内的社区林。因此，在森林经营方案更新前，需探讨与林业企业相关的所有问题，包括林业企业的所有经营目标及排序。初始实地考察时，林业管理部门和林业委员会共同探讨经营重点和经营特性及经营方案更新的目标。森林调查员和林区管理部门共同承担森林经营方案编制工作。森林调查员与当地林区负责人共同开展森林实地考察，通过交流经验以期能在规划期内对林分边界划分、特定林分的森林发展类型确定、林分经营措施和目标等达成一致意见；若不能，则由林业委员会决定。文档整理完后，森林经营工作应尽快接受地方审查。林业企业和森林经营方案是地方审查的重点，尤其要审查方案中的总则和森林经营目标与林业企业目标之间的兼容性。州有林经营方案应得到政府部门的批准，社区林经营方案要接受林业委员会的合法性控制。

（2）近自然森林经营理念贯穿方案始终

近自然育林是利用森林生态系统的自然过程和自动导向机制实现森林多功能和可持续经营目标。目前，德国强制要求公有林必须实施近自然经营，并鼓励私有林开展近自然经营。依据近自然育林理念，在德国的森林经营方案中不严格区分商品林和公益林，每片林子都按照树木生长规律去开展经营和培育。以森林完整的生命周期为计划单元，近自然育林思想贯穿森林经营方案始终和林木生产的整个过程。

①全周期森林经营。根据树木生长发育特征，将森林经营过程划分为更新及幼抚阶段、形干阶段、径级阶段、森林成熟与二次建群阶段。这种方式避免了"同龄林，不同形质"林分在经营措施上需要区别的问题。全周期森林经营需要对经营过程有长远和全面的规划，所有的经营活动都应围绕最终经营目标开展，避免造林树种配置不适应立地条件或不符合经营目标、抚育措施不得当或非必要抚育，以及不合理采伐等问题。

②目标树作业体系是近自然育林的核心。依据林分特点和经营目标，选择目标树，同时确定干扰树、生境树、保留木、辅助木等。对影响目标树生长的干扰树进行伐除，同时保留促进目标树生长的辅助木和其他保留木，要尽可能保持林分原始自然状态，减少人为干扰并降低作业成本。

③自然的树种选择和异龄复层混交林的形成。在编案前，要开展立地、植被等调查，完成地

位级图和森林群落生态图的绘制。根据地位级图，遵循适地适树原则，以乡土树种为主要造林树种，混交其他伴生树种，并按照生态优先原则，通过长期持续的人工干预营造异龄复层混交林，形成稳定的林分结构。德国人工针叶纯林中同龄林所占比例非常大，因此其在森林经营方案中注重年龄结构的调整，一般采取择伐作业，以期同龄林逐步转化形成异龄林乃至恒续林。森林立地条件是控制择伐强度时要考虑的一个重要因素。

④不严格区分人工林和天然林，而是将林木起源划分为乔林、中林和矮林，并结合各自的特点分别采取相应的经营措施。

⑤根据具体小班或林分所处立地、森林资源现状和经营目标，确定森林发展类型。森林发展类型包括从更新到采伐全过程的各项经营活动及所涉及工作任务的描述，以及对期望自然产出和经济效益的描述。这就要求把森林经营措施具体体现在从现有林分向目标林分转化过程中需要采取的作业措施上，包括更新造林、疏伐、修枝、主伐等。

⑥要谨慎地开展林务工作，尽可能地采用适合的工作方法和采伐技术，避免对土壤和林分的破坏。林地要保持持续覆盖，在人为经营森林的过程中，林地地被物应最大限度地保留，不能遭到大的破坏，以保持森林生态系统的协调性。

⑦利用自然力促进森林的正向演替，森林更新优先考虑天然更新。长期的天然更新方式有利于形成结构稳定的森林，便于获得高质量、高价值的大径材以及可观的经济回报。

⑧森林内适度狩猎，保持与生产性森林相适宜的猎物种群数量是近自然林业必不可少的一个先决条件。不采取任何保护措施的森林更新条件是衡量猎物合理存量的尺度。

⑨将自然保护和生物多样性整合到森林培育与利用过程中，包括就地保留充足的活立木和枯死木。结合森林生态群落生境图记录，森林经营方案应特别考虑对生物群落与物种保护具有重要价值的林业区域及各自的保护目标（濒危动、植物物种保护）。

（3）重视森林资源调查

森林资源调查数据是编制森林经营方案的基本组成部分，能让森林所有者了解过去森林的变化情况，以及在这种经营措施下的森林资源现状。德国非常重视森林资源调查，即使在二战期间也未停止森林经营活动和小班调查记载工作。在德国，有专门进行森林资源调查的专业队伍，有完善的森林资源调查技术规程。对于编制森林经营方案来说，每个小班必须有经营面积、树种组成、林龄（对于异龄林，用林龄区间表示）、立木公顷蓄积量（m^3/hm^2）和生长量等5个定量数据。此外，每个小班还有定性描述，主要包括位置、海拔、坡向等，森林的类型（乔林、矮林、中林、同龄林、异龄林等），林分发育阶段；树冠覆盖度（密闭、稀疏等），林分结构（单层林、多层林等）；经营状态（如是否做了修枝），以及其他一些，如是否需要考虑资源保护问题、天然更新状况、森林的各种功能等。德国小班边界主要是根据地理边界（如山脊）来区划的，一个小班里可以有几个林分类型，根据林分类型再细分成亚小班。德国的林班和小班区划一般保持长期稳定不变，森林经营方案执行人不能改变。这既有利于生产管理，又便于档案资料的历史对比，内容翔实可靠的森林资源连续监测数据有利于科学地编制森林经营方案。

（4）编制收获量表，科学确定允许采伐量

德国联邦森林法规定森林采伐量要低于生长量。收获量表反映了蓄积量、胸径、树高和株数密度等林分特征因子随着林分年龄变化而变化的过程，对预估林分生长、控制林分密度及确定主伐时间具有重要的指导意义。收获量表为德国森林经营方案的科学编制和实施奠定了基础，通过收获量表确定 10 年采总量，据此制定年度采伐计划，并可根据市场需求进行调整，但 10 年总采伐量不能超过方案规定的采伐总量。德国的森林经营方案管理软件 Proforst，将收获量表嵌入经营软件，通过软件的科学统计、分析，能科学地预测将来的林分状况和经营成效，同时为森林经营方案编制、管理和实施提供了极大便利。

（5）森林经营方案落地操作指南

德国森林经营方案以对具体小班或林分操作指南的形式，将不同经营措施落实到具体小班或林分。小班是固定的，方案执行人不能改变。方案中每个小班都有单独的小班记录簿，包含了作业区内各小班的以下信息：①林分概述，包括小班规划日期、面积、位置、森林发展类型等。②现状描述，包括林分现状、树龄、树种、年蓄积增量和立地条件等。③总体计划措施，未来 10 年对该林分经营措施的整体规划。④具体实施，包括采伐（如疏伐、择伐）、更新（如先锋树种植）及其他措施（如幼林抚育、修枝、围铁丝网保护幼树等）。德国每个小班或林分都有操作指南，林业工人严格按照指南要求进行作业，管理人员也可以根据指南来检查工人作业质量，可操作性强。

（6）林道基础设施建设

森林经营的一个前提是林道密度，皆伐对林道的要求不太高，但择伐对林道路网的要求相对较高。在一般情况下，林道密度为 $20m/hm^2$ 就足够，但在德国黑森林地区林道密度约 $40m/hm^2$，因为黑森林地区基本全部采用择伐林体系经营。德国巴登符腾堡州的瓦尔德豪森社区林的林道主要有两种：一是车行道（Ⅰ级林道，大卡车用），林道密度为 $77.7\ m/hm^2$。二是机械道（Ⅱ级林道），林道密度为 $89.0m/hm^2$。除Ⅰ级林道（主干道）和Ⅱ级林道（次干道）之外，德国还有Ⅲ级林道（支线，集材作业道）及游憩道（主要位于开放的森林旅游区）。据文献所述，截至 2002 年，德国林道密度为 $108.9m/hm^2$。由于建水泥路对生态的破坏性很大，德国的林道基本都是砂石的。为便于林道维修管护（包括维修损耗、加强排水、修护路基等），可以尽量修简易道路。

（7）森林经营方案编制成果

德国森林经营方案编制成果包括：

①森林经营方案文本，森林经营规划更新结果应写入森林经营方案中。在说明部分之后，森林经营方案包含现状评估结果、不同层面的规划与控制以及企业分析结果。地区目录，以林分导向的现状评估和森林经营规划，是一个重要的组成部分。在编写过程中，应列出森林经营规划的补充文件（根据需要，可以将遥感资料、重要的调查和出版资料、地区志等添加到森林经营方案中）。

②地图册,现有的地图是森林经营不可或缺的先决条件。描绘和定期更新公有林地图是森林经营方案的一部分内容。林区森林分布图和地位级图都属于标准森林图。根据经营管理需要,未来将在目前标准森林分布图的基础上开发出专题森林分布地图。特别是描述森林状况和林分生长情况的经营地图和基于德国基本地图和分片地图的基本森林分布地图。

③森林经营方案中的数据,它们是开展森林经营的基础,也是森林信息系统的基础部分,应灵活多样,在许多方面都能应用。森林经营方案数据信息可用于集中统计和扫描。地方林业部门负责收集公有林企业森林经营方案更新中的最重要数据,并依此进行数字化评估与监督。这些经营管理数据的传递或评估,必须要得到林主的书面许可后才能进行。

(8)法律法规和林业制度保障方案执行到位

德国《联邦森林法》《联邦狩猎法》《联邦自然保护法》等国家层面的法律法规是各联邦州制定各自林业法规和政策的基础。根据联邦法律结合各州特点制定相关法律法规,规范森林经营活动的开展。比如巴登符腾堡州公有林森林经营管理条例,对该地区公有林的经营任务、经营目标和经营方案的实施等都有详细规定。此外,为实现森林多功能和可持续利用,德国制定了一系列林业制度,包括林务官制度、森林基本计划制度、森林维护和造林制度等。这些法律法规和林业制度是森林经营方案相关规划能够执行到位的有力武器。

3. 启示与借鉴

(1)我国森林经营方案编制情况与德国对比分析

中德两国森林经营方案内容对比详见表1-1,根据表1-1可以归纳出我国森林经营方案编制和实施中存在的主要不足。

表1-1 中德两国森林经营方案内容对比

国家 对比指标	德 国	中 国
是否为法定性工作	是	是
采伐许可证	无,有经营方案即可	弱
市场需求分析	强	弱
资源调查	精细,注重生态指标	粗放,无生态指标
资源分析	深入	较浅
经营类型组织	体系化	单一措施
收获量表	有	无
生物多样性保护	有	有
狩猎规划	有	无
基础设施建设和游憩规划	有	弱
经营活动的环境影响	强	弱
财务分析	强	弱
公众参与	有	有,但执行情况不好
可操作性	强	弱
方案执行监管	有	无

备注:来源于《森林经营方案编制与实施规范》。

①森林经营方案的科学性与可操作性差。当前,我国大部分森林经营方案的编制流于形式,内容空洞。其主要原因是对森林资源现状及其变化情况了解得不深,未来经营目标不够明确。比如我国亟待加强抚育经营,提高森林质量,但现有经营方案更注重森林经营活动的两头,即造林和采伐,而对中间活动(抚育)设计相对比较欠缺,不利于培育健康、优质、稳定的森林。另外,虽然很多国有林经营单位编有方案,但在生产中并未按照方案进行作业。这一方面可能是方案内容较为宏观,没有细化到具体操作层面,很难将森林经营具体措施落实到年度和小班上,导致方案与现实脱节;另一方面,经营活动一旦落实到小班和年度,在经营期内想调整很困难,忽略了市场等因素变化,方案经营灵活性不够。

②森林经营方案编制所需的基础数表缺乏。我国大部分地区数表处于零状况,特别是地位级表和经营数表更是空白。目前,我国森林经营方案编制的基础数据为10年一次的二类调查数据,基础数据老旧,时效性较差,并且调查指标依然是以面积、蓄积量为主,缺乏反映生态稳定与健康的信息,如森林结构、生物多样性、土壤等指标。在这种状态下,很难编制出一个高水平的森林经营方案。

③方案执行不到位,执行监管空缺。目前,我国大多数经营单位都编制了森林经营方案,但实际执行情况不好,其实际经营活动还是按照上级下达的经营任务执行。归根结底,是因为我国森林经营方案的法律地位不明确,也没有相关的实施条例去约束。另外,我国对森林经营方案实施缺乏应有的监管制度,从上到下没有引起各级林业管理部门和经营单位的重视。

④森林经营方案编制和实施人员业务水平不高。森林经营方案是一项综合性规划,涉及林学、生态学、植物学、野生动物学、经济学等方面内容。方案编制人员必须掌握一定的专业理论知识,同时对森林资源现状、变化及经营目标都要有充分了解。只有把理论知识与实践技能综合运用,才能编制出好的经营方案。但在实际工作中,集专业理论与实践经验于一身的编案人员寥寥无几。另一方面,方案实施时具体怎么操作都是基层林业工人说了算,我国林业工人受教育程度普遍偏低,林业知识较匮乏,作业时没有按照方案要求而延续以前的粗放式作业,最终使经营效果大打折扣。

⑤森林经营方案缺乏公众参与。国有林场森林经营方案缺乏上级林业主管部门、林场职工干部、当地林农等参与,没有充分听取他们的意见,导致方案编制脱离公众,未能发挥其指导国有林场保护、发展和合理利用森林资源的应有作用。随着林权制度改革、国有林场改革等各项林业政策深入推进,经营主体和经营者素质都在发生巨大变化,这更加要求让广大林农自愿参与到森林经营方案编制的全过程。

四、国内森林经营研究进展

(一)我国森林经营历史沿革

中国森林经营主要经历了四个阶段,分别是以木材利用为主、木材利用为主兼顾生态建设、以生态建设为主和森林经营强化阶段。森林经营技术模式也在借鉴发达国家森林经营理论和方法，如在森林永续利用、林业分工论、近自然林业、生态系统经营和森林可持续经营等理论基础上不断发展和完善，形成了一些实践应用模式，主要包括法正林、采伐强度指标控制的经营技术、检查法、森林生态采伐、结构化森林经营和近自然经营。

1. 以木材利用为主阶段

从中华人民共和国成立初期直到 20 世纪 70 代末，林业一直作为支援国家经济建设的产业部门，以大量生产木材为中心，政府虽制定了"普遍护林护山，大力造林育林，合理采伐利用"等林业建设方针，但是在实践中，这些方针并未得到有效贯彻落实，使森林利用的速度和强度不断加大，森林面积和森林覆盖率明显下降，造成林业"两危"局面。这期间，林种结构变化不大，以用材林为主，1976 年的全国森林资源清查结果表明，用材林所占比重高达 73% 以上，防护林所占比重不足 10%，充分反映了此阶段以木材利用为主的传统林业经营思想。我国森林经营基本上是借鉴法正林这种体系，即采取以木材利用为目的的指导方针，如根据森林资源消耗量低于生长量的原则来严格控制森林的年采伐量。但当时普遍采用皆伐作业，并没有按照法正林的要求进行收获调整，因此带来了一系列的问题，目前真正的法正林模式已很少实行。

2. 木材利用为主兼顾生态建设

1978 年 11 月，中共中央、国务院决定在东北、华北、西北地区实施三北防护林体系建设工程，这标志着国家开始重视生态治理。之后，国家又相继启动了长江中下游防护林、沿海防护林、防沙治沙、太行山绿化、平原绿化等林业重点生态工程，但是，由于经济快速发展的压力、计划经济体制的惯性和投入水平的限制，林业建设并没有从根本上摆脱传统林业的惯性和束缚，总体上仍停留在以木材生产为主的发展模式上，一方面继续大量生产木材，另一方面加强了森林资源的保护和经营。

3. 以生态建设为主阶段

1998 年，国务院制定了封山育林、退耕还林、退耕还湖等改善生态环境的 32 字方针，再一次掀起了造林绿化和保护发展森林资源的新高潮，全国造林事业蓬勃发展从 1998 年起，六大林业重点工程相继启动。2003 年，党中央、国务院颁布了《关于加快林业发展的决定》，确立了以生态建设为主的林业发展战略，实施了天然林保护、退耕还林等六大林业重点工程，覆盖全国 97% 以上的县，规划造林任务超过 7300 万 hm^2，工程规划总投资达 7300 多亿元，堪称"世界生态工程之最"。实现了林业从以木材生产向以生态建设为主的转变，但这一阶段生态建设主要以加快造林绿化，增加森林面积为主。

4. 森林经营强化阶段

2005 年，国家用基本建设投资启动了国家重点公益林中幼林抚育试点示范项目，原国家林业局局长贾治邦在 2006 年全国林业厅局长会上强调，要开展森林经营，在提升林地生产力上求突破；

在 2007 年全国林业厅局长会上提出了现代林业建设的总目标；在 2008 年全国林业厅局长会上指出，要坚持把加强森林经营作为现代林业建设的永恒主题。这标志着我国已将转变林业发展方式，提高森林质量，加强森林抚育经营纳入重要议事日程。2009 年，财政部、原国家林业局启动了中央财政森林抚育补贴试点，标志着我国森林经营补贴机制正式建立，林业正在从数量扩张向质量效益并重转变，开启了森林经营工作的历史新篇章。

（二）森林分类经营是我国森林经营的指导思想

1. 我国森林分类经营思想的产生

我国一贯坚持并强调对森林或林木进行分类管理，1995 年 8 月 30 日，国家体改委、林业部联合颁发的《林业经营体制改革总体纲要》强调指出，森林资源培育要按森林的用途和生产经营目的划成公益林或商品林，实行分类经营、分类管理。1995 年 12 月，全国林业厅局长会议提出，以实行分类经营改革为重点，把林业推向以建立两大体系为目标的新阶段。这标志着我国林业建设进入分类经营新阶段。为贯彻森林分类经营，原林业部 1996 年在全国开展了森林分类经营试点工作，全国共设有 21 个试点单位，其中由林业部直管的试点单位就有 10 个。

2. 森林分类经营的实质

森林分类经营（Classified forest management）亦称"森林多效益主导利用经营"，是以森林为经营对象，根据森林的类别和功能特征、森林所处的地理区域特征、林地质量和立地条件、经营目的等要素对森林进行分类，分成生态公益林和商品林，并根据各自的重点目标采取相应的经营措施，依据生物学和生态系统规律对森林进行培育、经营开发，取得综合效益的森林经营管理方法。

3. 我国森林分类的类型

1985 年施行的《中华人民共和国森林法》，将我国森林划分为五大林种，即用材林、防护林、经济林、薪炭林（现称能源林）和特种用途林。1998 年，我国启动了天然林保护工程，按照投入机制不同，将原有五大林种综合成两大类，森林分为生态公益林和商品林两大类。

（三）我国森林分类经营的整体思路和布局

我国森林分类经营的整体思路是先按区域自然条件、社会经济情况整体上分大区，大区按林种类型（公益林和商品林）再分小区域，采用相应技术模式进行森林经营。我国目前正在同时推进三种区划布局。

一是最为宏观的"东扩西治，南用北休"的八字格局，即四大功能区分区采取策略。

二是原国家林业局发布的《全国森林资源管理分区施策导则》，侧重森林经营的 9 个森林资源经营管理区域，分别为大兴安岭山地区、东北东部山地丘陵区、北方干旱半干旱区、黄土高原和太行山区、华北与长江中下游丘陵平原区、南方山地丘陵区、东南热带亚热带沿海区、西南高山峡谷区和青藏高原区。

三是 2010 年 6 月 12 日国务院常务会议通过的《全国主体功能区规划》。根据不同区域的资源环境承载能力、现有开发密度和发展潜力，统筹谋划未来人口分布、经济布局、国土利用和城镇化格局，将国土空间划分为优化开发、重点开发、限制开发和禁止开发四类，确定主体功能定位，明确开发方向，控制开发强度，规范开发秩序，完善开发政策，逐步形成人口、经济、资源环境相协调的空间开发格局。

（四）不同森林类型的经营要求

我国生态公益林和商品林的主导功能虽然都是提供生态环境保护的生态效益和提供林产品的经济效益，但由于不同林种对森林主体功能的需求侧重点或需求类型不同，相应的经营技术、微观目标、具体内容也不相同。

1. 生态公益林经营

生态公益林建设属于公益事业，应按社会公益事业来经营。公益林由原有的和从商品林转划的两部分组成，主要经营措施是保护。对于划入公益林的宜林地，通常采用人工造林、封山育林、补植等以天然更新措施；面积较大又无天然下种来源的可采用飞播。公益林根据其重要性可划分为三级保护并制订相应的抚育和采伐规定。一般地，一、二级公益林严禁任何形式的采伐，而三级只准低强度间伐、择伐，不允许主伐。公益林资源调查规划和监测，不在于蓄积量、生长量、消耗量的测定，而在于及时、准确掌握面积变化，生物多样性和生态环境变化，盗伐、林内有害活动等情况。

2. 商品林经营

商品林建设和管理是企业经济行为，按照"谁经营谁管理，谁经营谁收益"的原则，实行企业化管理。经营管理者依靠市场运作参与竞争，并追求最大利润，政府只起示范推广作用。商品林按森林调查小班主要树种轮伐期采伐，按利用材种目标实行集约经营。宜林地、采伐迹地及时更新，以人工造林为主，缩短森林培育期。商品林采伐实行编限单位采伐限额总量控制，禁止大面积皆伐和超强度择伐。商品林资源调查规划和监测重点在于各类森林的面积、蓄积量、生长量、消耗量动态变化和森林资源资产的利用和评估监测。

表 1-2 不同林种森林经营技术要求

森林类别	林 种	成熟龄确定	采伐类型	采伐方式	采伐强度	更新措施
生态公益林	特种用途林	以自然成熟、更新成熟确定	更新采伐	择伐	≤ 30%	天然更新为主
	防护林	以防护成熟为主确定	更新采伐	择伐或小面积块状皆伐	≤ 30%	天然更新为主

续表1-2

森林类别	林 种	成熟龄确定	采伐类型	采伐方式	采伐强度	更新措施
商品林	用材林	以工艺成熟或经济成熟确定	主伐	皆伐为主，辅以择伐	择伐≤40%	人工更新为主
	能源林	以数量成熟和更新成熟确定	更新采伐	择伐为主		人工更新为主
	经济林	以经济生长衰退情况确定	更新采伐	皆伐或择伐		人工更新为主

五、对云南省森林经营体系构建的启发

我国的森林资源现状决定了目前加强森林经营的重要性。森林可持续经营是推动我国林业生产方式的根本性转变，是全面实施以生态建设为主的林业发展战略的客观需要，同时也是改善现有森林结构和质量、提高林地生产力的必然选择。森林经营是现代林业建设的永恒主题。现代林业，是科学经营森林的林业，是可持续发展的林业。为此，在新的历史条件下，加快云南省森林经营体系构建研究意义重大。

（一）森林科学经营的必要性

1.森林科学经营是国家生态安全的重要保障

习近平总书记强调，森林关系国家生态安全，要着力提高森林质量，坚持保护优先、自然修复为主，坚持数量和质量并重、质量优先，宜封则封，宜林则林，宜灌则灌，宜草则草，实施森林质量精准提升工程。云南森林面积大，覆盖率高，但森林质量不高，结构不合理，重视云南森林科学经营，提高森林质量，增强森林防护效能，保障国家生态安全，已迫在眉睫。

2.森林科学经营是促进绿色低碳发展、应对气候变化的战略选择

从20世纪90年代后期开始，全球环境问题日益突出，高碳排放、气温升高、自然灾害频发等给人类的生存环境带来威胁。森林在应对气候变化中有特殊作用，一直受国际社会高度重视。高质、高效的森林有强大的固碳功能，科学森林经营增大森林面积蓄积量，作为减排的重要措施，可在很大程度上降低成本，减少温室气体排放，增加碳汇，促进绿色低碳发展，从而缓解和应对气候变化，解决全球性环境问题。加强森林经营，保护好生态环境是21世纪林业发展的重任。

3.森林科学经营是实现林业转型升级的根本途径

目前，国家经济正处于转型升级的时期，云南省林业也处于由数量扩张向质量提升转变，由面上造林向生态攻坚转变的时期。加强森林经营是转变林业发展方式、实现林业转型升级的主要举措。要转变传统的林业发展方式，将森林长期地随意经营、粗放经营转入科学经营的轨道，通过引入国内外先进经营理念、先进技术模式，着力提高森林质量，尤其提高人工商品林的质量，提高用材林大径材林木和珍贵用材树种比例。通过全面、科学、持续开展森林经营，提升森林质

量和效益，走上资源增长、生态良好、林业增效、职工增收、林区和谐稳定的现代林业可持续发展之路。

4. 森林科学经营是林业产业发展的迫切要求

目前，云南省林业产业发展相对滞后，森林经济效益与森林资源大省的地位不相匹配，云南林产业有很大的发展潜力。如德国森林面积为 1066.67 万 hm^2，只相当于云南省森林面积的二分之一，德国不仅满足了国内木材需求，而且每年出口优质木材达 600 万 m^3 以上，德国林业每年产值达到 1000 亿欧元以上。林业是实施乡村振兴战略，助推林农脱贫致富的重要抓手，也是为社会提供优质生态产品的主要行业，林业不仅要建设稳定的森林生态体系，也要建设发达的林业产业体系。这就迫切要求把工作重心转到森林经营上来，使全省森林经营逐步进入科学化、规模化和集约化时代，提高森林质量效益。

5. 森林科学经营是落实林业供给侧结构性改革的需要

林业作为生态产品和生态服务的供给者，正与需求面临着结构性失衡。加强森林经营，运用森林多功能经营理论、方法和技术，着力提升森林质量及总量，完成林业发展方式从单一的数量扩张到提质增效的转变，补齐生态短板，正是为减少无效和低端供给，扩大有效和中高端供给，提高供给质量，增强供给结构对需求变化的适应性，以满足社会经济发展对森林的多功能需求。

6. 森林科学经营是维护生物多样性的主要保障

森林拥有 80% 的世界陆地生物多样性，科学经营森林对人类福祉、可持续发展与地球健康至关重要。云南是中国生物多样性最为丰富的省份，是全球生物物种基因库和"动植物王国"。通过森林科学经营（尤其混交林经营），提高森林生态系统的高效稳定性，利于不同生物种群之间的相互依存、协调和发展，维护生物物种的丰富多样性，满足人类与各物种和谐共存的需要。

7. 森林科学经营是建设生态文明、绿美云南，满足绿色健康生活的需要

科学森林经营增加森林总量和提高森林质量，打造高品质的绿水青山、文化丰富的国家公园，创造更好、更优美的绿色生活环境，建设生态文明美丽云南；茂盛的森林能释放大量负氧离子，同时通过森林多功能经营，发展多种林下经济种植养殖园，产出高质量的绿色生态产品。这些都是新时代人类颐养心情、休闲旅游、康养健身的需要，是满足人们更高质量绿色健康生活的需要。

（二）森林科学经营的有利条件

1. 生态文明建设已成为国家战略

党的十八大确立了国家事业"五位一体"总体布局，把生态文明建设上升到了国家战略的高度。2015 年初，习近平总书记在云南考察时，对云南提出"我国民族团结进步示范区、生态文明建设排头兵、面向南亚东南亚辐射中心"的战略定位，进一步赋予云南在生态文明建设中的重要地位和特殊使命。党的十九大报告中指出"坚持人与自然和谐共生，建设生态文明是中华民族永续发展的千年大计""加快生态文明体制改革，建设美丽中国"，加强生态文明建设已成为习近平新时代中国特色社会主义思想的重要内容。国家对生态文明建设一系列重大决策部署，为云南森林科学经营创造了有利条件。

2. 国家"一带一路"及"长江经济带"建设的战略机遇

"一带一路""长江经济带"建设是国家重大发展战略，云南是两大发展战略的交汇点。国家发布的《推动共建丝绸之路经济带和21世纪海上丝绸之路的愿景与行动》提出，在投资贸易中突出生态文明理念，加强生态环境、生物多样性和应对气候变化合作，共建绿色丝绸之路。《国务院关于依托黄金水道推动长江经济带发展的指导意见》提出，要强化沿江生态保护和修复，加大重点生态功能区建设和保护力度，构建长江中上游生态屏障。2016年1月5日，习近平总书记在重庆召开的推动长江经济带发展座谈会上指出，当前和今后相当长一个时期，要把修复长江生态环境摆在压倒性位置，共抓大保护，不搞大开发。要把实施重大生态修复工程作为推动长江经济带发展项目的优先选项，实施好长江防护林体系建设、水土流失及岩溶地区石漠化治理、退耕还林还草、水土保持、河湖和湿地生态保护修复等工程。国家战略的实施为云南森林经营带来战略性机遇。

3. 支持森林科学经营的政策和环境正在不断优化完善

中共中央、国务院印发的《国有林场改革方案》《国有林区改革指导意见》提出了创新和完善森林资源管护机制，启动国有林场森林资源保护和培育工程，加强国有林场和国有林区基础设施建设，加强对国有林场和国有林区的财政金融支持政策。集体林权制度改革在前期完成主体改革任务的基础上，正在深入推进管理体制，创新经营机制等改革。国家支持林业发展的公共财政政策不断完善，林业投资力度不断加大，中央财政建立了森林生态效益补偿、林木良种、造林、森林抚育、林业防灾减灾、林业科技推广示范、林业贷款贴息等一系列支持森林经营的财政补贴制度。逐步健全森林保险制度，逐步推进林业投融资改革，探索建立林业信贷担保方式，林业融资渠道逐步拓宽。森林资源管理制度、森林采伐利用政策改革稳步推进。全面开展森林经营、精准提升森林质量的政策环境逐步优化。

4. 国内森林经营理论研究与实践为云南省森林经营体系构建提供了借鉴

自2016年以来，原国家林业局先后编制实施了《全国森林经营规划（2016—2050年）》《"十三五"森林质量精准提升工程规划》，把森林经营纳入当前及今后一段时期的林业中心工作。2002年，原国家林业和草原局制定了《中国森林可持续经营标准与指标》，颁布了《中国森林可持续经营指南》和《森林经营方案编制与实施纲要》。结合中国林情创新开展森林经营实践，先后组织了北方、南方森林经营实验示范研究，提炼总结了一系列森林经营技术模式。组织修订了《造林技术规程》《森林抚育规程》《低效林改造技术规程》等森林经营核心技术标准。国内森林多功能经营、近自然经营、目标树作业法、森林健康经营等先进经营理念逐步树立，先进理念正在转化为森林经营实践，为云南省开展森林经营提供了借鉴。

5. 森林质量提升空间和潜力较大

一是现有森林质量偏低，中幼林占比大，林分公顷蓄积量 94.8m³，主要树种云南松公顷蓄积量仅为 72.3m³，森林质量提升空间大。二是水热条件优越，立地质量良好，适宜林木生长，森林质量提升潜力较大。

六、云南森林经营概况

根据国家林业和草原局《2021 中国林草资源及生态状况》（简称白皮书）附表列出了全国各省、自治区、直辖市森林资源主要指标及排序，显示云南省 2021 年森林覆盖率达 55.25%，居全国第 4 位；森林面积 2117.03 万 hm²，居全国第 2 位；森林蓄积量 21.44 亿 m³，居全国第 3 位；活立木蓄积量 24.10 亿 m³，居全国第 1 位；天然林面积 1522.27 万 hm²，居全国第 3 位；人工林面积 594.76 万 hm²，居全国第 5 位；乔木林公顷蓄积量 103.80m³/hm²，居全国第 7 位。

（一）森林资源特点

1. 森林面积蓄积量

全省森林面积 2117.03 万 hm²，蓄积量 21.44 亿 m³。按植被覆盖类型分：乔木林面积 2093.90 万 hm²，占 98.91%；竹林面积 20.58 万 hm²，占 0.97%；国家特别规定灌木林面积 2.55 万 hm²，占 0.12%。

2. 林地内、外森林面积蓄积量

全省森林面积 2117.03 万 hm²，蓄积量 21.44 亿 m³。其中，林地内森林面积 2022.52 万 hm²，占 95.54%；林地外森林面积 94.51 万 hm²，占 4.46%。林地内森林蓄积量 20.95 亿 m³，占 97.73%；林地外森林蓄积量 0.49 亿 m³，占 2.27%。

3. 林地内、外森林覆盖率

全省森林覆盖率达 55.25%，其中林地内森林覆盖率为 52.78%，林地外森林覆盖率为 2.47%。

4. 空间分布特征

森林面积较大的 3 个州（市）为普洱市 302.01 万 hm²、楚雄彝族自治州 176.57 万 hm²、大理白族自治州 162.49 万 hm²。森林面积较小的 3 个州（市）为玉溪市 79.28 万 hm²、昭通市 76.87 万 hm²、德宏傣族景颇族自治州 75.35 万 hm²。

森林覆盖率较高的 3 个州（市）是西双版纳傣族自治州为 74.05%、普洱市为 68.23%、怒江傈僳族自治州为 67.77%。森林覆盖率较低的 3 个州（市）是曲靖市为 40.20%、文山壮族苗族自治州为 36.71%、昭通市为 34.25%。位于中、西部的 10 个州（市）森林覆盖率高于全省 55.25% 的水平，位于东部的 6 个州（市）低于全省平均水平。

森林蓄积量较大的 3 个州（市）为普洱市 3.14 亿 m³、迪庆藏族自治州 2.79 亿 m³、西双版纳傣族自治州 1.98 亿 m³。另有怒江傈僳族自治州、丽江市、保山市、楚雄彝族自治州、大理白族自治州、临沧市、红河哈尼彝族自治州 7 个州（市）森林蓄积量超过 1 亿 m³。

天然林面积较大的 3 个州（市）为普洱市 234.71 万 hm²、迪庆藏族自治州 145.72 万 hm²、楚雄彝族自治州 121.05 万 hm²。人工林面积较大的 3 个州（市）为大理白族自治州 71.20 万 hm²、普洱市 67.30 万 hm²、楚雄彝族自治州 55.52 万 hm²。

表 1-3　云南省森林资源主要指标统计表

统计单位 ＼ 统计项目	森林面积（hm²）	森林蓄积量（m³）	天然林面积（hm²）	人工林面积（hm²）	森林覆盖率（%）	公顷蓄积量（m³/hm²）
云南省	21170251.11	2144476000	15222701.01	5947550.10	55.25	103.80
昆明市	951325.76	62129100	678706.56	272619.20	45.27	67.43
曲靖市	1163314.65	70728100	669651.20	493663.45	40.20	61.24
玉溪市	792765.04	64896700	641358.97	151406.07	53.06	85.16
保山市	1175435.78	131316500	712839.76	462596.02	61.66	115.31
昭通市	768655.05	55635300	428996.89	339658.16	34.25	77.23
丽江市	1257919.43	131412100	904457.93	353461.50	61.20	105.19
普洱市	3020068.02	314074200	2347052.12	673015.90	68.23	105.43
临沧市	1366051.30	119405300	1029271.52	336779.78	57.83	93.22
楚雄彝族自治州	1765707.40	130594300	1210542.54	555164.86	62.09	75.30
红河哈尼族彝族自治州	1491593.91	113352300	1059704.47	431889.44	46.36	77.44
文山壮族苗族自治州	1153047.20	67808700	787976.50	365070.70	36.71	59.98
西双版纳傣族自治州	1414127.82	198343000	948015.70	466112.12	74.05	144.65
大理白族自治州	1624918.55	125286500	912895.73	712022.82	57.41	80.32
德宏傣族景颇族自治州	753500.44	88704000	516427.63	237072.81	67.45	120.94
怒江傈僳族自治州	988395.78	191345700	917603.88	70791.90	67.77	195.57
迪庆藏族自治州	1483424.98	279444200	1457199.61	26225.37	63.98	188.73

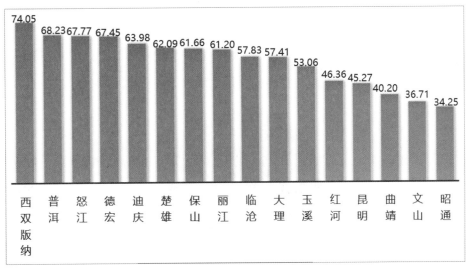

图 1-2　云南省各州（市）森林覆盖率（%）

5. 森林权属面积蓄积量

全省森林面积 2117.03 万 hm²，蓄积量 21.44 亿 m³。按土地所有权分：国有森林面积 526.67 万 hm²，占 24.88%；集体森林面积 1590.36 万 hm²，占 75.12%。国有森林蓄积量 8.30 亿 m³，占 38.73%；集体森林蓄积量 13.14 亿 m³，占 61.27%。

国有森林面积 526.67 万 hm²。其中，乔木林面积 520.42 万 hm²，占 98.81%；竹林面积 6.00 万 hm²，占 1.14%；国家特别规定灌木林面积 0.25 万 hm²，占 0.05%。

集体森林面积 1590.36 万 hm²。其中，乔木林面积 1573.49 万 hm²，占 98.84%；竹林面积 14.58 万 hm²，占 0.92%；国家特别规定灌木林面积 2.29 万 hm²，占 0.14%。

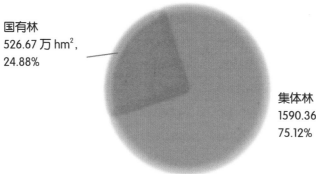

国有林
526.67 万 hm²，
24.88%

集体林
1590.36 万 hm²，
75.12%

图 1-3　云南省森林面积按所有权统计

6. 森林起源面积蓄积量

全省森林面积 2117.03 万 hm²，蓄积量 21.44 亿 m³。按起源分：天然林面积 1522.27 万 hm²，占 71.91%；人工林面积 594.76 万 hm²，占 28.09%。天然林蓄积量 16.93 亿 m³，占 78.94%；人工林蓄积量 4.51 亿 m³，占 21.06%。

天然森林面积 1522.27 万 hm²。其中，乔木林面积 1514.00 万 hm²，占 99.47%；竹林面积 8.27 万 hm²，占 0.53%。

人工森林面积 594.76 万 hm²。其中，乔木林面积 579.90 万 hm²，占 97.50%；竹林面积 12.31 万 hm²，占 2.07%；国家特别规定灌木林面积 2.55 万 hm²，占 0.43%。

人工林
594.76 万 hm²，
28.09%

天然林
1522.27 万 hm²，
71.92%

图 1-4　云南省森林面积按起源统计

7. 乔木林公顷蓄积量

乔木林公顷蓄积量计算范围包括林地内、外森林中的乔木林，但在园地内属于森林的 16 个经济树种中，仅橡胶纳入公顷蓄积量计算，其余 15 个树种不纳入公顷蓄积量计算。

全省纳入公顷蓄积量计算的乔木林面积 2065.90 万 hm²，蓄积量 21.44 亿 m³，公顷蓄积量 103.80m³/hm²，公顷蓄积量略高于全国平均值（95.02m³/hm²）。天然乔木林公顷蓄积量 111.81m³/hm²，人工乔木林公顷蓄积量 81.83m³/hm²。

8. 乔木林树种结构

全省乔木林面积 2065.90 万 hm²，蓄积量 21.44 亿 m³。面积占比前 10 位的树种：云南松面积 539.41 万 hm²，占 26.11%，蓄积量 4.78 亿 m³，占 22.29%。栎类面积 458.33 万 hm²，占 22.19%，蓄积量 4.38 亿 m³，占 20.41%。其他软阔面积 175.75 万 hm²，占 8.51%，蓄积量 2.14 亿 m³，占 9.98%。思茅松面积 150.34 万 hm²，占 7.28%，蓄积量 1.73 亿 m³，占 8.09%。其他阔叶面积 125.36 万 hm²，占 6.07%，蓄积量 9499.82 万 m³，占 4.43%。华山松面积 75.05 万 hm²，占 3.63%，蓄积量 0.65 亿 m³，占 3.05%。其他硬阔面积 72.23 万 hm²，占 3.50%，蓄积量 0.86 亿 m³，占 4.01%。橡胶面积 71.98 万 hm²，占 3.48%，蓄积量 5154.53 万 m³，占 2.40%。冷杉面积 69.77 万 hm²，占 3.38%，蓄积量 1.86 亿 m³，占 8.68%。杉木面积 66.36 万 hm²，占 3.21%，蓄积量 5844.14 万 m³，占 2.73%。

9. 乔木林林龄结构

全省乔木林面积 2065.90 万 hm²，蓄积量 21.44 亿 m³。其中，幼龄林面积 457.58 万 hm²，占 22.15%，蓄积量 2.28 亿 m³，占 10.63%。中龄林面积 872.50 万 hm²，占 42.23%，蓄积量 8.07 亿 m³，占 37.62%。近熟林面积 389.01 万 hm²，占 18.83%，蓄积量 4.85 亿 m³，占 22.61%。成熟林面积 273.60 万 hm²，占 13.24%，蓄积量 4.49 亿 m³，占 20.94%。过熟林面积 73.21 万 hm²，占 3.54%，蓄积量 1.76 亿 m³，占 8.21%。

（二）森林资源存在短板

1. 森林资源质量及生态服务功能有待提升

自实施新一轮国土绿化行动以来，云南省国土绿化取得较好成效，森林覆盖率进一步提升。但森林资源质量总体不高，林地产出率偏低，生态资源空间分布不均，生态系统破碎化，连通度不够；生物多样性指数不高，原生、次生植被少，人工树种相对单一；防护林生态系统受损或退化，部分生态系统有待恢复；森林涵养水源、保持水土等生态功能不足。这些都与云南社会经济发展水平极不相匹配，必须通过加强森林经营来提高森林质量。

2. 优质生态产品供给不足

随着经济发展和人民生活水平的提高，社会公众对森林、湿地、野生动植物、水资源、清洁空气、生态康养、宜居环境等生态产品的需求日益增加。优质的生态资源尚未有效地转化为优质的生态产品，特别是都市圈内优质生态产品相对缺乏；以森林康养为主的结合休闲、运动、文化等满足人们高质量需求的生态公共服务供给不足。森林旅游业发展仍然不够完善，特色品牌少；自然教育起步晚，产品不丰富；木本油料、森林食品、林药等林源产品精品少。

3. 森林经营效益不高，林业信息化应用不足

当前，许多乡土树种和珍贵树种没有培育或推广良种，不能满足造林需要。在经营措施上，缺乏有效的引导和示范，经营过程较为粗放，一些测土配方、造林季节选择、抚育方式等没有科学把控，森林经营效益不高。

尽管云南拥有丰富的林地资源，活立木蓄积量和森林蓄积量均居全国前列，但在林草数据资源的管理和利用上仍有待提升。例如，借助新技术，如移动互联网、大数据、物联网等，推进林草资源管理、社会服务、生态治理现代化的步伐仍需加快。高新技术在林业中的应用较慢，森林资源数据采集方式落后，各类专题数据信息共享差，智能决策亟待加强。此外，专业人才缺口较大，人才支撑合力不足也是一个问题。

4. 林业碳汇能力有待提升

碳达峰、碳中和工作对于云南省来说是一项长期且复杂的任务。虽然云南省已经作出一系列决策部署，生态系统碳汇增量稳步提升，森林保有量稳定在 2117.03 万 hm^2，但林业碳汇的储备和生态系统碳汇能力的提升仍需持续努力。

七、研究内容和技术路线

（一）研究内容

以现代森林经营体系理论为指导，以服务国家、省、县三级林业主管部门和相关森林经营主体为目的，通过三级森林经营规划（包括国家、省级及县级）、森林经营方案编制与执行、森林经营成效监测与评估等制度体系等，构建起一个科学、完整和可行的云南森林经营体系。主要包括：

1. 云南森林经营三级规划技术体系研究

从宏观森林经营管理的角度，阐述各层级林业主管部门对森林经营的指导性、约束性，包括全国森林经营规划云南定位，云南省级森林经营规划及县级森林经营规划编制中的森林分类、森林经营功能区划分、森林经营类型组织及经营作业法等技术体系。

2. 云南森林经营方案编制与执行技术体系研究

从经营单位层面出发，研究森林经营过程由森林经营方案编制、森林经营方案执行反馈和森林经营方案执行评估组成 3 个子系统之间存在复杂的合作关系，其中森林经营方案编制是森林经营方案执行反馈过程和森林经营方案执行评估过程的基础和依据，其循环周期一般为 5 ~ 10 年。这一过程经历森林经营方案编制资格审查、森林经营方案编写和森林经营方案审查；森林经营方案执行反馈过程以森林经营方案为准则，通过年度目标分解、责任落实执行、绩效评定、森林资源分析和经济活动分析，形成森林经营过程的内部约束机制。这一过程每年循环一次。森林经营

方案监测评估过程是森林经营单位的上级主管部门和社会对森林经营方案执行情况进行认可、鉴定、引导监督和协调,形成森林经营方案实施的外部机制。

3.云南森林经营成效监测与评估技术体系研究

根据云南森林经营实际,从宏观规划实施及经营单位级森林经营方案执行的角度确定森林经营成效监测与评估的原则、方法、内容、技术及指标体系等,科学合理评估云南森林经营水平。

(二)技术路线

研究云南森林经营体系构建理论与实践技术路线(图1-5)。

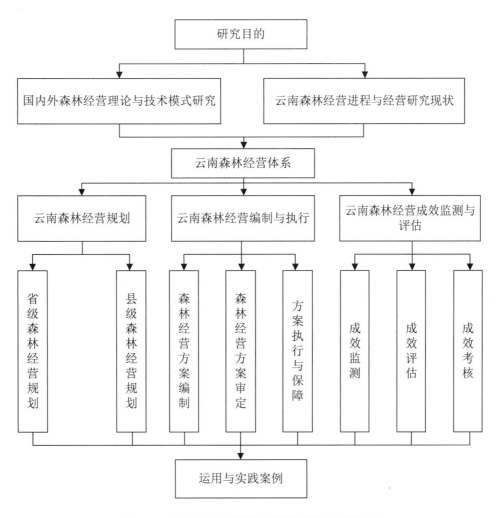

图1-5　云南省森林经营体系理论研究技术路线图

第二章 云南森林经营理论体系构建

一、基本概念

（一）森林与森林资源

1.森 林

森林（Forest）是指由树木为主体所组成的地表生物群落。森林集中了乔木、植物、动物、微生物和土壤，使其之间相互依存、相互制约，并与环境相互影响，从而形成的一个生态系统的总体。森林是陆地生态系统主体，是全球生物圈中重要的一环。它是地球上的基因库、碳贮库、蓄水库和能源库，对维系整个地球的生态平衡起着至关重要的作用，是人类赖以生存和发展的资源和环境。

森林是十分重要的环境要素，它对人类生态系统的保护和改善起着十分重要的作用，被誉为"地球之肺"。森林主要功能包括：

（1）生态功能

主要体现在保障国土生态安全、改善生态环境、调节气候、净化大气、涵养水源、蓄水保土、防风固沙、降低噪声、保存生物物种、美化环境、维持人与生物圈的生态平衡、维护生物多样性等方面。

（2）经济功能

主要体现在森林能够提供林产品，包括原木、锯材、纸浆材、人造板材、木柴燃料、森林食品（包括森林蔬菜、粮食、油料、水果、饮料、药材、蜂品、香料、坚果、茶叶、畜牧产品等）、脂胶、纤维，以及森林动物、微生物提供的各种产品等。

（3）社会功能

以促进经济社会发展为目标，包括优化社会发展环境、改善人居环境、满足人们精神享受、成就生态文明等。人类可从中获得体力恢复和精神升华等非物质服务的功能，如丰富精神生活、发展认知、大脑思考、生态教育、休闲游憩、消遣娱乐、美学欣赏以及景观美化等。

2. 森林资源

森林资源是指一个国家或地区的林地及其所生长的森林有机体的总称。狭义的森林资源主要指的是树木资源，尤其乔木资源。广义的森林资源指林木、林地及其所在空间内的一切森林植物、动物、微生物，以及这些生命体赖以生存并对其有重要影响的自然环境条件的总称。

森林资源按照物质形态可分为森林生物资源、森林土地资源和森林环境资源。森林生物资源包括森林、林木，以及以森林为依托生存的动物、植物、微生物等资源；森林土地资源包括乔木林地、灌木林地、疏林地、迹地等；森林环境资源包括森林景观资源和森林环境资源。

3. 林地及分类

在 2022 年 1 月 1 日正式实施的中华人民共和国林业行业标准《林地分类》（LY/T 1812—2021）中，林地（Forest Land）是指用于林业生态建设和生产经营的土地。林地地类分为两级，一级地类包括乔木林地、竹林地、疏林地、灌木林地、未成林造林地、迹地和苗圃地。在二级地类中，灌木林地细分为特殊灌木林地、一般灌木林地，未成林造林地细分为未成林人工造林地和未成林封育地，迹地细分为采伐迹地、火烧迹地和其他迹地。本标准中的林地地类划分与《林地分类》（LY/T 1812—2009）版相比，更改了一级地类，由 8 类调整为 7 类，一级地类中增加了乔木林地、竹林地和迹地，删除了有林地、无立木林地、宜林地、辅助生产用地；二级地类中增加了其他迹地，删除了红树林地类。灌木林地盖度标准由 30% 提到 40%，原胸径小于 2cm 的竹林划为灌木林地，现划入竹林地。林地分类分级体系和分类技术标准详见表 2-1。

表 2-1 林地分类及技术标准表

序号	地类		技术标准
	一级	二级	
一	乔木林地		乔木郁闭度大于或等于 0.20 的林地，不包括森林沼泽
二	竹林地		生长竹类植物，郁闭度 ≥ 0.2 的林地
三	疏林地		乔木郁闭度为 0.10 ~ 0.19 的林地
四	灌木林地		灌木覆盖度 ≥ 40% 的林地，不包括灌丛沼泽
	（一）	特殊灌木林地	符合林资发〔2004〕14 号规定的灌木林地
	（二）	一般灌木林地	"特殊灌木林地"以外的灌木林地
五	未成林造林地		人工造林（包括直播、植苗）、飞播造林和封山（沙）育林后在成林年限前分别达到人工造林、飞播造林、封山（沙）育林合格标准的林地。人工造林合格标准按 GB/T 15776 的规定执行；飞播造林合格标准按 GB/T 15162 的规定执行；封山（沙）育林合格标准按 GB/T 15163 的规定执行
	（一）	未成林人工造林地	人工造林（包括直播、植苗）、飞播造林后在成林年限前分别达到 GB/T 15776、GB/T 15162 规定的合格标准的林地
	（二）	未成林封育地	封山（沙）育林后在成林年限前达到 GB/T 15163 的规定的合格标准的林地
六	迹地		乔木林地、灌木林地在采伐、火灾、平茬、割灌等作业活动后，分别达不到疏林地、灌木林地标准，尚未人工更新的林地

续表2-1

序号	地类		技术标准
	一级	二级	
	（一）	采伐迹地	乔木林地采伐作业后3年内活立木达不到疏林地标准，尚未人工更新的林地
	（二）	火烧迹地	乔木林地火灾等灾害后3年内活立木达不到疏林地标准，尚未人工更新的林地
	（三）	其他迹地	人工造林、封山（沙）育林后达到成林年限，但尚未达到疏林地标准的林地，以及灌木林地经采伐、平茬、割灌等经营活动或者火灾发生后，盖度达不到40%的林地
七	苗圃地		固定的林木和木本花卉育苗用地，不包括母树林、种子园、采穗圃、种质基地等种子、种条生产用地以及种子加工、储藏等设施用地

4. 森林覆盖率

森林覆盖率是指森林面积占土地总面积的比率，该指标是反映一个国家或地区森林资源和林地占有面积的实际水平的重要指标，一般使用百分比表示。不同的国家森林覆盖率的计算方法不同。如我国森林覆盖率是指郁闭度0.2以上的乔木林地、竹林和国家特别规定的灌木林地三种地类面积的总和占土地面积的百分比。三种地类的定义分别为：

乔木林地：除规定郁闭度大于或等于0.2的林地，不包括森林沼泽外，乔木林地地类划分时也规定了最小面积为0.0667hm²，且由乔木（含因人工栽培而矮化的）树种组成的片林或林带。其中，林带行数应在2行以上且行距≤4m或林冠冠幅水平投影宽度在10m以上，当林带缺损长度超过林带宽度3倍时，应视为两条林带，两平行林带的带距≤8m时按片林调查，乔木林地包括郁闭度达不到0.2、但已到成林年限且生长稳定、保存率达到80%以上人工起源的林分。

竹林：在国家森林资源连续清查操作细则中定义为附着有胸径2cm以上的竹类植物的林地，分为毛竹、散生杂竹类、丛生杂竹类或混生杂竹类。新造能生长至2cm以上的竹类植物的林地，合理造林1年以上株数的85%成活和保存的林地划为竹林。在2022年林业行业标准《林地分类》（LY/T 1812—2021）中竹林定义为生长竹类植物，郁闭度≥0.2的林地。

国家特别规定的灌木林地：是指分布在年均降水量400mm以下的干旱（含极干旱、干旱、半干旱）地区，或乔木分布（垂直分布）上限以上，或热带亚热带岩溶地区、干热（干旱）河谷等生态环境脆弱地带，专为防护用途，且覆盖度为30%的灌木林地，以及以获取经济效益为目的进行经营的灌木经济林。

森林覆盖率的计算公式为：

森林覆盖率%=（乔木林地面积 + 竹林地面积 + 国家特别规定灌木林地面积）/ 土地总面积 × 100%。

（二）森林经营与森林经营体系

森林与经营的关系是密不可分的，森林质量的精准提升离不开科学经营，没有科学经营，提高森林质量是一句空言。林木的生长周期很长，通过人工造林或者靠自然力形成森林后，需要经历很长时间才能达到成熟收获。在森林整个生长发育过程中为了使森林健康良好地生长，人们对森林实施造林、抚育、采伐等关键森林经营技术措施，主要通过调整树种组成、龄级结构、径级结构、树高结构、林分密度和林分空间结构，实现优化林分结构、促进林木生长、提高林分质量、完善森林功能之目的，即森林经营研究的主要内容。

随着时代和技术的不断进步，人们对森林经营的理解和定义也在不断发生变化，因此在森林经营的日常实践过程中，逐渐对森林经营的认识从传统森林经营转向现代森林经营。传统森林经营主要关注木材资源的获取，而现代森林经营的目的不仅仅是获取木材，而且还包括所有森林产品和生态服务。林业的持续发展是从森林生态系统出发，将森林持续的物质产品和持续的环境服务放在同一位置上。

1. 传统森林经营

传统森林经营是研究森林永续利用及其在技术上的反映，用科学的、经济的和社会的原则管理林业产业实现经济目的。其核心理论——法正林理论是古典经济学与林学相结合的产物，法正林理论由德国林学家提出并主导森林经理学科 100 多年，在长期的森林经营实践中，一直把法正林作为人为控制和调整森林结构的一种理想范式，法正林理论在森林经营活动中具有重要的理论指导意义。其主要内容包括：

①法正林理论提出了一个实现森林永续利用的理想森林结构模型，对用材林森林结构调整具有重要的指导意义。

②法正林理论的核心思想是用生长量来控制采伐量并保持两者之间的相对平衡，反映了采育结合、合理经营、永续利用的观点。

③法正林理论要求森林面积按龄级均匀分配，对同龄林森林经营依然具有指导意义，引申到异龄林森林经营中则要求林分各径阶林木遵循一定比例分布。

④法正林理论要求林分排列方式不仅有利于天然下种更新和保护幼树，对生态环境建设和国土保护也有现实意义。以木材永续利用的法正林思想的诞生，表明人类在森林经营方面已经认识到森林永续利用不仅仅纯粹依靠原始森林获得木材，必须遵循采伐量不能大于生长量的森林经营基本准则。但是，以追求经济利益为主的木材永续利用，导致大批同龄针叶纯林的出现，造成地力严重衰退，病虫害危害严重，生物多样性减少，导致森林生态系统结构不稳定。

法正林理论受到一定程度的批判。如法正林四个条件过于苛刻，现实林往往是各式各样的，很难实现法正林结构，尤其结构复杂的天然林没有根据模式化的森林结构和林分生长过程来分析森林数量和质量变化，未考虑自然因素和人为因素对森林的影响。因此，在林业实践中要完全按照法正林的要求去组织林业生产是很困难的。法正林是一种理论模型，是指导现实用材林经营的理想范式，在传统森林经营中发挥一定的作用，但对于现代森林经营，法正林难以指导森林经营实践活动。

传统森林经营的特点主要包括：

①传统森林经营的准则和方式是按照法正林理论进行。传统森林经营的核心理论是法正林理论，而法正林理论的基础是传统经济学理论以获取最大的经济收益为目标，追求森林生长量与采伐量的长期平衡，从而保持稳定的蓄积量、生长量和采伐量，保持稳定的龄级结构，进而实现森林收获利益最大化。

②传统森林经营的目的是持续不断地获取木材等各种林产品。传统森林经营以木材和其他林产品的商品生产为中心，把森林生态系统的其他服务功能放在从属的位置，其目的是通过对森林资源的经营管理不断地、均衡地向社会提供木材和其他林副产品并获得经济效益。

③传统森林经营的内容主要是生产性经营。传统森林经营对象是以乔木为主，强调森林生态系统物质产品的生产，重视森林资源实物量的保持与增长和森林本身的变化，其经营内容主要侧重于更新造林、森林抚育、林分改造、护林防火、林木病虫害防治、伐区管理等，为获得林木和其他林产品而进行的生产性经营活动。

2. 现代森林经营

传统森林经营以法正林理论为指导核心，现代森林经营以森林可持续经营为目标，通过建立一套科学合理的森林可持续经营评价标准和指标来实现林业可持续发展的目的。有四个重要观点，分别是：

（1）现代森林经营的准则和方式是模拟森林生长的自然过程

森林生长发育遵循四个基本规律：

①天然更新、优胜劣汰、连续覆盖。在天然林自然生长过程中，第一个规律是"天然更新、优胜劣汰、连续覆盖"。这个过程需要很长的时间，并且消耗大量的空间和地力资源。健康稳定的森林生态系统具有自我调节能力，可以抵抗正常的外来干扰，保持森林生态环境，因而持续发挥生态效益；退化的森林生态系统自我调节能力降低，不能有效地抵御外界的干扰，无法实现森林生态效益的可持续发展。森林经营应该模拟这个过程，持续保持森林合理结构。根据现实林分情况，以比较小的干扰，或者补充目的树种，或者清除干扰木，把更多的资源用在目的树的培育上，加快群体的生长发育过程和促进森林健康。这正是奥地利、德国等提倡近自然经营的根据。林木个体成熟以后必然会停止生长逐渐死亡，为木材收获与林木更新提供物质与空间，森林经营工作必须顾及下一代。

②更新、发育与演替。在自然生长过程中，森林从建群开始到最后形成稳定的顶级群落，经过不同的发育阶段。不同发育阶段林分结构不同，需要根据发育阶段调整树种、径阶、树高、密度等林分非空间结构与林木聚集度、混交度和大小比数等林分空间结构，使林分保持群体的健康和活力，以此确定相应的经营措施和指标。同时，通过森林经营，增加林分生长量和蓄积量以达到增加森林碳汇的目的，应对国际气候变化谈判有关协议对碳汇的贡献。由于森林类型的多样性，

林分处于不同发育阶段，不可能有全国的统一标准。但是应该遵守共同的原则——模拟地带性顶级群落的发展过程。

③森林植被与土壤。土壤是森林生态系统的重要组成部分，是当地气候、母岩和植被长期作用的结果，原生植被提供了"适地适树"的参考，森林植被的发育促进了土壤发育，并且是提高土壤肥力的基础。森林生态系统的自肥效应以及水土保持、净化水质的效益是森林经营中需要很好学习的样板。不同树种凋落物的分解速度和养分含量不同，一般来说，阔叶树优于针叶树，灌木和草本层对土壤肥力具有重大作用。只有在影响到幼树生长的情况下才需要割灌或除草，避免全林除草割灌。

④生物多样性。生物多样性包括遗传多样性、物种多样性、生态系统多样性三个层次，它是森林健康稳定的物质基础，保护生物多样性是森林经营的重要任务。生物多样性保护主要分为保护栖息地和保护稀有物种，其目的是维持生态系统平衡。其中，保护稀有物种的两种主要方式——原地保护和迁地保护，属于森林经营活动范畴。

（2）现代森林经营的目的是培育健康、稳定、优质、高效的森林生态系统

森林是一个生态系统，健康、稳定、优质、高效完整的森林生态系统才能充分发挥森林的生态、经济和社会功能。结构决定功能，森林结构包括树种组成、林分密度、直径和树高结构、林分空间结构、下木和草本层结构、土壤结构等。一个健康稳定的森林生态系统林下幼苗幼树丰富，生态系统自我恢复能力就强。现实林分往往难以达到这种合理的结构，需要采取辅助措施促进森林尽快达到合理结构状态，辅助措施即为森林经营措施。例如，对于缺少目的树种的林分需要补植目的树种；对于一个过密或结构不合理的中幼龄林，必须采取森林抚育经营技术措施，间伐清除一些干扰木，促进目标树生长，保证林分整体的健康；对于异龄混交林中达到择伐径阶的林木，按照一定择伐强度进行择伐，其目的是留出空间以利于幼苗、幼树的更新，保持森林的活力。森林状况不同，需要采用不同的经营措施。总的原则是，通过必要的措施，促进森林的活力，以达到培育稳定健康的森林的目的。

（3）森林经营的内容包括林业生产的全过程

森林经营贯穿整个森林生命过程，主要包括三个阶段：森林收获、森林更新、森林培育。广义的森林培育包括所有经营森林的技术措施，如中幼林抚育、林业有害生物防治、森林防火、野生动植物保护、土壤肥力管理、林道维护、水源和河溪保护和机械使用等。中幼林抚育是森林经营的一个重要内容，不要把森林经营仅仅理解为抚育采伐。木材收获是森林经营的一个方面，没有收获的森林经营是没有意义的，是不可持续的森林经营。森林更新有多种方式，在目标树经营系统中更强调人工促进更新。

森林经营周期长、森林类型众多决定了森林经营措施的多样性。我国幅员广阔，森林类型繁多，各地森林处于不同发展阶段，各种林分在不同时期生长发育规律存在差异，这就需要经营者

掌握和了解当地森林的特点，并将其作为制订经营措施的根据。不同森林类型、不同生长阶段的林分需要采取不同森林经营技术措施与标准，例如区分商品林主伐与生态公益林更新采伐之间的不同经营技术措施。

森林应该采用什么经营技术措施是由森林的林学和生物学特性所决定的。采取正确的经营技术措施可以促进森林的生长，反之则妨害森林的生长。同一森林类型包括不同的发育阶段，针对不同发育阶段采取不同的森林经营技术措施。如幼龄林的透光森林应该采用什么经营技术措施是由森林的林学和生物学特性所决定的。采取正确的经营技术措施可以促进森林的生长，反之则妨害森林的生长。同一森林类型包括不同的发育阶段，针对不同发育阶段采取不同的森林经营技术措施。如幼龄林的透光伐、幼中林的疏伐与中龄林的生长伐，以及郁闭前的除草和珍贵用材林中的割灌等适宜于不同林分条件和生长阶段。类似这样，针对特定森林类型的某个发育阶段所采取的具体经营措施和标准，就是森林经营的个性技术。总结、完善各类个性技术，汇集成森林经营完整的技术体系，实现森林质量精准提升的目的。

（4）现代森林经营重视森林经营方案的作用

森林生命周期的长期性和森林类型的多样性，决定了森林经营措施的多样性。不同的林分应当采用相应的森林经营技术措施，既需要科学知识，也需要实践经验。所谓科学知识，就是要根据不同林分发育阶段，依据森林的林学和生物学特性确定应采取什么森林经营技术措施，有计划安排林业生产活动的全过程，即安排在什么时间、什么地点、对什么林分采用什么森林经营技术措施，即编制和实施森林经营方案，通过编制和实施科学合理的森林经营方案，以适应森林质量精准提升的要求。

（三）森林经营体系

传统森林经营是以木材生产为核心，通过更新造林、森林抚育、林分改造、护林防火等林业生产性经营活动，使森林生长量与采伐量实现长期平衡，进而获得稳定的蓄积量和采伐量，最终实现森林木材收获永续利用之目的。随着社会经济的不断发展，以及生态建设的地位和重要性越发突出，由于传统森林经营的木材收获与生态建设互为矛盾，因此传统森林经营逐渐无法适应新形势和新环境的变化与发展需求，亟须构建一套可以实现森林生态系统的经济效益、社会效益与生态效益能够有效统一和平衡的现代森林经营体系，促使森林生产由粗放型生产模式向集约型和精细型生产模式转型。

现代森林经营体系是以森林生态系统为对象，以森林经营技术措施规划、计划实施、评价为核心，通过森林经营规划、森林经营方案、森林经营成效监测与评估等方式或方法，对包括森林抚育、林木改造、采伐更新、护林防火及林产品利用等在内的整个森林经营过程进行有效管控和调节，以推动森林质量实现稳步提升，其主要目标是培育稳定、健康、优质、高效的森林生态系统。

首先，现代森林经营体系通过森林经营规划，对当前的森林进行区域和功能划分，将森林分为公益性森林、商品性森林以及多功能性森林，对不同的森林类型有不同的功能定位。公益性森林是一种平衡社会和生态系统之间关系的过渡型森林类型；商品性森林的主要作用是为人类社会输出和提供持续适量木材的森林类型；多功能性森林既可以用于木材采伐收获，也可以用于生态系统的自然资源平衡。其次，现代森林经营体系需要以森林经营方案为抓手，实现对不同类型森林经营主体的森林经营活动进行有效监督和管理，进而推动森林经营由传统粗放型生产模式向集约型和精细型生产模式的转型。最后，现代森林经营体系需要通过森林经营成效的监测与评估，来实现对不同森林经营主体或单位的森林经营活动的量化分析，以期为下一步的森林经营规划提供科学依据和数据支撑。现代森林经营体系的根本目标和追求是培育、建立和维护稳定、健康、优质、高效的森林生态系统，更好地服务自然万物和人类社会。

二、森林经营理论基础

（一）生态学相关基础理论

生态学（Ecology），是德国生物学家恩斯特·海克尔于1866年定义的一个概念：生态学是研究有机体与其周围环境（包括非生物环境和生物环境）相互关系的科学。已经发展为"研究生物与其环境之间的相互关系的科学"。有自己的研究对象、任务和方法的比较完整和独立的学科。它们的研究方法经过描述—实验—物质定量三个过程。适当的森林经营就是一种保持森林生态系统健康稳定的技术措施，在森林经营过程中必须遵循生态学基本理论，通过适当的森林干扰、增加系统生物多样性、保持生态要素最优生态位以及充分发挥林木生长的边缘效应，构建科学合理的森林经营体系，最大限度地发挥森林生态系统多功能目的。

1.森林干扰理论

（1）干扰的基本概念

干扰是指引起群落或生态系统特性（物种多样性、生物量、垂直和水平结构）发生变化的因素，而这些变化又是超过生态系统正常波动范围的。White（1979）对干扰的内涵分析指出，任何群落和生态系统都是动态变化和空间异质的，干扰是天然群落的结构和动态的时空异质性的主要来源。Bazzaz（1983）定义干扰为自然景观单位本底资源的突然变化，可以用生物种群的明显改变来表示。它的定义提醒人们可以用个别生物种群对干扰的反应进行定性、定量地研究干扰强度对生物多样性的影响。Pickett 和 White（1985）对干扰的定义是指能改变生态系统、群落和种群的结构，并引起资源的基质有效性变化的不连续事件（实际是指自然干扰）。对于人类的生产活动，一般不称为干扰，这是因为在人们的想象中，干扰总是与破坏联系在一起的，但对于自然生态系统来说，人类的一切行为均被认为是干扰。Forman（1995）将干扰定义为显著地改变系统正常格局的事件，同时对干扰与胁迫（stresses）的区别进行了分析，认为在草地、针叶林等生态系统内每隔几年就发生一次野火不应是干扰，相反防火却是一种干扰，并特别强调了干扰的间隔性和严重性。周晓峰认为，干扰是作用于生态系统的一种自然的或人为外力，它使生态系统的结构发生改变，使生态系统动态过程偏离其自然的演变方向和速度，其效果可能是建设性的（优化结构、增强功能），也可能是破坏性的（劣化结构、削弱功能），这决定于干扰的强度和方式。

（2）森林干扰分类

根据干扰的起因，森林干扰可分为自然干扰和人为干扰两种。其中，森林中常见的自然干扰有火、风、雪、洪水、土壤侵蚀、地滑、山崩、冰川、火山活动等，这些都属于非生物性自然干扰，此外还有动物危害和病虫害等生物性自然干扰，其中研究较多的是森林火灾和风倒、雪害等。根据干扰的性质，森林干扰可以分为破坏性干扰和增益性干扰。多数自然干扰和人为干扰会导致森林正常结构的破坏、生态平衡的失调和生态功能的退化，有时甚至是毁灭性的，如各种地质、气候灾害和乱砍滥伐、滥牧等掠夺式经营。有些干扰是人类经营利用森林的正常活动，如合理采伐、修枝、人工更新和低产、低效林分改造等，它可以促进森林的发育和繁衍，延续森林生态功能的发挥。

（3）森林干扰因子

①火因子。火因子对森林的干扰作用具有双重性。一方面，森林大火会对森林的一些生态指标造成破坏性干扰。刘增文等研究发现，火干扰释放的大量热能，破坏了森林生态系统的平衡，造成物种多样性降低；使一些珍贵树种被一些低价值的树种替代，生产力高的林分被生产力低的林分代替。姚树人等研究发现，火干扰会使森林地被物层被破坏，截留作用锐减，渗透能力下降，土壤的持水能力也随之下降，在山地易引发滑坡等灾害。另一方面，低强度、小面积的火可以提高地温，增加土壤灰分，消灭病虫害，清理造林地以便在生产中继续使用。这对改善森林环境，维持森林生态系统的平衡，促进森林进展演替具有积极的作用。因此，合理地掌控和利用火因子可以作为加速森林演替的工具和手段。

②风因子和病虫害因子。风干扰是森林干扰中最常见的一种，以福建沿海的木麻黄林为例，每年受台风影响，部分林木顶枝被折断，林冠被疏开，形成大小不同的林窗，改变了林下光照条件，引起植物群落的明显变化，使植物群落成为不同发育阶段的斑块镶嵌体。已有研究证明，林窗环境相对较为复杂，空间异质性较大，林下植被的多样性指数也较高。病虫害也是一种重要的干扰，一方面，由于病虫害的影响，森林树种的生活力降低，光合作用减弱，最终导致林木损伤与死亡。2008 年，福建东山县赤山林场和泉州市洛江虹山的湿地松纯林暴发了松材线虫病，导致 67hm^2 的湿地松死亡。另一方面，病虫害在森林演替、物质循环和能量流动等方面也具有积极的作用，对生物多样性维持、土壤肥力、森林的稳定性等方面具有重要作用。

③抚育和采伐因子。抚育是人类对森林生态系统的一种增益性干扰，一般包括整地、施肥、灌溉、除草、林地清理、透光和间伐等。目的是改善土壤的物理性质和养分状况，促进养分的循环和利用，增加林地的光照条件，最终是为了提高林地和森林的生产力以及防止有危害的自然干扰发生。有

研究证明，透光抚育有利于人工混交群落蓄积量及红松蓄积生产力的提高；间伐能对出现竞争的人工华山松林木起到调整密度，改善生长环境，保持良好结构，缩短培育周期，提高林地生产力的目的。采伐是影响森林更新的主要人为干扰因素之一。谷加存等研究表明，采伐干扰明显降低了林地表层平均水分含量，通过变异函数分析显示，干扰改变了表层水分的空间异质性特征；通过空间格局分析表明，采伐干扰引起土壤表层水分空间格局的改变，对于原来空间格局较强的系统，干扰有降低空间格局强度的作用。与此同时，采伐造成的林隙改变了原始林的光照和养分条件，林下灌木和草本对资源的利用能力增强，其生态位宽度与重叠指数均有所增加。

常见的干扰因子还包括工农业污染，狩猎、采樵和捕捞等，不同因子的时空组合，对森林生态系统的格局和过程有着重要作用。

（4）干扰对森林资源的影响

①干扰与资源有效性。一般认为，生境中的有效资源越多，越能支持更多的种类。干扰的主要作用是改变资源的有效性。通过研究，许多学者认同干扰具有临时增加资源有效性的作用，这一作用的机理在于：首先，自然干扰引起生物量的减少，因此使树木对资源的吸收和利用率增大。其明显表现之一就是光照水平的增加。其次，由于土壤表面光照增加和蒸腾作用的降低，加速了有机质中养分的分解或矿化，因而增加了养分对植物的有效性。一般来说，干扰的尺度或强度与资源的有效性呈正相关，尤其在小型干扰中更显著。另外，干扰引起资源有效性的一个重要特点是其暂时性或过渡性。随着时间延长，生物量重新增加，资源对于末后利用者的相对有效性一般会降低。

②干扰与森林生态系统稳定性。由于干扰影响树木个体，形成不同大小的斑块，改变原来的格局结构，从而影响树种之间的竞争和树木的生长环境。干扰一般使森林生态系统发生以下变化：在斑块范围内引起优势树种或个体死亡，造成格局结构和生境发生变化，限制了某些植物的生物量，从而为某些树种创造了新的生态位，维持生物地球化学循环。多数强烈的自然干扰和人为干扰会破坏森林现存结构，打破已有的生态平衡，改变生态功能，从而引起生态系统稳定性下降。但中度干扰或弱度干扰可以增加生态系统的生物多样性，常利于生态系统稳定性的提高。

③干扰与物种多样性。在森林更新的研究中，发现一种干扰发生后，可促进多个树种、多种机制的更新。小尺度和中等频率的干扰能增加物种多样性。White（1985）指出，由于干扰所形成的林隙可以提高群落内的特定空间和资源，为此，能够为植物定居和建立提供更多的机会，因此群落的物种多样性也会相应地得到提高。黄新峰等指出，林隙中更新树种的种类和数量通常多于林冠下，林隙具有较高的物种多样性指数。马万里等研究发现，采伐干扰通过改变光照条件，引起了林下生物多样性的变化，从时间尺度上考虑，是时间边缘效应的结果。朱教君等研究指出，干扰的出现以及干扰之间的间隔是影响森林生态系统生物多样性变化程度的主要因子。此外，干扰对城市森林也有显著的影响，城市森林除受到风倒、病虫害、火灾等自然干扰的威胁以外，还

要面对人为因素引起的相当恶劣的城市环境，例如城市大气污染、土壤污染、水体污染、酸雨以及城市炽热等，都会对林木的生长、群落的稳定造成很大的影响；以土地利用方式的剧烈改变为标志的城市化进程，通过改变生境条件，增加不透水层面积，增加生境异质性等过程使植物群落本身的形态、结构、生态学过程发生变化，甚至严重改变了其演化方向。尹锴等通过研究认为，干扰对厦门市城市森林灌草层植物多样性的影响得出，人为踩踏、垃圾堆积程度、人为挖掘、可到达容易程度等因子对厦门城市森林灌草层植物多样性分布格局有重要影响；厦门城市森林群落草本层种间多样性沿着邻接商业用地、交通用地、工业用地、居住用地的方向逐渐增加，而灌木层种间多样性沿着该环境梯度的方向却逐渐降低。有研究表明，随着人类干扰强度由乡村、郊区向城市中心区逐渐增大，植物多样性呈明显的递减趋势。

2. 生物多样性原理

生物多样性是生命形式的多样性。在生物系统的各个层面（如分子、生物、种群、物种、生态系统）。生物多样性也是所有资源和其他水生生态系统，陆地、海洋和其他水生生态系统的多样性以及由它们组成的生态复合系统的多样性，即物种的多样性和与生态系统的多样性。作为生态系统生产力、稳定性、抵抗生物入侵以及养分动态的主要决定性因素，生物多样性越高，生态系统功能性状的范围越广，生态系统服务质量也越高越稳定。生物多样性是生态系统功能的主要驱动力，可以在各个层次上促进生态系统功能（如初级生产力养分循环等），进而支撑碳固定、水源涵养等生态系统服务。具备多重生态系统功能和高水平生态系统服务的生物群落通常包含更多物种，而多样化的生物群落对生态系统稳定性、生产力以及养分供给具有促进作用。

人工控制生物多样性实验已经验证了生物多样性对生态系统功能的正效应。由于人工混交实验主要是由一个或两个在经济上比较重要的物种组成，绝大多数实验设计缺少中高水平的多样性处理。因此，在自然生态系统中，生物多样性与生态系统功能之间是否存在因果关系还存在争议。

3. 生态位原理

生态位理论是生态学中最重要的基础理论之一。1910 年，美国学者 Johson 最早使用"生态位"一词。1917 年，Grinnell 最早定义了生态位的概念，强调了生态位的空间范畴，认为它是指恰好被一个亚种或一个种占据的最后分布单位。1927 年，Elton 则强调了物种在群落中的功能状况，属于功能生态位范畴。1957 年，Hutchinson 提出了超体积生态位，包括了生物的空间位置及其在生物群落中功能地位。1975 年，Whittake 认为，生态位是指每个物种在群落中的时间和空间位置及其机能关系，或者说，在群落内一个物种与其他物种的相对位置；既考虑了生态位的时空结构和功能关联，也包含了生态位的相对性。

1932 年，苏联学者 G. F. Gause 提出了竞争排斥法则，认为具有相似资源需求，即占有相同生态位的物种无法共存。竞争排斥现象在森林中普遍存在，如果两个物种占据了相同的生态位，种间竞争就决定了它们的存活和发育过程：森林的自然稀疏现象便是生态位互相排斥的结果。在森林经营过程中应充分考虑物种的生态位，避免不同物种之间产生激烈的竞争，使各种群均能最大地利用环境资源，提高森林的初级生产力。

4.边缘效应原理

（1）边缘效应

在生态系统中，凡处于两种或两种以上的物质体系、能量体系、结构体系和功能体系之间所形成的"界面"，以及围绕该界面向外延伸"过渡带"的空间区域，就被称作生态交错带（ecotone）。生态交错带的特殊功能即是边缘效应（edge effects）。

在生态学上，边缘效应指发生在两个生境之间种群或群落结构的变化。由于边缘地带的环境条件不同，会发现物种组成和丰富度也不同。随着边缘效应的加强，生境区域的边缘会体现出更高的生物多样性。生物中的数目以及一些种的密度有增大的趋势。

边缘效应是普遍的自然现象，不同森林的交界处、森林和草原交界处、江河入海口交界处、城市与农村交界处等，无不具有其独特的边际效应。在现实的各种系统中，无论是自然生态系统，还是人为生态系统，均是相对的和有限的，在它们的交界处体现着不同性质系统间相互联系和相互作用，其结果必然赋予交错区独特的性质。

（2）边缘效应影响下的生物多样性

适宜的环境条件使特定的植物或者动物物种可以将生存领地拓展到生境的边缘。能够拓展生存领地的植物通常适合于少阴的或者干旱的生存环境，比如小灌木或藤状植物。而能够拓展生存领地的动物通常是需要两个到多个栖息地的动物（狡兔三窟）。生境斑块越大，含有的生物个体越多，对应的生物多样性通常也就越高。自然的生境的生物多样性越高，那么生境斑块边缘出现的边缘效应梯度也就越明显。

边缘效应是自然生态系统中一种非常普遍的现象。例如，边缘效应能够显著提高林缘附生地衣群落的物种多样性和生物量；闽粤天然林林隙边缘区具有增大物种多样性，降低生态优势度的作用，总体表现为边缘效应的正效应；长苞铁杉纯林和长苞铁杉—阔叶树混交林的林窗均具有明显的边缘效应，并且混交林林窗的边缘效应一定程度上高于纯林。天然次生林多为组成结构简单、生产力低下的林分，若无外界干扰，经过种间与种内强烈竞争，最后将恢复为顶极群落。然而，自然恢复过程是极其漫长的，且经济效益低下，故需对次生林组成结构进行人工干扰，运用边缘效应原理，在次生林内进行狭带状或斑块状采伐，有利于次生林结构的调整和功能的改善，从而达到速生、优质、高产的目的。

图2-1：我国大兴安岭森林边缘，具有呈狭带状分布林缘草甸，每平方米的植物种数达30种以上，明显高于其内层的森林群落与外侧的草原群落。

图2-2：美国伊利诺伊州森林内部的鸟类仅登记14种，但在林缘地带达22种。

图 2-1　大兴安岭

图 2-2　美国伊利诺伊州

（二）林学相关基础理论

林学（forestry）是研究森林的形成、发展、管理以及资源再生和保护利用的理论与技术的科学，属于自然科学范畴。林学是一门研究如何认识森林、培育森林、经营森林、保护森林和合理利用森林的学科，它是在其他自然学科发展的基础上，形成和发展起来的综合性应用学科。林学的主要研究对象是森林，它包括自然界保存的未经人类活动显著影响的原始天然林，原始林经采伐或破坏后自然恢复起来的天然次生林，以及人工林。森林既是木材和其他林产品的生产基地，又是调节、改造自然环境从而使人类得以生存繁衍的天然屏障，与工农业生产和人民生活息息相关，是一项非常宝贵的自然资源。林学是一门与浩繁的生物界及多变的环境密切相关的学科，要掌握这门学科必须要深刻理解其基本原理，具备必要的基本知识，并善于灵活地运用这些基本原理和知识，结合具体地区自然资源以及社会经济发展条件和特点，进行全面的周密的分析和综合，得出适当的可持续的可操作的结论，以解决林业生产中的问题。

1. 森林可持续经营

1987 年，世界环境与发展委员会提出了被广泛接受的可持续发展的定义，即"既满足当代人的需求，又不危及后代子孙满足其需求的能力的发展"。森林可持续经营是可持续发展中的林业部分。联合国粮农组织（FAO）的定义是：森林可持续经营是一种包含行政、经济、法律、社会、科技等手段的行为，涉及天然林和人工林；是有计划的各种人为干预措施，目的是保护和维持森林生态系统及其各种功能。1992 年，世界环发大会通过的《关于森林问题的原则声明》，把森林可持续经营定义为"可持续森林经营意味着对森林、林地的经营和利用时，以某种方式、一定的速度，在现在和将来保持生物多样性、生产力、更新能力、活力，实现自我恢复的能力。在地区、国家和全球水平上保持森林的生态、经济和社会功能，同时又不损害其他生态系统"。在全球生态环境背景下，1992 年，联合国在巴西里约热内卢召开了世界环境与发展大会，100 多个国家的元首或政府首脑出席了大会，并达成了共识，通过了《21 世纪议程》《关于森林问题的原则声明》

等 5 个文件。大会提出了森林可持续经营，即森林资源和林地应当采用可持续方式进行经营管理，以满足当代和子孙后代在社会、经济、文化和精神方面的需要。

森林可持续经营要求以一定的方式和强度管理、利用森林和林地，有效维持其生物多样性、生产力、更新能力和活力，确保在现在和将来都能在全球、国家、区域森林经营主体和林分等不同层次上发挥森林的生态、经济和社会综合效益，同时对其他生态系统不造成危害。森林可持续经营强调林业必须服从和服务于国家经济社会可持续发展目标，不断满足经济社会发展和人民生活水平提高对森林物质产品和生态服务功能的需要。不仅强调森林的木材生产功能，更要注重森林生态系统的完整性和整体功能的维持和提高；不仅要强化森林经营各环节的有效监管，而且要完善森林经营支撑体系，更要协调均衡相关利益群体的关系，切实维护森林生产力持续提高，确保森林综合效益持续发挥。

森林可持续经营的原则是一种平衡发展的理念，旨在确保人类对森林资源的利用与保护之间达到可持续的平衡。以下是森林可持续经营的几个原则。

经济可行性原则：森林可持续经营要确保经济效益，以促进森林资源的可持续利用。这意味着在进行经济活动时，要注重长期的盈利和资源的可持续供应。

生态合理性原则：森林可持续经营要兼顾生态系统的完整性和功能，确保森林生态系统的稳定性和生物多样性的保护。这意味着在经营过程中要考虑生态环境的保护和恢复，避免破坏生态系统平衡。

社会接受性原则：森林可持续经营需要关注社会的需求和利益，确保经营活动对当地社会的积极影响，并提供公正和平等的经营平台。

2. 森林多功能经营

多功能森林是指能用于木材产品的生产、水土保持、生物多样性保护和提供社会文化服务的任何一种组合的森林，在那里任何单独的一项用途都不能被视为明显地比其他用途更重要。

多功能森林思想源于 19 世纪的恒续林思想。20 世纪 60 年代前后，西方社会出现一股生态觉醒的思潮，使恒续林思想得以发展。当时基本的社会背景是要求森林在满足经济需求的同时，也要响应生态的需求。因此，森林经营目标由原来单纯的经济目标演变为生态经济目标。

联合国在 1992 年召开了环境发展大会，这次大会明确提出森林可持续经营的概念和思想，实质上包括了森林多功能经营思想。《关于森林问题的原则声明》中明确指出，森林资源和林地应以可持续的方式管理，以满足当代人和子孙后代在社会、经济、生态、文化和精神方面的需要。这些需要包括森林产品和服务功能，如木材和木材产品、水、食物、饲料、药材、燃料、住所、就业、游憩、野生动物生境、景观多样性、碳汇和库以及其他林副产品。实际上，森林多功能经营理念在时间维度上的拓展即为森林的可持续经营。

多功能森林经营主要是对林地及其生态系统的经营管理，它是以林地为基础，经营森林生态系统，生产一系列林副产品。它是指管理一定面积的森林，使其能够提供野生动物保护、木材及非木材产品生产、休闲、美学、湿地保护、历史或科学价值等功能中的两种或两种以上。

多功能森林的特点：①具有多功能，但能相互制约。②经营周期长，生态稳定。③有利于生物多样性的保护，但也会在一定程度上不可避免地干扰生物多样性。④主要借助自然力生长，但也经常经受自然力的破坏。⑤抵御风险的能力较强，但遇到风险的机会也多等。

3. 森林分类经营

分类经营的理论基础是多功能主导利用论，有的学者称之为林业分工论。20 世纪 60 年代初，美国以立法的形式把森林的多种利益作为国有林的经营准则。20 世纪 70 年代，美国林业经济学家 M. 克劳森、R. 塞乔及 W. 海蒂等人提出森林多种效益主导利用的思想。

森林分类经营（Classified forest management），又称为森林多效益主导利用经营，即以发挥某一林种、某一效益为主，兼顾其他方面效益的经营模式。它是在社会主义市场经济体制下，根据社会对林业生态效益和经济效益的两大要求，按照对森林多种功能主导利用的不同和森林发挥两种功能所产生的"产品"的商品属性和非商品属性的不同，相应地把森林划分为公益林和商品林，并按各自特点和规律运营的一种新型的林业经营体制和发展模式。

分类经营是我国林业 20 世纪末和 21 世纪改革的主题。分类经营能否顺利地实施和推行下去，关系到我国林业发展的前途和命运，关系到林业市场经济体制的建立和林业生态功能的良好发挥，关系到建立比较发达的林业产业体系和比较完备的林业生态体系，关系到林业的两个根本性转变。所以分类经营具有重大的理论研究价值和重大的实践意义。

自 1995 年原林业部颁发《林业经济体制改革总体纲要》以来，根据原林业部下发的《关于开展林业分类经营改革试点工作的通知》（林策通字〔1996〕69 号）精神，各省、自治区、直辖市相继于 1996 年选择 2～4 个县（市、区）开展森林分类经营改革试点工作。根据原国家林业局《关于开展全国森林分类区划界定工作的通知》（林策发〔1999〕191 号）和原国家林业局《国家公益林认定办法》（林策发〔2001〕88 号）文件精神，各省、自治区、直辖市相继启动了森林分类区划工作。

森林分类经营理论将森林划分为两大类——公益林和商品林。森林法关于森林分类经营管理的规范是零散的，但是基本的框架是清晰的。1984 年，《中华人民共和国森林法》规定了森林基本分类规范，以及与森林分类经营相对应的林木采伐管理规范；1998 年修改《中华人民共和国森林法》时，设立了森林生态效益补偿基金制度；1999 年，《中华人民共和国森林法实施条例》规定了公益林区划规范等。《中华人民共和国森林法》关于森林分类经营管理的规范归纳起来为四个方面。新《中华人民共和国森林法》（2019 年 12 月 28 日修订版）实行森林分类经营管理，将森林分为公益林和商品林，公益林实行严格保护，商品林则由林业经营者依法自主经营，以此来保护好各类林业经营主体的合法权益，实现林业建设可持续发展。

近年来，一些专家学者以及基层林业工作者一直在呼吁对两类划分的森林分类体系进行改进。自 2008 年以来，随着森林经营成为林业"永恒主题"的提出，三类划分的分类经营再次被提了出来，得到了许多专家的响应。2016 年，这一思路终于被采用，体现在《全国森林经营规划（2016—2050 年）》中。此规划将森林划分成严格保育的公益林、多功能经营的兼用林和集约经营的商品林三类，并对这三种类型的森林采取有区别的经营策略，"两类林管理，三类林经营"。

4. 适地适树理论

（1）适地适树理论形成

中国很早就认识到适地适树在植树造林中的重要性。如西汉刘安《淮南子》中说"欲知地道，物其树"，指出了树木生长与自然条件的密切关系。北魏贾思勰著《齐民要术》对此有进一步的阐述："地势有良薄，山、泽有异宜。顺天时，量地利，则用力少而成功多，任情返道，劳而无获……"这些阐述精辟地说明了适地适树的意义和重要性。在明代王象晋著《群芳谱》中，对此认识更有所发展："在北者耐寒，在南者喜暖。高山者宜燥，下地者宜湿。此物性之固然，非人力可强致也。诚能顺其天，以致其性，斯得种植之法矣。"至于具体反映适地适树的内容，包括不同树种对光照、气候、土壤的不同要求等，在古农书及农谚中更有大量的记载。但适地适树一词至 20 世纪 50 年代后期才见诸中国的文献，日本也有类似的术语。

古代造林用的树种大多是野生种，对其种内变异又研究不够，因此适地适树中的"树"主要指的是一个物种。现代的适地适树概念中的"树"，应理解为不同层次的基因型，也包括适地适种源、适地适类型、适地适品种的含义。研究种内各种源、类型、品种的适生地区和条件，是研究适地适树的新课题。

为了贯彻适地适树的造林原则，必须对造林地的立地条件和造林树种的生物学、生态学特性进行深入的调查研究。这一方面要求按照立地条件的异质性进行造林区划和立地条件的类型划分，另一方面要求对造林树种的生态学特性（对各种立地条件的要求）进行深入的研究。一般来说，采用乡土树种造林比较容易实现适地适树，但有时引种外来树种也能取得良好的效果。开展生产性引种前须经过周密的分析及一定时期的引种试验。

进行定位树种试验以及对造林地或环境条件相似的土地的天然林和人工林进行调查，是贯彻适地适树原则的基本方法。在各种不同条件下营造各树种的试验林（树种试验），可为适地适树提供直接的依据。但要从这类试验林中得出可靠的结论，往往需要几年甚至几十年的时间。为了较快地获得这方面的资料，可利用天然林和散生树，特别是利用现有的生产性人工林进行调查研究，并应用数量化理论、多变量分析及其他数学方法深入探讨现有林中各树种的生长指标（包括其立地指数）与各立地因子之间及各因子组合之间的相互关系，建立数学模型，对各树种在各种立地条件下的生长进行预测。

（2）适地适树的概念

适地适树就是使造林树种的特性，主要是使生态学特性和造林地的立地条件相适应，以充分发挥生产潜力，达到该立地在当前技术经济条件下可能达到的高产水平。通俗讲，就是把树栽植到最适宜其生长的地方。所谓适地就是要正确认识造林地的气候、土壤、地形、水文、植被等立地条件，确定适宜的造林树种；适树就是要正确认识树种的生物学特性和生态学特性，确定适宜的造林地。适地适树是造林工作的一项基本原则，造林树种的林学特征与造林地环境条件的相适应是生物有机体与其周围环境辩证统一的客观规律所要求的，做不到这一点，则直接影响造林的质量。造林过程中出现的小老头树、生长停滞林、成活不成材、成材不成林现象，就是没有贯彻适地适树原则，或者对适地适树原则理解片面而导致的。

（3）适地适树的决策方法

①立地类型划分决策法。植物对于其赖以生存的环境条件，有着十分密切的依赖关系。环境条件如何，直接决定着植物的种类分布及其存活、发育、生长和生物量的多少。于是就有必要在对宜林荒山荒坡布点取样进行全面调查和综合分析后，对森林立地进行评价，探讨地域分布规律，划分立地类型，并按其立地质量及适生树种进行适地适树布局。森林立地分类研究在林业科学中占有重要地位，其进展直接影响林业生产水平的提高。从初期的感性分类阶段，即单因素定性分类阶段，到多因子定性分类及综合多因子的定量化或定性与定量相结合的阶段，立地分类研究成果在生产上得到广泛应用，并在实践中不断完善。随着数学的渗透、电子计算机技术的发展和生长预测模型的广泛应用，立地分类和评价正向定量化快速发展。

②模糊决策法。科学的适地适树决策方法应以生态因子作用规律和树木生态学特性为基础，从每一生态因子与林木生长关系入手，对在某一具体立地条件下的各种林木未来的生长情况作出定量预测，然后通过定量比较，确定出最佳适地适树方案。但由于环境因子作用的复杂性以及林木对环境适应性的不同，使定量预测极其困难，在这种复杂并伴有模糊性的事物面前，通过模糊数学才可提供较为满意的结果，在适地适树研究中通过特尔菲法（Delphi）模糊评定各生态因子对林木生长的限制程度，从而获得决策信息，然后通过模糊决策得出在各种立地条件下的最佳适地适树方案。适地适树模糊决策是一种多目标、多限制决策。从系统工程角度而言，它是一个受立地条件、林木生长预测系统、效益评价系统等综合影响的开放式规划系统。李福双等人采用模糊决策的原理，以小兴安岭的带岭林区为背景，进行了适地适树科学决策方法的研究。其决策过程包括确定带岭林区适地适树系统流程图，根据自然植被状况和造林实践确定带岭林区主要造林树种，根据自然条件和已有的研究确定立地条件类型，用例证法结合特尔菲征询法确定隶属度，最后用特尔菲法和模糊数学的有关原理，得到带岭林区主要造林树种的较适立地类型和不适立地类型子集。

（三）经济学相关基础理论

林业经济学是研究林业部门生产，以及与此相联系的分配、交换、消费等经济活动和经济关系发展运动的规律及其应用的学科。林业经济学是一门应用经济科学，与林业技术科学共同构成林业科学体系。林业经济学是由经济学基本概念、范畴与范体系组成的理论体系，林业经济理论来源于林业生产实践，同时又指导着林业生产的实践。林业经济理论必须就如何管理和利用森林做出决策，同时还须考虑林业经济活动所处的宏观和微观环境。邱俊齐教授（1982）认为，林业经济学研究的主要内容包括：①对森林资源的认识。②对林业生产特点的认识。③对要素配置特点的认识。④对各种经营模式的认识，对林产品市场的规律性识别，政府对林业的宏观管理行为的认识等。由此可见，森林经营体系构建需要从林业经济学角度认识森林资源和森林经营模式。

1. 森林多效益理论

德国学者哈根和恩特雷斯等学者提出的森林多效益永续经营理论，从理论的影响力来看，哈根（Hargen）和恩特雷斯（Edres）的森林多效益永续经营理论（也称森林多效益理论，或森林多效益永续理论，或森林多效益永续利用理论）最为显著。1867 年，奥托·冯·哈根提出"经营国有林不能逃避公众利益应尽的义务，而且必须兼顾持久地满足对木材和其他林产品的需要和森林在其他方面的服务目标"。他还认为，国有林应作为全民族的财产，不仅为当代人提供尽可能多的成果，以满足人们对林产品和森林防护效益的需求，同时保证将来也能提供至少是相同甚至更多的成果。这就是森林多效益永续理论的早期思想。1905 年，恩特雷斯认为，森林生产不仅仅是经济效益，"对于森林的福利效益，可理解为森林对气候、水和土壤，对防止自然灾害以及在卫生伦理等方面对人类健康所施加的影响"。蒂特利希也对森林多种效益的永续经营与木材永续经营的差别作出了进一步的阐述：多种效益的永续不仅是木材货币收入、盈利，还应有林副产品的利用，并涉及森林的各种效益。柯斯特勒尔在谈到永续利用的条件时指出，永续性只有在生物健康的森林里才能得到保证，因此必须进行森林生物群落的核查。泼洛赫曼也指出，永续性的出发点不应该是所生产的多种多样的物质、产量、效益的持续性、稳定性和平衡性，而应该是保持发挥效益的森林系统。这些思想已将森林永续利用与森林生态系统的稳定和健康紧密联系在一起。

2. 公共池塘资源治理理论

公共池塘资源理论是美国著名行政学家、政治经济学家埃莉诺·奥斯特罗姆针对"公共事物的治理这个世界性难题"提出的理论模式。她认为，人类虽然存在许多的公地悲剧，但极少有制度不是私有的就是公共的，或者不是市场的就是国家的。许多成功的公共池塘资源制度冲破了僵化的分类，成为"有私有特征"的制度和"有公有特征"的制度的混合。她通过一系列的调查和研究，把这种制度模式抽象为公共池塘资源理论。

公共池塘资源理论是基于"如何以在人类处理与公地悲剧部分相关或完全相关的各种情形中表现出来的能力和局限的实际评估为基础，去发展人类组织的理论"。

在该理论模型中，公共池塘资源是可再生的，而非不可再生的资源，这种资源同时又是相当稀缺的，而不是充足的；且资源使用者能够相互伤害，但参与者不可能从外部来伤害其他人。当多种类型的占用者依赖于某一公共池塘资源进行经济活动时，所做的每一件事几乎都会对他们产生共同的影响，每一个人在评价个人选择时，必须考虑其他人的选择。在处理与产生稀缺资源单位的公共池塘资源的关系时，如果占用者独立行动，他获得的净收益总和通常会低于他们以某种方式协调他们的策略所获得的收益，独立决策进行的资源占用活动甚至可能摧毁公共池塘资源本身。因此，"在最一般的层次上，公共池塘资源占用者所面临的问题是一个组织问题：如何把占用者独立行动的情形改变为占用者采用协调策略以获得较高收益或减少共同损失的情形"，即要通过资源占用者的自组织行为来解决公共池塘资源问题，而非令人悲观的"利维坦"方案或彻底的私有化。而如何实现公共池塘资源使占用者有效地、成功地自觉组织行动，公共池塘资源理论起到指导的作用。

3. 机制设计理论

机制设计理论的思想可追溯到 20 世纪 30 年代前后兰格与哈耶克之间关于社会主义计划经济机制可行性的大论战。哈耶克认为，高度集中的计划经济机制不可能获得其正常运转所需的信息，相比之下，市场机制就可以节约大量的信息成本。与哈耶克针锋相对，兰格认为，他所设计的经济机制完全可以解决哈耶克所指责的信息问题，而哈耶克又提出计划机制解决不了激励问题，兰格执着地认为只要给他一个大型计算机，他会把整个经济运转得井井有条。

机制设计理论是制度经济学中的一个分支，是博弈论和微观经济学领域的重要理论。按照博弈论学者丁利的说法，机制设计理论可以看作是博弈论和社会选择理论的综合运用。如果假设人们是按照博弈论所刻画的方式行动的，并且设定按照社会选择理论，我们对各种情形都有一个社会目标存在，那么机制设计就是考虑构造什么样的博弈形式，使这个博弈的解就是那个社会目标，或者说落在社会目标集合里或者无限接近于它。

在森林经营体系构建中会涉及大量的政策、制度和法规的制定与设计，而这些问题在很大程度上就是机制设计问题，因此在进行森林经营构建中，也需要借鉴和吸收机制设计理论作为其理论基础之一。机制设计理论是研究在自由选择、自愿交换、信息不完全及决策分散化的条件下能否设计一套机制（规则或制度）来达到既定目标的理论。

（四）系统科学相关基础理论

系统科学是以系统为研究对象的基础理论及其应用技术和方法组成的学科群，系统科学着重研究各类系统的关系和属性，揭示其运动规律，探讨有关系统的各种理论和方法。系统科学理论体系中的系统思维模式和定量优化方法在森林经营体系构建中具有重要指导意义。系统科学理论包括系统论、控制论、信息论、耗散结构理论等。

1. 系统论

系统思想源远流长，但作为一门科学的系统论，人们公认是美籍奥地利人、理论生物学家

L. V. 贝塔朗菲创立的。

他在 1932 年发表"抗体系统论"，提出了系统论的思想。1937 年提出了一般系统论原理，奠定了这门科学的理论基础。但是，他的论文《关于一般系统论》到 1945 年才公开发表，他的理论到 1948 年在美国再次讲授"一般系统论"时，才得到学术界的重视。确立这门科学学术地位的是 1968 年贝塔朗菲发表的专著：《一般系统理论基础、发展和应用》（*General System Theory*: *Foundations*，*Development*，*Applications*），该书被公认为是这门学科的代表作。

系统一词，来源于古希腊语，是由部分构成整体的意思。今天人们从各种角度上研究系统，对系统下的定义不下几十种。如说"系统是诸元素及其顺常行为的给定集合""系统是有组织的和被组织化的全体""系统是有联系的物质和过程的集合""系统是许多要素保持有机的秩序，向同一目的行动的东西"等。

一般系统论则试图给一个能描述各种系统共同特征的一般的系统定义，通常把系统定义为：由若干要素以一定结构形式联结构成的具有某种功能的有机整体。在这个定义中包括了系统、要素、结构、功能四个概念，表明了要素与要素、要素与系统、系统与环境三方面的关系。

系统论认为，开放性、自组织性、复杂性、整体性、关联性、等级结构性、动态平衡性、时序性等，是所有系统的共同的基本特征。

（1）核心思想

系统论的核心思想是系统的整体观念。贝塔朗菲强调，任何系统都是一个有机的整体，它不是各个部分的机械组合或简单相加，系统的整体功能是各要素在孤立状态下所没有的性质。他用亚里士多德的"整体大于部分之和"的名言来说明系统的整体性，反对那种认为要素性能好，整体性能一定好，以局部说明整体的机械论的观点。同时认为，系统中各要素不是孤立地存在着，每个要素在系统中都处于一定的位置上，起着特定的作用。要素之间相互关联，构成了一个不可分割的整体。要素是整体中的要素，如果将要素从系统整体中割离出来，它将失去要素的作用。

（2）系统论任务

系统论的任务，不仅在于认识系统的特点和规律，更重要的还在于利用这些特点和规律去控制、管理、改造或创造一系统，使它的存在与发展合乎人的目的需要。也就是说，研究系统的目的在于调整系统结构，协调各要素关系，使系统达到优化目标。

（3）系统论出现的意义

系统论的出现，使人类的思维方式发生了深刻的变化。以往研究问题，一般是把事物分解成若干部分，抽象出最简单的因素来，然后再以部分的性质去说明复杂事物。这是笛卡尔奠定理论基础的分析方法。这种方法的着眼点在局部或要素，遵循的是单项因果决定论，虽然这是几百年来在特定范围内行之有效、人们最熟悉的思维方法。但是，它不能如实地说明事物的整体性，不能反映事物之间的联系和相互作用，它只适应认识较为简单的事物，而不胜任于对复杂问题的研究。

在现代科学的整体化和高度综合化发展的趋势下，在人类面临许多规模巨大、关系复杂、参数众多的复杂问题面前，就显得无能为力了。正当传统分析方法束手无策的时候，系统分析方法却能站在时代前列，高屋建瓴，纵观全局，别开生面地为现代复杂问题提供了有效的思维方式。所以系统论，连同控制论、信息论等其他横断科学一起所提供的新思路和新方法，为人类的思维开拓新路。它们作为现代科学的新潮流，促进着各门科学的发展。

系统论反映了现代科学发展的趋势，反映了现代社会化大生产的特点，反映了现代社会生活的复杂性，所以它的理论和方法能够得到广泛的应用。系统论不仅为现代科学的发展提供了理论和方法，而且也为解决现代社会中的政治、经济、军事、科学、文化等方面的各种复杂问题提供了方法论的基础，系统观念正渗透到每个领域。

当前，系统论发展的趋势和方向是朝着统一各种各样的系统理论，建立统一的系统科学体系的目标前进着。有的学者认为，随着系统运动而产生各种各样的系统（理）论，而这些系统（理）论的统一已成为重大的科学问题和哲学问题。

（4）当前研究情况

系统理论目前已经显现出几个值得注意的趋势和特点。第一，系统论与控制论、信息论、运筹学、系统工程、电子计算机和现代通信技术等新兴学科相互渗透、紧密结合的趋势。第二，系统论、控制论、信息论正朝着"三归一"的方向发展，现已明确系统论是其他两论的基础。第三，耗散结构论、协同学、突变论、模糊系统理论等新的科学理论，从各方面丰富发展了系统论的内容，有必要概括出一门系统学作为系统科学的基础科学理论。第四，系统科学的哲学和方法论问题日益引起人们的重视。在系统科学的这些发展形势下，国内外许多学者致力于综合各种系统理论的研究，探索建立统一的系统科学体系的途径。一般系统论创始人贝塔朗菲，就把他的系统论分为狭义系统论与广义系统论两部分。他的狭义系统论着重对系统本身进行分析研究；而他的广义系统论则是对一类相关的系统科学实行分析研究，包括三个方面的内容：①系统的科学、数学系统论。②系统技术，涉及控制论、信息论、运筹学和系统工程等领域。③系统哲学，包括系统的本体论、认识论、价值论等方面的内容。有人提出，试用信息、能量、物质和时间作为基本概念建立新的统一理论。瑞典斯德哥尔摩大学萨缪尔教授在1976年一般系统论年会上发表了将系统论、控制论、信息论综合成一门新学科的设想。在这种情况下，美国的《系统工程》杂志也改称为《系统科学》杂志。我国有的学者认为，系统科学应包括系统概念、一般系统理论、系统理论分论、系统方法论（系统工程和系统分析包括在内）和系统方法的应用等五个部分。我国著名科学家钱学森教授多年致力于系统工程的研究，十分重视建立统一的系统科学体系，自1979年以来，多次发表文章表达他把系统科学看成是与自然科学、社会科学等相并列的一大门类科学，系统科学像自然科学一样也区分为系统的工程技术（包括系统工程、自动化技术和通信技术）、系统的技术科学（包括统筹学、控制论、巨系统理论、信息论）、系统的基础科学（系统学）、系统观（系统的哲学和方法论部分，是系统科学与马克思主义的哲学连接的桥梁）四个层次。这些研究表明，不久的将来系统论将以崭新的面貌矗立于科学之林。

值得关注的是，我国学者林福永教授提出和发展了一种新的系统论，称为一般系统结构理论。一般系统结构理论从数学上提出了一个新的一般系统概念体系，特别是揭示系统组成部分之间的关联的新概念，如关系、关系环、系统结构等；在此基础上，抓住了系统环境、系统结构和系统行为以及它们之间的关系及规律这些一切系统都具有的共性问题，并从数学上证明了系统环境、系统结构和系统行为之间存在固有的关系及规律，在给定的系统环境中，系统行为仅由系统基层次上的系统结构决定和支配。这一结论为系统研究提供了精确的理论基础。在这一结论的基础上，一般系统结构理论从理论上揭示了一系列的一般系统原理与规律，解决了一系列的一般系统问题，如系统基本层次的存在性及特性问题，是否存在从简单到复杂的自然法则的问题，以及什么是复杂性根源的问题等，从而把系统论发展到了具有精确的理论内容并且能够有效解决实际系统问题的高度。

森林经营体系构建必须要从系统整体出发，研究森林经营体系构建要素及各要素之间的相互关系，要素与系统整体的关系以及系统整体与环境的关系，从本质上说明森林经营体系的结构、功能和动态发展在林业发展区划指导下，森林经营规划、森林经营方案、森林作业设计与森林经营成效评价之间相互联系作用，构成一个完整的森林经营体系整体，形成以森林经营体系构建推动森林质量精准提升，为实现碳达峰、碳中和作出森林经营新的贡献。需要用一个指标体系来描述系统的目标。如森林经营体系就是为了实现森林生态系统的高质、高效、多功能目的应采取的更新造林、中幼林抚育、森林结构收获调整、林业有害生物保护等森林经营技术活动实践及其监测修正反馈机制，不同于森林经营规划系统、森林经营决策系统等，森林经营体系系统的目的是通过更具体的多目标来体现。为此，要从整体出发，力求获得全局最优的森林经营效果。

2. 控制论

自从 1948 年诺伯特·维纳发表了著名的《控制论——关于在动物和机器中控制和通讯的科学》一书以来，控制论的思想和方法已经渗透到了几乎所有的自然科学和社会科学领域。维纳把控制论看作是一门研究机器、生命社会中控制和通讯的一般规律的科学，是研究动态系统在变化的环境条件下如何保持平衡状态或稳定状态的科学。他特意创造"Cybernetics"这个英语新词来命名这门科学。"控制论"一词最初来源希腊文"mberuhhtz"，原意为"操舵术"，就是掌舵的方法和技术的意思。

在控制论中，"控制"的定义是：为了"改善"某个或某些受控对象的功能或发展，需要获得并使用信息，以这种信息为基础而选出的、于该对象上的作用，就叫作控制。由此可见，控制的基础是信息，一切信息传递都是为了控制，进而任何控制又都有赖于信息反馈来实现。信息反馈是控制论的一个极其重要的概念。通俗地说，信息反馈就是指由控制系统把信息输送出去，又把其作用结果返送回来，并对信息的再输出发生影响，起到制约的作用，以达到预定的目的。

控制论的核心问题是从一般意义上研究信息提取、信息传播、信息处理、信息存储和信息利用等问题。控制论与随后形成的信息论有着基本区别。控制论用抽象的方式揭示包括生命系统、工程系统、经济系统和社会系统等在内的一切控制系统的信息传输和信息处理的特性和规律，研究用不同的控制方式达到不同控制目的可能性和途径，而不涉及具体信号的传输和处理。信息论则偏于研究信息的测度理论和方法，并在此基础上研究与实际系统中信息的有效传输和有效处理的相关方法和技术问题，如编码、译码、滤波、信道容量和传输速率等。

控制论的核心问题涉及5个基本方面：①通信与控制之间的关系。一切系统为了达到预定的目的必须经过有效的控制。有效的控制一定要有信息反馈，人控制机器或计算机控制机器都是一种双向信息交流的过程，包括信息提取、信息传输和信息处理。②适应性与信息和反馈的关系。适应性是系统得以在环境变化下能保持原有性能或功能的一个特性，人的适应性就是通过获取信息和利用信息并对外界环境中的偶然性进行调节而有效地生活的过程。③学习与信息和反馈的关系。反馈具有用过去行为来调节未来行为的功能。反馈可以是简单反馈或复杂反馈。在复杂反馈中，过去的经验不仅用来调节特定的动作，而且用来对系统行为进行全盘策略，使之具有学习功能。④进化与信息和反馈的关系。生命体在进化过程中一方面表现有多向发展的自发趋势，另一方面又有保持祖先模式的趋势。这两种效应基于信息和反馈相结合，通过自然选择会淘汰掉那些不适应周围环境的有机体，留下能适应周围环境的生命形式的剩余模式。⑤自组织与信息和反馈的关系。人根据神经细胞的新陈代谢现象和神经细胞之间形成突触的随机性质来认识信息与系统结构的关系。可以认为，记忆的生理条件以至于学习的生理条件就是组织性的某种连续，即通过控制可把来自外界的信息变成结构或机能方面比较经久的变化。

控制论通过信息和反馈建立了工程技术与生命科学和社会科学之间的联系。这种跨学科性质，不仅可使在一个科学领域中已经发展得比较成熟的概念和方法直接用于另一个科学领域，避免不必要的重复研究，而且提供了采用类比的方法，特别是功能类比的方法产生新设计思想和新控制方法的可能性。生物控制论与工程控制论、经济控制论和社会控制论之间就存在着类比的关系。自适应、自学习、自组织等系统通过与生物系统的类比研究可提供解决某些实际问题的途径。

控制论的核心问题是从一般意义上研究信息提取、信息传播、信息处理、信息存储和信息利用等问题。控制论与信息论的基本区别就是控制论用抽象的方式揭示包括生命系统、工程系统、经济系统和社会系统等在内的一切控制系统的信息传输和信息处理的特性和规律，研究用不同的控制方式达到不同控制目的的可能性和途径。控制论强调通过系统信息反馈机制实现自适应、自学习、自组织等控制手段实现系统控制最优化之目的。从控制系统的主要特征出发来考察森林经营体系，可以得出这样的结论：森林经营体系是一种典型的控制系统。通过森林经营规划、森林经营方案、森林作业设计、森林经营成效评价等森林经营要素，确定森林经营目标，安排森林经营任务，提出森林经营技术措施，评价森林经营成效，修正森林经营目标及其偏差，通过既相互联系，又各自独立的信息流动和信息反馈机制来揭示森林经营成效与预期目标之间的差距，并采取相适宜的控制技术措施，使森林经营体系稳定在预定的目标状态，最终实现森林经营最优化之目的。

3. 信息论

信息论是20世纪40年代后期从长期通信实践中总结出来的一门学科，是专门研究信息的有效处理和可靠传输的一般规律的学科。

切略（E. C. Cherry）曾写过一篇早期信息理论史，他从石刻象形文字起，经过中世纪启蒙语言学，直到16世纪吉尔伯特（E. N. Gilbert）等人在电报学方面的工作。

20世纪20年代，奈奎斯特（H. Nyquist）和哈特莱（L. V. R. Hartley）最早研究了通信系统传输信息的能力，并试图度量系统的信道容量。现代信息论开始出现。

1948年，克劳德·香农（Claude Shannon）发表的论文《通信的数学理论》是世界上首次将通信过程建立了数学模型的论文，这篇论文和1949年发表的另一篇论文一起奠定了现代信息论的基础。

由于现代通信技术飞速发展和其他学科的交叉渗透，信息论的研究已经从香农当年仅限于通信系统的数学理论的狭义范围扩展开来，而成为现在称之为信息科学的庞大体系。

信息论是一门用数理统计方法来研究信息的度量、传递和变换规律的科学。它主要是研究通信和控制系统中普遍存在着信息传递的共同规律以及研究最佳解决信息的获限、度量、变换、储存和传递等问题的基础理论。

信息论将信息的传递作为一种统计现象来考虑，给出了估算通信信道容量的方法。信息传输和信息压缩是信息论研究中的两大领域。这两个方面又由信息传输定理、信源—信道隔离定理相互联系。

香农被称为信息论之父。人们通常将香农于1948年10月发表于《贝尔系统技术学报》上的论文 *A Mathematical Theory of Communication*（《通信的数学理论》）作为现代信息论研究的开端。这一文章部分基于哈里·奈奎斯特和拉尔夫·哈特利先前的成果。在该文中，香农给出了信息熵（以下简称为熵）的定义：

$$H(X) = -\sum_i p_i \log p_i$$

这一定义可以用来推算传递经二进制编码后的原信息所需的信道带宽。熵度量的是消息中所含的信息量，其中去除了由消息的固有结构所决定的部分，比如，语言结构的冗余性以及语言中字母、词的使用频度等统计特性。

信息论中熵的概念与物理学中的热力学熵有着紧密的联系。玻耳兹曼与吉布斯在统计物理学中对熵做了很多的工作。信息论中的熵也正是受之启发。

互信息（Mutual Information）是另一有用的信息度量，它是指两个事件集合之间的相关性。两个事件 X 和 Y 的互信息定义为：

$$I(X, Y) = H(X) + H(Y) - H(X, Y)$$

其中 $H(X, Y)$ 是联合熵（Joint Entropy），其定义为：

$$H(X, Y) = -\sum_x \sum_y p(x, y) \log p(x, y)$$

森林经营体系对信息的基本要求是信息要准确、及时、适用和经济。准确是信息的生命，也是决策的生命，没有准确的信息，就不会有准确而科学的决策，为此，要准确收集和运用信息，同时要防止信息在传递和加工中的失真。及时体现出信息的时效性，信息越及时、越新颖，对决策越有利。适用，一方面是强调信息要有用，正如西蒙所说"在当前'信息爆炸'的时代，重要的不是获得信息，而在于对信息进行加工和分析，使之对决策有用"；另一方面，强调信息要适量，信息过少，则会造成信息不足，依据不充分，信息过量，则会造成一定的干扰，并且造成人力、物力、财力的浪费，增加决策成本，降低决策效率。经济就是要讲究获取信息的成本，尽量用较小的成本获取较多、较好的有用信息。因此，森林经营体系构成要素之间设计得越合理，衔接得越默契，实施过程中就会运行越高效和操作越有序，那么这个体系的信息熵就越低。森林经营体系追求的也正是这种效果。在森林经营体系运营中，为了降低这种信息熵值，就必须对森林经营体系构成要素、森林经营规划、森林经营方案、森林作业设计与森林经营成效评价等进行细致的区分和有机的衔接，对各构成要素信息熵做比较好的控制，促使各构成要素之间信息的处理和信息的交换做最简单、最直接的处理，并且按流程操作，追求信息共享，减少构成要素之间信息的混乱度和运行时间的浪费，消除森林经营体系为森林经营决策提供服务的不确定性，提高森林经营体系在森林经营决策管理中的作用。

4. 耗散结构理论

耗散结构理论的创始人是比利时俄裔科学家伊里亚·普里戈金（Ilya Prigogine）。

普里戈金的早期工作在化学热力学领域，1945 年得出了最小熵产生原理，此原理和昂萨格倒易关系一起为近平衡态线性区热力学奠定了理论基础。普里戈金以多年的努力，试图把最小熵产生原理延拓到远离平衡的非线性区去，但以失败告终。在研究了诸多远离平衡现象后，使他认识到系统在远离平衡态时，其热力学性质可能与平衡态、近平衡态有重大原则差别。

以普里戈金为首的布鲁塞尔学派又经过多年的努力，终于建立起一种新的关于非平衡系统自组织的理论——耗散结构理论。这一理论于 1969 年由普里戈金在一次理论物理学和生物学的国际会议上正式提出。由于对非平衡热力学，尤其在建立耗散结构理论方面作出重大贡献，他荣获

1977 年诺贝尔化学奖。

耗散结构理论可概括为：一个远离平衡态的非线性的开放系统（不管是物理的、化学的、生物的，乃至社会的、经济的系统）。通过不断地与外界交换物质和能量，在系统内部某个参量的变化达到一定的阈值时，通过涨落，系统可能发生突变，即非平衡相变，由原来的混沌无序状态转变为一种在时间上、空间上或功能上的有序状态。这种在远离平衡的非线性区形成的新的稳定的宏观有序结构，由于需要不断与外界交换物质或能量才能维持，因此称之为耗散结构（dissipative structure）。

耗散结构论把宏观系统区分为三种：①与外界既无能量交换，又无物质交换的孤立系。②与外界有能量交换，但无物质交换的封闭系。③与外界既有能量交换，又有物质交换的开放系。它指出，孤立系统永远不可能自发地形成有序状态，其发展的趋势是"平衡无序态"；封闭系统在温度充分低时，可以形成"稳定有序的平衡结构"；开放系统在远离平衡态并存在负熵流时，可能形成"稳定有序的耗散结构"。

耗散结构是在远离平衡区的、非线性的、开放系统中所产生的一种稳定的自组织结构，由于存在非线性的正反馈相互作用，能够使系统的各要素之间产生协调动作和相干效应，使系统从杂乱无章变为井然有序。

生物机体是一种远离平衡态的有序结构，它只有不断地进行新陈代谢才能生存和发展下去，因而是一种典型的耗散结构。人类是一种高度发达的耗散结构，具有最为复杂而精密的有序化结构和严谨协调的有序化功能。

耗散结构论认为，耗散结构的有序化过程往往需要以环境更大的无序化为代价，因此从整体上讲，由耗散结构本身与周围环境所组成的更大范围的物质系统，仍然是不断朝无序化的方向发展，仍然服从热力第二定律。由此可见，达尔文的进化论所反映的系统从无序走向有序，以及克劳修斯的热力学第二定律所反映的系统从有序走向无序，都只是宇宙演化序列中的一个环节。

森林生态系统是个开放的复杂的生态社会经济复合系统，处于远离平衡的非线性区，是一个处于非平衡态的自组织系统，同时具有非线性的动力学过程。因此，生态系统是一个具有耗散结构功能的系统。耗散结构理论的核心问题就是研究系统熵值如何变化。熵是系统有序度量的量度。系统越有序，熵值越小；反之，系统越无序，熵值越大。熵的本质内涵是变化的，越是熵小的体系，其有序度越高。反之，其混乱度就越高。如在森林经营过程中，负熵的产生必须借助于适当的森林经营管理制度与强有力的保障制度执行体系。

三、森林经营体系框架

综合考虑云南省森林经营的资源禀赋、国家定位和技术特点，以现代森林经营体系理论为指导，以国家、省、县三级林业主管部门和相关森林经营主体为核心，通过森林经营规划制度、森林经营方案编制与执行制度，以及森林经营成效监测与评估制度等，构建起一个科学、系统、合理、可行、易操作的云南省森林经营体系，如图2-3。

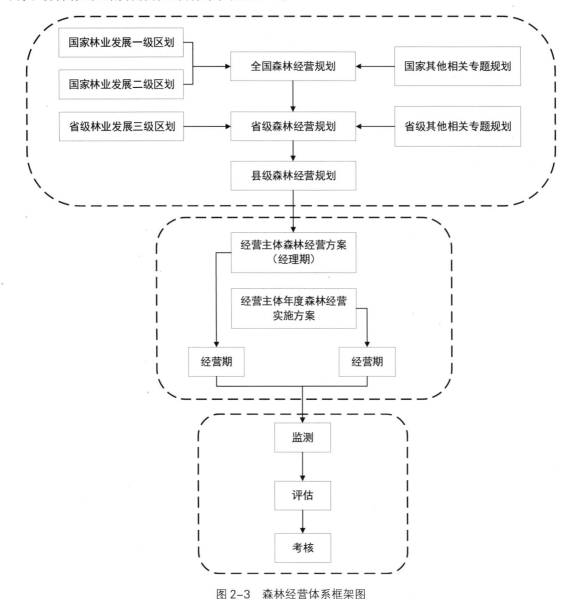

图 2-3　森林经营体系框架图

四、森林经营规划与森林经营方案编制体系建立

　　森林经营是森林质量精准提升的关键途径，编制森林经营规划与森林经营方案是森林质量精准提升的具体行动，科学合理编制规划与方案对森林质量精准提升具有十分重要的意义。通过建立系统的森林经营规划与森林经营方案编制体系，实现森林质量全面、持续、精准提升。

　　森林经营是林业发展的永恒主题，是森林质量精准提升的关键途径。原国家林业局于2006—2008年制定有关森林经营方案编制技术规程，明确了适应新时代的森林经营内容和要求；于2016—2018年制定森林经营规划编制有关技术规程，通过建立全国、省、县三级森林经营规划体系，加强森林经营管理，提高森林质量；于2019年印发了关于全面加强森林经营工作的意见。一系列指南、规范、意见强调了加强森林经营管理的重要性和迫切性。森林经营贯穿于森林整个生命周期，森林生长周期性和森林类型多样性决定了森林经营活动的复杂性，必须进行系统规划和做出决策。森林经营是一项复杂的系统工程，不仅包括造林、营林、采伐、森林保护等技术手段，还包括在森林经营过程中需要的经济的、社会的、法律的、行政的手段。规划和方案编制内容涉及面广，且要具有可操作性。

（一）森林经营规划与森林经营方案的内涵与作用

1. 森林经营规划

森林经营规划是各级林业主管部门为了更好地经营管理区域内的森林和林地，充分发挥森林的生态、经济和社会效益，根据区域森林状况和经营状况，遵循区域社会经济发展规律及其对林业和森林的需求，将所在林区划分为不同森林经营分区，明确各个分区林业发展方向和森林经营策略，因地制宜地确定区域中长期林业发展规划和森林经营区划、经营方向、经营策略和经营目标，通过编制全国、省、县三级森林经营规划，明确各级区域森林经营策略和森林经营目标，规范引导全国、省、县森林经营工作。县（市、区）森林经营规划也是所在区域内的国有林场、集体林场、森林公园、自然保护区、股份制林场和森林经营联合体等各类森林经营主体编制森林经营方案的依据，森林经营规划是森林质量精准提升的前提条件。

2. 森林经营方案

森林经营方案是森林经营主体为了科学、合理、有序地经营森林，充分发挥森林的生态、经济和社会效益，根据森林资源状况和社会、经济、自然条件，编制森林培育、保护和利用的中长期规划以及各项森林经营活动生产顺序和森林经营利用措施的规划设计。森林经营方案是森林经营主体经营森林和林业管理部门管理森林的重要依据，编制和实施森林经营方案是《中华人民共和国森林法》和《森林法实施条例》规定的一项法定性工作。森林经营主体要依据森林经营方案组织森林经营活动，即森林经营主体知道在一个经理期内干什么、为什么干、在哪里干、什么时候干等。林业管理部门要依据森林经营方案的经营目标，检查和评定森林经营活动和经营效果等，森林经营方案确定的造林、抚育、采伐等任务通过年度作业设计具体执行，非木质资源经营、森林健康与保护、森林经营基础设施建设与维护等任务通过相应林业工程项目作业设计或实施方案具体执行，森林经营方案是森林质量精准提升的具体抓手。

（二）森林经营规划与森林经营方案的联系与区别

森林经营规划与森林经营方案都是为加强森林经营工作，提高森林质量需要而编制的森林经营技术性指导文件。规划是各级政府及林业主管部门的森林经营指导依据，方案是森林经营主体的森林经营指导依据。两者的关系详见表2-2。

表2-2 森林经营规划与森林经营方案的关系

类别	森林经营规划			森林经营方案	作业设计
层次	国家级	省（自治区、直辖市）级	县（市）级	森林经营主体	
性质	宏观战略规划			微观战术计划	微观战术方案
定位	指导和规范全国森林经营行为	指导和规范全省森林经营行为	指导和规范全县森林经营行为	指导和规范森林经营主体行为	
时间范围	长期（30～50年）	长期（30～50年）	长期（30～50年）	中短期（5～10年）	短期（1～2年）
空间范围	全国林地	全省林地	全县林地	森林经营主体范围	作业设计地块
支撑数据	一类调查数据	二类调查数据	二类调查数据	二类调查数据	三类调查数据
森林功能	明确	明确	明确	实施	实施
经营方针	√	√	√	√	×
经营目标	√	√	√	√	×
经营策略	√	√	√	×	×
经营区	√	√	√	×	×
经营类型	√	√	√	√	√
作业法	√	√	√	√	√
作业法落实小班年度	×	×	×	√	√
财政支持	—	—	—	有方案则支持	有设计则支持

（三）森林经营规划与森林经营方案编制存在问题

1. 编制主要内容界限不清

县（市、区）级森林经营规划可以编制森林经营类型和森林作业法，但不需要将森林作业法落实到小班和年度，而森林经营方案需要将森林作业法落实到小班和年度，且森林经营类型需要和森林作业法一一对应，并且在不同经理期要有相对的稳定性，森林经营方案主要内容包括森林资源与经营评价、森林经营方针与经营目标、森林功能区划以及森林分类和森林经营类型、森林经营（森林作业法）、非木质资源经营、森林健康与保护、森林经营基础设施建设与维护、投资估算与效益分析、森林经营的生态与社会影响评估和森林经营方案实施的保障措施等十个要点，重点就是在分析森林资源状况和森林经营水平基础上明确森林经营目标，其次就是如何科学合理地组织森林经营类型，再次就是针对每种森林经营类型设计相应的森林作业法，以实现森林经营目标。森林经营方案深度就是将森林经营主体在一个经理期内所进行的各项森林经营任务落实到小班和年度。森林经营类型尽可能与森林作业法一一对应，森林经营主体的小班无论是有林地，还是疏林地、灌木林地、未成林造林地、无立木林地、宜林地等都要组织到不同的森林经营类型中，每种森林经营类型应该采取造林、中幼林抚育、主伐、更新造林等措施。森林经营任务前3～5年全部落实到年度和小班，后5年落实到小班。森林经营主体依据在森林经营方案中确定的造林、营林、采伐等任务进行作业设计和其他林业建设工程作业设计，依据各类初步设计实施方案进行森林经营技术措施的具体实施。换句话说，就是森林经营方案的执行，林草管理部门应检查、监督森林经营方案执行情况，通过森林经营方案的具体执行、检查、修订，达到森林经营之目的，因此，科学编制森林经营方案是森林质量精准提升的具体抓手。

2. 编制核心要点突出性不够

森林经营类型和森林作业法是规划与方案编制的核心要点。森林经营类型就是指地域上不一定连接，但经营方向和经营目标一致，可以采取相同森林经营技术措施的许多小班组织起来的森林经营单位。森林经营类型适用于同龄林森林经营，也适用于异龄林森林经营。目前，世界各国多采用组织森林经营类型方法来经营森林。森林经营类型命名一般根据主要树种来命名，有时可以在主要树种之前再加上森林起源、立地质量、产品类型及防护性能等，当主要树种由几个树种组成时也可按树种组命名。森林作业法就是经营森林的方式，即根据林分特点和经营目的采取的造林、抚育、采伐、更新造林等有序集成的森林经营技术体系。森林作业法与森林经营类型一一对应更易于理解和操作，即针对每种森林经营类型设计相应的森林作业法，如以南方阔叶混交林为例，依据其森林起源、立地质量、经营目的等要素，可以组织命名为天然阔叶混交严格保育公益林森林经营类型、人工阔叶混交兼用林森林经营类型、人工阔叶混交集约经营商品林森林经营类型等，相应的森林作业法为天然阔叶混交严格保育公益林森林作业法、人工阔叶混交兼用林森林作业法、人工阔叶混交集约经营商品林森林作业法，针对每种森林作业法提出的造林、营林、采伐等森林经营技术措施都不同。森林经营规划需要科学合理编制森林经营类型与森林作业法，为森林经营方案编制提供依据，森林经营方案必须编制森林经营类型与森林作业法，并且落实到年度和小班执行操作。

3. 森林经营经费针对性不强

森林经营规划明确了规划期的森林经营指导思想、基本原则、目标任务、经营分区和经营策略等，森林经营规划的任务最终分解到各个森林经营主体，通过编制森林经营方案来完成，也就是说，森林经营方案所确定的森林经营任务是来自于县（市、区）森林经营规划提出的森林经营任务，森林经营方案具体实施森林经营任务。森林经营资金筹措可以分三个部分：一部分筹集中央财政有关林业工程项目经费，一部分筹集地方财政有关林业工程项目经费，一部分森林经营主体自筹。县（市、区）域内每一片林地都应编入县（市、区）森林经营规划中，县（市、区）森林经营规划指导区域内森林经营主体编制森林经营方案，各类森林经营主体通过编制的森林经营方案申请中央财政和地方财政资金完成森林经营任务，而没有编制森林经营方案的森林经营主体不可以申请中央财政和地方财政支持，通过中央和地方林业工程项目财政资金引导森林经营主体积极编制可操作的科学合理的森林经营方案，逐步贯彻落实国家林业和草原局提出的力争到2025年初步形成森林经营方案制度框架，到2035年形成完备的森林经营方案制度体系，实现森林质量精准提升之目标。

4. 编制技术人员层次水平差异大

森林经营规划和森林经营方案编制专业性很强，涉及面很广，需要达到一定专业技术水平的编制队伍才能胜任规划和方案编制任务，在编制过程中，编制者不仅需要最新的森林经理调查数据，而且还需要认真核实森林调查数据，依据国家和各级地方政府以及行业制定的技术规程规范、文件、管理办法等编制，并且需要编制单位与委托单位多次共同讨论修改完善，最后通过行业专家评审，通过上报审批才能执行。尽管文件要求具备林业调查规划乙级资质单位就可以编写，但实际情况是，编制单位专业技术水平差异较大，尤其没有学过森林经理学课程或者未受过森林经理学专业技术培训的技术人员编制，导致成果差异也很大，基于此，省级森林经营规划严格要求技术水平高的编制单位完成，县级森林经营规划和森林经营方案可以依据省级森林经营规划提出的森林经营类型和森林作业法编制，确保编制成果质量高、操作性强。

第三章　云南森林经营规划

一、森林经营规划发展历程

（一）林业区划

林业区划，指林业区域划分，是在分析研究自然地域分异规律和社会经济状况的基础上，根据森林生态的异同和社会经济对林业的要求而进行的林业地理分区。

林业区划是实现林业现代化的一项基础工作。林业生产以木本植物为对象，其生长发育有自身的规律，并受到着生地自然环境的制约，有明显的地域性特征。一定树种的森林，只能在其所适应的范围内发展。同时，林业是人类一项重要的生产活动，社会需求、社会经济条件和生产技术水平决定着林业生产目的和经营水平。森林自然生态和社会经济因素相互渗透，综合作用，便形成了森林植被分布的地带性和林业的区域性格局。因此，要高效益地发展林业生产，就必须有科学的林业区划指导。

区划的任务主要是：查清各个地区的自然条件、社会经济情况和森林资源状况，总结林业发展的经验和存在的问题，了解社会经济发展对林业的要求；根据自然地域分异规律和森林生态规律划分林业区域单元，揭示各个林业区域的特征、森林资源特点、森林发生发展规律、森林的生态功能与作用，提出各个林业区域林业发展方向；根据当时林业存在的问题和社会经济发展要求，调整林业结构和林业生产布局，提出必须采取的措施，为促进各个林业区域的林业发展提供系统资料和科学依据。

主要有：①以自然条件、社会经济状况与社会发展对林业的要求作为进行林业区划的准绳，要求林业区划的成果充分反映客观实际，起到促进林业生产发展的作用。②将社会经济对林业发展的要求与森林生态和自然条件结合起来。脱离社会经济要求的林业区划会失掉发展目标，脱离森林生态和自然条件，违背自然规律，必然造成经济损失。③林业类型相同，地域上相连接才能划分为一个区。

在中国，林业区划工作分三级进行：第一级为国家林业区划，称为中国林业区划；第二级为省（自治区、直辖市）级林业区划；第三级为县级林业区划。区划工作先从省级林业区划做起，以省级林业区划为基础进行全国林业区划，最后进行县级林业区划。具体做法是，由各省（自治区、直辖市）先按前述原则与依据划分若干省级区，然后把地域相连、发展方向相同、森林生态经济相似的省级区合并为具有独立特点的林区。我国共划定了 50 个林区，采用地理区域名称加地貌再加林种进行命名。在此基础上，按气候、地貌、森林植被类型、林业发展方向等因素相近和地域相连接为条件，再归并形成了发展林业的七大地区。这七个地区采用地理位置或区域名称加上林种名称进行命名，即东北用材防护林地区、蒙新防护林地区、黄土高原防护林地区、华北防护用材林地区、西南高山峡谷防护用材林地区、南方用材经济林地区、华南热带林保护地区。青藏高原寒漠非宜林地区没有进行林业区划。

（二）林业发展区划

2007 年，原国家林业局根据时代发展要求以及现代林业发展趋势，再次部署全国林业区划工作，全国林业发展区划办公室依据自然地理条件和社会经济条件的差异性、森林与环境的相关性、林业的基础条件和发展潜力，以及社会经济发展对林业的主导需求等，将我国林业区划成 10 个一级区、62 个二级区、499 个三级区，分别编辑成综合篇、条件区划篇（一级区）、功能区划篇（二级区 1 ～ 3 册）和图集（《中国林业发展区划》，2011）。无论是中国林业区划，还是中国林业发展区划都是从林业发展角度出发，依据森林资源特点和社会经济发展对林业和森林功能的需求等确定未来林业发展方向的空间布局。

（三）林业经营规划

森林经营规划不同于林业区划和林业发展区划，也不同于森林经营方案。通过编制国家级、省级和县级三级森林经营规划，明确各级区域森林经营策略和森林经营目标以及森林经营任务，规范引导全国、省、县森林经营工作。通过这些法律法规和相关政策文件可以知道，我国从国家宏观层面开始越来越重视森林经营工作，需要建立起一套能够适应和满足新形势和新发展需要的现代森林经营体系。目前，森林经营规划分为全国森林经营规划、省级森林经营规划和县级森林经营规划三个层次，各级森林经营规划要明确各级区域森林功能定位、森林经营方针、森林经营策略和森林经营目标以及森林经营任务，规范引导国家级、省级、县级未来 20 ～ 30 年森林经营方向和森林经营工作。全国森林经营规划编制指导省级森林经营规划编制，省级森林经营规划指导县级森林经营规划编制，县级森林经营规划指导所在区域内国有林场、集体林场、森林公园、自然保护区、股份制林场和森林经营联合体等各类森林经营主体森林经营方案的编制。

二、全国森林经营规划

为贯彻落实党中央、国务院对林业工作的目标要求和中央领导同志的系列重要指示批示精神，特别是习近平总书记关于森林生态安全和精准提升森林质量的重要讲话精神，适应国际、国内新形势和林业发展阶段特征，原国家林业局党组明确指出，森林质量不高，是我国林业最突出的问题。提高森林质量，关键在于加强森林经营，并提出全面加强森林经营是现代林业建设的永恒主题、主攻方向和核心任务。依据《中华人民共和国森林法》关于各级政府应当制定林业长远规划的规定，原国家林业局组织编制了《全国森林经营规划（2016—2050年）》（以下简称《规划》）。《规划》研究提出了未来35年（与国家"十三五"发展规划和"两个一百年"奋斗目标相衔接）全国森林经营的指导思想、基本原则、目标任务、经营布局、经营策略、技术体系和建设规模，提出了保障《规划》实施的政策措施。《规划》是编制省级、县级森林经营规划，规范和引导全国森林经营工作的指导性文件。本《规划》重点涵盖造林、抚育、低改、采伐、更新造林等森林培育活动，并对林地保护、森林防火、林业有害生物防控等森林保护活动提出了原则性要求。《规划》吸收、借鉴林业发达国家的先进理念，充分利用了森林经营领域的最新研究成果，系统总结各地森林经营生产实践经验，结合相关政策规定和技术标准规范，在广泛征求各地和各方面专家意见的基础上形成。

《全国森林经营规划（2016—2050年）》依据全国主体功能区定位和《中国林业发展区划》成果，遵循区域发展的非均衡理论，统筹考虑各地森林资源状况、地理区位、森林植被、经营状况和发展方向等，把全国划分为大兴安岭寒温带针叶林经营区、东北中温带针阔混交林经营区、华北暖温带落叶阔叶林经营区、南方亚热带常绿阔叶林和针阔混交林经营区、南方热带季雨林和雨林经营区、云贵高原亚热带针叶林经营区、青藏高原暗针叶林经营区、北方草原荒漠温带针叶林和落叶阔叶林经营区等8个经营区。各经营区按照生态区位、森林类型和经营状况，因地制宜地确定经营方向，制定经营策略，明确经营目标，实施科学经营。

云南省森林经营规划在全国的定位：

①恢复森林植被，持续提升森林质量，构建生态屏障，保护区域生物多样性。采取保护经营作业法，封禁保护热带季雨林、雨林等原始森林群落，保护热带森林生物多样性。

②继续推进重要江河源头区、河流两岸防护林建设，推进实施石漠化综合治理，修复受损生态系统，构建绿色生态走廊，维护区域生态安全。

③着重加强天然次生林修复和珍贵阔叶树种培育，精准提升亚热带珍贵阔叶林质量，把天然次生林经营成为培育珍贵阔叶树种用材林的基地。

④实施集约经营，建设以桉树、西南桦、杉木和思茅松为主的短轮伐期工业原料林基地、大径竹资源培育基地、木本粮油和特色经济林基地。挖掘林地生产潜力，培育集约经营的商品林和珍贵大径级阔叶混交林，大幅提高森林质量，建立优质、高效的森林生态系统，保护生物多样性，维护国家木材供给安全。

三、云南省省级森林经营规划

2016 年 7 月，原国家林业局下发《关于印发〈全国森林经营规划（2016—2050 年）〉的通知》（林规发〔2016〕88 号）（以下简称《通知》），《通知》提出全面加强森林经营是现代林业建设的永恒主题、主攻方向和核心任务，要求各省编制省级县级规划，以推动森林经营全面持续开展。为贯彻《通知》要求，云南省林业厅组织编制了《云南省森林经营规划（2016—2050 年）》（以下简称《规划》），《规划》以《全国森林经营规划（2016—2050 年）》为依据，以全周期多功能森林经营、近自然育林等理念为引领，结合云南实际，研究提出了云南森林经营的指导思想、基本原则、目标任务、经营布局、经营策略、技术体系和建设规模，提出了保障《规划》实施的政策措施。《规划》是落实《全国森林经营规划（2016—2050 年）》确定的目标和任务，编制县级森林经营规划，规范和引导全省森林经营工作的指导性文件。《规划》重点涵盖人工造林、更新造林、森林抚育、退化林修复、森林采伐、森林可持续经营示范区建设等森林培育活动。《规划》吸收、借鉴国内外森林经营的先进做法，系统总结了云南省森林经营的实践经验，在结合相关政策规定和技术标准规范的基础上编制而成。

云南是我国重要的西南生态安全屏障，森林生态系统在涵养水源、保持水土、净化水质、维护生物多样性、改善生态环境以及应对气候变化等方面发挥着极其重要的作用。加强森林经营，通过科学经营调整和优化森林结构，提高森林质量，增强森林生态系统服务功能，提高生态承载力和资源环境容量，事关林业可持续发展全局，对维护国家和区域生态安全、淡水安全、木材安全、气候安全，实现中华民族永续发展具有十分重要的意义。

依据全国主体功能区定位、《中国林业发展区划》和《全国森林经营规划》成果，遵循区域发展的非均衡理论，统筹考虑各地森林资源状况、地理区位、森林植被、经营状况和发展方向等，把全省划分为滇西北生物多样性保育经营亚区、滇西北三江防护林经营亚区、滇东北长江防护林经营亚区、滇西南大径级用材林经营亚区、滇中高原防护林经营亚区、滇南用材林经营亚区、滇东南石漠化治理经营亚区、滇南沿边热带林修复经营亚区等 8 个经营区。各经营区按照生态区位、森林类型和经营状况，因地制宜地确定经营方向、功能定位，制订经营策略，明确经营目标，实施科学经营。

（一）滇西北生物多样性保育经营亚区

1. 基本情况

本区位于云南西北边缘，属青藏高原南延部分，三江峡谷褶皱带，是典型的高山峡谷地貌，由西向东有高黎贡山、怒江、碧罗雪山、澜沧江、云岭山脉和金沙江相间并列，构成"两江夹一山和两山夹一江"的特殊地貌。本区涉及迪庆藏族自治州的德钦县、香格里拉市、维西傈僳族自治县和怒江傈僳族自治州的贡山独龙族怒族自治县、福贡县，共 5 个县（市）。

2. 经营方向

保护好本区的生物多样性，发挥森林的防护和涵养水源功能；在低海拔地区适度发展特色经济林；不断探索高寒山区、干旱河谷区造林技术；积极发展森林旅游业，促进区域经济发展，为山区林农脱贫致富作出应有贡献。

3. 经营策略

以各级自然保护区为核心，对寒、温性森林生态系统实施严格全面有效保护，加强防护林管护，保护好"三江并流"区森林生态系统。采取保护经营等作业法封禁保护云杉、冷杉、铁杉等暗针叶原始林，禁止采伐、利用和放牧、采薪；采取封山育林结合补植等措施，促进以栎类、高山松、云杉和冷杉等为主体的天然次生林正向演替，恢复暗针叶林生态系统功能，保护雪域高原森林景观。依托林地资源，利用多功能经营的兼用林发展林下经济，包括野生菌采集和促繁、林下药材种植等。探索野生菌科学采集的经营模式，实现珍贵菌类越采越多。

（二）滇西北三江防护林经营亚区

1. 基本情况

本区位于云南西北部，属"三江并流区"，亚热带低纬度季风气候，区内有山原、丘陵、盆地、河谷阶地多种地貌，最高海拔4435m，最低海拔730m。特殊的地貌与季风交互影响，又形成多种垂直气候带和水平地带差异，干热（暖）河谷比较普遍，素有"一山分四季，十里不同天"之称。西部湿润多雨，东部较干旱，年降水量585~1198mm。该区涉及怒江傈僳族自治州的泸水市、兰坪白族普米族自治县，丽江市的玉龙纳西族自治县、古城区、宁蒗彝族自治县、永胜县、华坪县，大理白族自治州的剑川县、云龙县、大理市、鹤庆县、洱源县等3州（市）12个县（市、区）。

2. 经营方向

建设完备的林业生态体系，突出水源涵养和水土保持功能，保护好区内高原湖泊、几条大江大河上分布的诸多大型电站及下游地区生态安全，积极探索干热（暖）河谷生态建设。开展森林经营，提高森林质量和健康等级；适度发展珍贵速生丰产用材林，提高本区用材储备和人工商品材供应能力；抓好以核桃为主的经济林提质增效，适度发展其他特色经济林。加大本区西部森林旅游业开发力度，积极发展林下经济，加速林区经济发展。

3. 经营策略

以自然保护区为核心，结合防护林管护，维护和增强三江流域生物多样性。强化中幼林抚育经营，辅以人工补植乡土珍贵阔叶树，逐渐改善树种结构，提高森林质量和健康等级；对于近成过熟林，强化人工促进天然更新，补植乡土珍贵阔叶树，适时伐除霸王树和成熟林木，逐步形成异龄混交复层林恒续经营；加强其他林分中幼林抚育，促进林木快速生长和森林质量提高；加强矮林抚育，开展人工促进更新，使矮林逐步向中林，再到乔林转变。加强核桃林提质增效改造。大力推广老核桃园增产增效技术、低产低效核桃林改造技术，建设核桃提质增效综合示范基地。

依托雪山、森林、峡谷等自然景观，积极开展景观资源开发利用。具备开发为景观林条件的森林，开展景观林经营。

（三）滇东北长江防护林经营亚区

1. 基本情况

本区位于滇东北中山峡谷区，区内山地切割破碎，地形复杂，以中山峡谷为主，区内分布着山原、丘陵、盆地、河谷多种地貌类型。该区涉及昭通市的大关县、昭阳区、鲁甸县、巧家县、永善县、彝良县、水富市、绥江县、盐津县、威信县、镇雄县，曲靖市的会泽县、宣威市，昆明市的东川区等3市14个县（市、区）。

2. 经营方向

本区为水土流失治理重点区域，部分区域位于金沙江重点生态防护区。因此，本区首要任务为保障生态安全，以发挥水土保持、水源涵养、国土保安为主要功能。在局部立地条件较好的区域发展速生丰产用材林、珍贵用材林，努力提高本区的木材储备和供给能力。适度开发岩溶景观资源，开展生态旅游，合理开发林下经济，拓宽林农增收渠道。

3. 经营策略

加强森林保护，尤其对寒、温性森林生态系统实施严格有效保护；加大退耕还林（还草）力度，实施封山育林，增加灌草覆盖，提高森林防护功能和抵御自然灾害能力。加强中幼林抚育，改善树种结构，提高森林质量和健康等级；对于近成过熟林，强化人工促进天然更新，适时伐除霸王树和成熟林木，逐步形成异龄混交复层林恒续经营；开展矮林转化经营，人工促进更新，逐步使矮林向中林，再到乔林转变。经过长期保护和培育，恢复以栲属、青冈属、石栎属等常绿树种为主体的亚热带常绿阔叶林和针阔混交林稳定的生态系统，维持和增强生物多样性。积极探索森林经营和林下经济发展模式，提高森林产出效益。

（四）滇西南大径级用材林经营亚区

1. 基本情况

本区位于云南省西南部，西南侧与缅甸接壤，区内自然条件优越，森林资源丰富，是云南省的重要林区。该区涉及德宏傣族景颇族自治州的瑞丽市、盈江县、陇川县、芒市、梁河县，保山市的腾冲市、隆阳区、施甸县、昌宁县、龙陵县，大理白族自治州的永平县、漾濞彝族自治县、南涧彝族自治县、巍山彝族回族自治县，临沧市的双江拉祜族佤族布朗族傣族自治县、凤庆县、云县、永德县、临翔区、镇康县、耿马傣族佤族自治县、沧源佤族自治县等4州（市）22个县（市、区）。

2. 经营方向

着力培育大径级用材林，适度发展速生丰产、珍贵用材林，提高本区用材储备；适度扩大特色经济林规模，加速特色经济林提质增效；以保护区为核心，保护好现有森林生态体系，强化热带雨林、季雨林保护；积极发展林下经济，加大森林旅游业、森林康养业开发力度，加快林区经济发展，为山区林农脱贫致富作出应有贡献。

3. 经营策略

以木材等林产品生产功能为主要经营目的，采取伞状渐伐、单株木择伐等作业法，培育云南松、降香黄檀、云南樟、铁刀木、栎类、红椿、秃杉等珍贵树种和大径级用材。积极营造柏木、旱冬瓜、杉木、桉树、川滇桤木等短轮伐期工业原料林和大型丛生竹林。强化中幼林抚育经营，加速林木蓄积量增加，对针叶纯林进行人工补植乡土珍贵阔叶树，逐渐改善树种结构，提高森林质量和健康等级；适度发展速生丰产林，提高本区木材储备和商品用材供应能力。加强核桃林提质增效改造。充分依托林地资源，利用多功能经营的兼用林发展林下经济。加速森林景观资源开发利用，发展生态休闲服务。

（五）滇中高原防护林经营亚区

1. 基本情况

本区属典型山原地貌，其间有高原、盆地、低山、丘陵、峡谷多种地貌类型。主要山脉有苍山、哀牢山、乌蒙山，最高峰苍山海拔4200m，最低海拔个旧市蛮耗村河边160m。该区涉及昆明市的嵩明县、富民县、西山区、呈贡区、安宁市、宜良县、官渡区、盘龙区、五华区、石林县、晋宁区、寻甸回族彝族自治县、禄劝彝族苗族自治县，曲靖市的富源县、沾益区、麒麟区、马龙区、陆良县，大理白族自治州的弥渡县、宾川县、祥云县，楚雄彝族自治州的双柏县、楚雄市、南华县、永仁县、大姚县、禄丰市、武定县、元谋县、牟定县、姚安县，玉溪市的新平彝族傣族自治县、元江哈尼族彝族傣族自治县、红塔区、江川区、澄江市、通海县、峨山彝族自治县、易门县、华宁县，红河哈尼族彝族自治州的开远市、个旧市、蒙自市、弥勒市、建水县、石屏县等6州（市）46个县（市、区）。

2. 经营方向

加强森林生态系统的保护，增强森林防护功能，以保护区为核心，保护生物多样性；强化森林经营，加强针叶纯林改造培育，促进林木蓄积量较快增加；适度发展特色经济林，加速特色经济林提质增效；积极发展林下经济，加大森林旅游业开发力度。

3. 经营策略

以各级自然保护区为核心，对寒、温硬叶山地常绿阔叶林，中山湿性常绿阔叶林森林生态系统实施严格全面有效保护；加大防护林建设和保护力度，维护和增强生物多样性。

一是强化中幼林抚育经营，辅以人工补植乡土珍贵阔叶树，逐渐改善针叶林树种结构，提高森林质量和健康等级。二是对云南松、华山松等高密度人工林和退化次生林，采取群团状择伐、单株木择伐等作业法，补植旱冬瓜、青冈、高山栲等阔叶树种，形成人工针阔异龄混交林，培育大径级用材。三是用乡土速生树种以行、带、块状改造，逐步取代桉树林分，提高森林抗风险能力和生态效能。加强矮林抚育，开展人工促进更新，逐步使矮林逐步向中林，再到乔林转变。对适宜开发森林旅游、休闲度假、康体养生产业的森林，依据相关规划，开展景观林经营，支持产业发展。适度发展林下经济，包括野生菌采集和促繁、林下药材种植、林下养殖等，探索核桃林下利用模式，提高林地产出效益。

（六）滇南用材林经营亚区

1. 基本情况

本区地处云南南部，属横断山脉南延部分，由云岭山脉的余脉哀牢山、无量山及怒山扩展形成中低山宽谷与盆地相间的地貌类型。高原面海拔高 1000 ~ 1500m，山地海拔一般 2000m 左右，河谷海拔 800m 左右。本区涉及普洱市的景东彝族自治县、镇沅彝族哈尼族拉祜族自治县、景谷傣族彝族自治县、澜沧拉祜族自治县、西盟佤族自治县、孟连傣族拉祜族佤族自治县、墨江哈尼族自治县、宁洱哈尼族彝族自治县、思茅区，红河哈尼族彝族自治州的元阳县、红河县等 2 州（市）11 个县（区）。

2. 经营方向

加强乔木中幼龄林抚育，促进林木蓄积量快速增加；强化用材林定向培育，加大速生丰产、短轮伐期工业原料林、材脂兼用林的培育，提高人工经营水平；适度发展特色经济林，加速特色经济林提质增效；加大森林旅游业、林下经济开发力度，加速区域林业经济发展步伐，将本区建成全国重要的绿色林产品生产基地。

3. 经营策略

加大用材林经营强度，实施短轮伐区工业原料林、速生丰产林、珍贵大径级用材林、材脂兼用林定向培育经营。加强思茅松中幼林抚育，辅以人工补植乡土珍贵阔叶树；对思茅松、旱冬瓜、桉树、龙竹等中短周期用材树种，采取镶嵌式皆伐、带状渐伐等作业法，实施集约经营；加大良种选育。加大特色经济林提质增效改造。积极发展林下经济。大力开展森林景观资源开发利用，发展森林康养休闲服务业。以自然保护区为核心，对山中湿性常绿阔叶林、季风常绿阔叶林生态系统进行全面有效保护。

（七）滇东南石漠化治理经营亚区

1. 基本情况

本区位于云南东南部，属亚热带季风气候，年降水量超过 1000mm。以海拔 1000 ~ 2000m 的中海拔山地为主，发育了大规模的岩溶地貌。该区涉及曲靖市的罗平县、师宗县，红河哈尼族彝族自治州的泸西县、屏边苗族自治县，文山壮族苗族自治州的文山市、马关县、麻栗坡县、西畴县、丘北县、富宁县、砚山县、广南县等 3 州（市）12 个县（市）。

2. 经营方向

本区为我国石漠化治理的重点区域。因此，本区首要任务为保障生态安全，以发挥水土保持、水源涵养、国土保安为主要功能，依托各类生态工程项目的实施，努力提高森林的防护功能。在局部立地条件较好的区域发展速生丰产用材林、珍贵用材林，提高本区的木材储备和供给能力。适度发展经济林，依托林地资源，合理开发林下经济，适度开发岩溶景观资源，开展生态旅游，拓宽林农增收渠道。

3. 经营策略

开展人工造林、封山育林、森林抚育、退化林修复等，努力提高乔木林比例，改善树种结构和林层结构。积极开展商品用材林经营，及时开展森林抚育、低效林改造培育，加大商品用材林经营强度，改善树种结构，努力提森林质量。通过人工造林、四旁植树，增加珍贵用材树种栽培面积。积极支持发展林下经济。开展岩溶地貌景观资源开发，发展生态旅游，带动林果采摘、森林科普、休闲服务业发展。

（八）滇南沿边热带林修复经营亚区

1. 基本情况

本区位于云南南部边缘，属热带北缘气候，受东南季风和西南季风共同影响，气候温和，四季不分明，有旱、雨季之分，降雨量 1211 ~ 2267mm。具有山原地貌特征，以中低山地为主，最低海拔 76m。该区涉及西双版纳傣族自治州的景洪市、勐腊县、勐海县，普洱市的江城哈尼族彝族自治县，红河哈尼族彝族自治州的金平苗族瑶族傣族自治县、河口瑶族自治县、绿春县等 3 州（市）7 个县（市）。

2. 经营方向

本区主要任务为保护热带季雨林、雨林生态系统，强化生态橡胶园、茶园、咖啡园提质增效改造与经营，适度发展热带特色果木林、珍贵树种、速生丰产用材林。积极发展林下经济和森林康养服务。

3. 经营策略

严格控制热区开发红线，采取保护经营作业法，保护热带生物多样性。对区域内天然次生林和退化次生林，以封育管护为主，结合采取群团状择伐等作业法，低强度疏伐和林冠下补植。科学开展森林抚育和改造培育，改善森林结构，培育大径材和珍贵树种。加强生态橡胶园、茶园、咖啡园的提质增效改造。充分依托林地资源，利用多功能经营的兼用林发展林下经济。积极发展森林康养休闲服务业，开展景观林经营。

四、云南省县级森林经营规划

县级森林经营规划是指导县域内森林进行可持续经营管理的纲领性文件，在落实省级森林经营规划的目标和任务的前提下，结合县域内森林经营实际，对森林经营分区、分类、作业法等进行划分并落实到小班和山头地块。县级森林经营规划在各地政府保护及发展森林资源方面起到指导作用。同时，县级森林经营规划将国家和省级的森林经营目标进行分解和细化，以及其在森林资源经营管理方面的各项政策措施进行落实。因此，在我国当前重视生态文明建设，着力提高森林质量的情况下，编制能够适应新形势的县级森林经营规划是各级森林经营主体编制执行森林经营方案，进行森林经营决策和实施经营措施的重要依据，具有十分重要的实践意义。

（一）原则要求

根据云南省林业和草原局印发的《县级森林经营规划编制规范》要求，全省各地要将省级森林经营规划中确定的建设任务、近期重点项目工程等落实到县级规划中，将森林经营分区、经营分类、规划任务和推荐的作业法落实到小班，实现县级规划与省级规划衔接。根据省级森林经营亚区划分成果，统筹考虑县域生态需求、森林类型、经营方向等，合理确定县域森林经营分区，细化完善县域内主要森林类型关键经营技术和森林作业法体系，明确经营策略，做到因林施策，精准提升森林质量，见表3-1。

表3-1　县级森林经营规划编制总则

序号	项目	主要要求
1	指导思想	提质增效
2	规划目标	落实省级森林经营规划确定的任务
3	规划任务	编制县域森林经营规划
4	规划范围	县域所有林地、规划为林业发展的其他土地，县域内明确独立编制规划的林地除外，注意征占用林地
5	规划期限	20××—2050年
6	编制依据	国家法律法规、技术规程、行业规范等；国家、省级、县域相关发展规划、专题规划等
7	编制原则	依法依规、质量提升、因地制宜、科学实用、简明规范
8	编制程序	内业准备（文件、数据、图表），外业调查（森林资源数据），内业整理（森林资源分析与评价、森林经营状况分析与评价、森林经营分类分区、确定小班森林经营作业法），编制规划文本，建立小班森林经营数据库档案，成果论证与报批等
9	规划深度	森林经营分区、落实规划任务、把森林作业法落实到小班（山头地块）
10	规划成果	规划报告、附表、附图、附件（规划说明、专题报告、数据库）
11	编制单位	县级林业主管部门，编制任务由具有林业规划设计相应能力的单位承担

（二）规划文本内容

1. 前　言

规划背景、目的和意义、依据、明确规划重点及范围。

2. 基本情况分析

分析县域自然概况和社会经济状况。自然概况分析可包括地理位置、地形地貌、气候、水系、土壤、动植物资源等方面，社会经济状况可包括行政区划及人口、国民经济、交通通信、旅游资源等方面。

3. 森林资源现状与经营评价

从森林资源数量、质量、结构等方面客观分析森林资源现状。从森林资源数量、质量和结构的变化趋势、生态建设情况、林业产业、森林经营的政策环境、经营方式、技术体系和人才队伍等方面分析森林经营的成效与存在的主要问题。

4. 森林经营条件分析

从社会、经济、生态需求等方面分析森林经营的必要性，从自然条件、基础设施、森林经营的相关政策、森林经营技术和理念、森林提质增效的潜力等方面，科学分析森林经营的有利条件和制约因素。

5. 指导原则和规划目标

（1）指导思想

以多功能森林经营理论为指导，采用科学先进的森林经营技术体系，促进培育健康稳定、优质高效的森林生态系统，贯彻全周期的森林经营理念，增强森林的供给、调节、服务、支持等功能，持续获取森林生态产品，为推动林业现代化建设，促进区域经济社会生态可持续发展奠定坚实的生态基础。

（2）规划依据

包括法律法规及相关文件、规划区划文件、技术规程等。

（3）规划期限

规划期限和实施阶段划分，与省级森林经营规划相衔接。

（4）规划目标

包括森林覆盖率、森林蓄积量、乔木林公顷蓄积量、混交林面积比例、珍贵树种和大径级用材林面积比例、非木质林产品产量、森林植被总碳储量、森林每年提供的主要生态服务价值、森林经营规划制度的建立、森林经营标准体系、森林经营技术体系、人才队伍建设、林道等基础设施建设、生态景观和生态文化、生物多样性等方面的目标。各县可根据实际情况增加其他目标指标。

6. 森林类型划分与森林经营分类

森林类型划分的类别与划分结果；森林经营分类的原则、方法和结果；县域内主要树种经营特征表。

7. 森林作业法设计

县级森林作业法体系设计，小班作业法落实，森林类型、森林经营分类与适宜的作业法对应关系。

8. 森林经营分区

森林经营区区划遵循的原则、区划指标、方法和结果；各经营区的基本情况与存在的突出问题、主要经营方向、采用的经营策略以及分别近期、中期、远期的经营目标。

9. 建设规模和投资估算

①以小班经营措施规划为依据，将省级下达的建设任务，按照乡（镇、场）分别按近期、中期、远期进行落实，完成近期、中期投资估算。

②近期造林和更新造林、森林抚育、退化林修复规模应与最新的林业发展规划衔接，森林采伐规模依据最新一期的森林采伐限额确定。

③中期、远期建设规模，依据小班经营措施规划，综合考虑未来经费投入、森林质量提升工程以及实现经营目标的要求等因素进行确定。

④县级的造林和更新造林、森林抚育、退化林修复等各项建设规模，原则上不得小于省级下达的建设任务。森林采伐的任务依据森林采伐限额确定。

⑤对近期、中期投资经费来源加以阐述。

10. 效益评价

①对森林总量和质量的效益评价。

②对增加林产品供给，保障经济民生的效益评价。

③对增强生态功能，构筑生态防护屏障的贡献。

④对提升生态公共服务，建设生态文明的贡献。

11. 实施保障措施

围绕规划目标，结合县域实际，从组织保障、科技支撑、人才培养、制度建设、资金监管、基础建设和宣传引导等方面制定符合国家法律法规和政策要求的规划实施保障措施。

第四章　森林经营方案概述

森林经营方案编制与执行制度是森林经营体系的核心组成部分之一。新版《中华人民共和国森林法》为森林经营方案编制与执行制度的建立与实施奠定了坚实的法律基础。2006 年，原国家林业局制定的《森林经营方案编制与实施纲要》为森林经营方案编制与执行制度提供了坚实的制度运行逻辑。森林经营主体要依据森林经营方案组织森林经营活动，即森林经营主体知道在一个经营期内干什么、为什么干、在哪里干、什么时候干等。林业管理部门要依据森林经营方案的经营目标，检查和评定森林经营活动和经营效果等。森林经营方案确定的造林、抚育、采伐等森林经营任务通过年度作业设计具体执行，非木质资源经营、森林健康与保护、森林经营基础设施建设与维护等任务通过相应林业工程项目作业设计或实施方案具体执行，森林经营方案是森林质量精准提升的具体抓手。

一、森林经营方案概念与内涵

为了更好地理解森林经营方案的概念和内涵，首先要了解什么是森林经理和森林经理学，以及两者与森林经营间的关系。森林经理是根据森林永续利用的原则，对森林资源进行详细调查和规划设计，制订出具体可行的森林经营方案。森林经理学是研究森林可持续经营的理论与方法的科学。三者的关系是：森林经理是开展森林可持续经营的一种专门性的经济、技术等工作；森林经营方案则是森林经理以一种技术文件形式体现的工作成果；而森林经理学主要是为森林经理工作提供科学理论依据和技术方法。

（一）森林经理概念及主要任务

早在两千多年前，我国就已经萌生对森林资源进行永续经营的先进思想，许多思想家和学者们对此有着科学的著述。春秋时期，管仲就提出"山泽虽广，草木毋禁；壤地虽肥，桑麻毋数；荐草虽多，六畜有增林之广；草木虽美，禁发必有时"。孟子认为"斧斤以时入山林，材木不可胜用也"。但是，森林资源永续利用作为一种具体的科学理论研究，却是在近代才发展起来的，并逐步形成了森林经理学。具体讲，森林经理学是研究森林区划、调查、评价，森林生长与收获、经营决策与控制调整等理论、方法及技术的科学。森林经理学最早形成于 18 世纪的德国，最初以确定森林采伐量和立木估价为主要任务，因此曾命名为森林评价、森林估价，以后又以"森林永续均衡利用"或者"森林永续利用"为研究中心，所以叫作森林收获调整。到了 19 世纪中期，森林经理学逐步建立了以木材永续经营为核心的学科体系。20 世纪后期，森林经理学已经进入以建设可持续发展的森林经营系统为目标的新阶段。目前，可持续发展已成为全球社会经济发展的主旋律，森林可持续经营已成为森林经营管理的最高目标，森林经理学正担负着建立可持续发展的森林经营管理体系的历史任务。

在不同的历史时期，由于人们对森林资源价值观念的不同，以及林业在国民经济中地位的不断改变，森林经理学科的内涵围绕着国民经济发展的需要、林业的目的和任务以及科学技术的进步，其对象、目标、内涵、方法与手段都在改变。森林经营由早期的木材经营到 20 世纪 60 年代的多功能经营，再向现代的森林生态系统经营转变。因此，国内外的学者和有关组织对森林经理的概念和定义也不尽相同，主要有以下几种。

①森林经理学是讨论森林生产在时间、空间之部署，善用其蓄积量与生长，以作成经理计划，达成持续作业之学科。

②森林经理就是为了实现特定的目标，而对森林经营管理进行全局性的谋划与控制的学科与技术。

③森林经理是一种采用包括行政、经济、法律、社会、技术等措施，以保护和利用天然林和人工林的行为，其目的就是通过不同程度的人为干预，以确保森林生态系统能够持续生产的商品和提供的环境服务。

④森林经理：A. 是为了特定的目标应用科学、经济和社会原则对森林财产进行管理和经营的实践活动。B. 是林学中涉及行政、经济、法律和社会各个方面，应用必要的科学和技术措施（尤其森林培育、保护和森林调整）的分支学科。

⑤森林经理就是为实现所有者目标而利用林业技术原理和财务技术（例如会计、投入产出分析等）对森林进行的管理活动。

⑥森林经理是对森林资源进行区划、调查、生长与效益评价、结构调整、决策和信息管理等一系列工作的总称。

综上所述，森林经理就是对林业生产进行全面调查和规划设计，其主要任务包括林业生产条件的调查与诊断、森林资源区划与调查、森林资源分析与评价、森林经营规划设计、森林资源信息管理。在宏观上主要是制定森林经营政策、法律、标准、规程以及进行林业区划和规划，在微观上主要是编制与执行森林经营方案（也称森林施业案）。

（二）森林经营方案概念

编制森林经营方案是森林经理的核心工作。20 世纪 30 年代开始就称为森林施业案；20 世纪 70 年代初，林业部在湖南江华试点后改为森林经营利用方案；1979 年，《中华人民共和国森林法（试行）》颁布后，统称为森林经营方案。

1. 广义的森林经营概念

联合国粮农组织定义的森林经营概念：森林经营是一种包括行政、经济、法律、社会、技术以及科技等手段的行为，涉及天然林和人工林，它是有计划的各种人为干预措施，目的是保护和维持森林生态系统各种功能，同时通过发展具有社会、环境和经济价值的物种，来长期满足人类日益增长的物质和环境的需要。

沈国舫主编的《森林培育学》中的表述：森林经营的含义很广，森林的培育、保护和利用都包括在内，应与英文的"forest management"相对应，这与森林培育有很大区别。也就是说，广义的森林经营包括森林的培育、保护和利用。

《全国森林经营规划（2016—2050 年）》将森林经营定义为：以森林和林地为对象，以提高森林质量，建立健康、稳定、优质、高效的森林生态系统为目标，为修复和增强森林的供给、调节、服务、支持等多种功能，持续获取森林生态产品和木材等林产品而开展的一系列贯穿于整个森林生长周期的保护和培育森林的活动。

2. 狭义的森林经营概念

通常人们所说森林经营概念，是从宜林地上造林形成森林起，到采伐更新为止的整个森林培育生产管理措施的总称。其中包括造林、抚育、林分改造、采伐、更新等各项营林生产活动及相关组织管理。

也有人将森林抚育称为狭义的森林经营。森林抚育是指从幼林郁闭到林分成熟前为实现培育目标所采取的各种调节自然选择和树木竞争的营林措施的总称。

简而言之：森林经营方案是森林经营主体以森林可持续利用为目标，科学地组织森林经营活动的规划设计，是森林经理工作的微观体现，可以理解为针对森林资源与环境，确定其可能令人满意的未来目标状态，为达到这一目标状态所制订的行动方案。

（三）森林经营方案内涵

由森林经营方案的概念可以看出，森林经营方案需要明确经营主体、经营目标、法律效力和表现形式。

1. 森林经营方案必须有确定的经营主体

森林经营主体是指拥有森林资源资产所有权或经营权、处置权，经营界线明确，有一定的经营规模和相对稳定的经营期限，能自主决策和实施森林经营的经济组织。森林经营主体是森林经营方案的组织者和执行者，也是用于森林经营活动的林地的拥有者或使用者。

从事森林经营、管理，范围明确，产权明晰，有一定经营规模和相对稳定的经营期限，能自主决策和实施森林经营的单位或组织为森林经营方案编制单位。依据其性质、规模等因素分为以下三类：一类：国有林经营管理单位，包括国有林业局、国有林场（采育场）、国有森林经营公司等；二类：经营规模达到 500hm^2 以上的集体和非公有制森林经营单位，包括森林经营联合体、森林经营大户、大中型林业企业等；三类：小型森林经营单位（经营规模小于 500hm^2），包括其他集体林组织、个体或非公有制经营主体。

2. 森林经营方案必须有明确的经营目标

森林经营目标的确定必须建立在客观基础上，不仅要考虑经营主体的期望、森林资源状况等，也必须根据国家的相关规定和国民经济发展的需要进行综合分析论证，提出具体目标。不能脱离实际情况空设目标，森林经营方案是以森林可持续经营为目标，合理的森林经营目标必须符合森林可持续经营原则。

3. 森林经营方案是具有法律效力的文件

《中华人民共和国森林法》（2019 年 12 月修订）第六章第五十三条规定："国有林业企业事业单位应当编制森林经营方案，明确森林培育和管护的经营措施，报县级以上人民政府林业主管部门批准后实施。重点林区的森林经营方案由国务院林业主管部门批准后实施。国家支持、引导其他林业经营者编制森林经营方案。编制森林经营方案的具体办法由国务院林业主管部门制定。"《中华人民共和国森林法实施条例》（2016 年 2 月 6 日修订）第二章第十一条规定："重点林区森林资源调查、建立档案和编制森林经营方案等项工作，由国务院林业主管部门组织实施；其他森林资源调查、建立档案和编制森林经营方案等项工作，由县级以上地方人民政府林业主管部门组织实施。" 国务院林业主管部门应当定期监测全国森林资源消长和森林生态环境变化的情况。任何森林经营主体开展森林经营活动都要编制森林经营方案，编制与执行森林经营方案是一项法定性工作，具有强制性。

4. 森林经营方案是一种中长期规划设计

森林经营方案是为实现森林经营目标而制订的一种预期的、具体的森林经营行动方案。不仅要求明确森林经营主体的发展战略（一般为 20 年），也要将一个经理期内（一般为 5 年或 10 年）的森林经营行动措施落实到山头地块（小班）。森林经营方案是一种中长期规划设计，这种特点决定了森林经营方案既具有长期的指导性，也强调中短期的可操作性。

二、云南省森林经营方案发展历程

（一）森林经营方案发展历程

在中国森林经营方案发展的大环境下，云南省森林经营方案编制起步较晚，并且深刻反映了云南省林业发展的不同阶段的时代特征。

1. 雏形阶段（1949—1957年）

在中华人民共和国成立初期，云南林业获得迅速的恢复和发展。这一时期森林经营方案称为森林施业案，其体现的森林经营主导思想和理念、编制方法和内容都深受苏联影响，云南省作出了森林资源清查和林业区划，编制出森林施业案，林业主管部门按照森林施业案来经营管理森林。

2. 曲折阶段（1958—1978年）

1958年在"大跃进""人民公社""大炼钢铁"的冲击下，林业建设受到巨大的挫折，权属剧烈变动，引发乱砍滥伐，对森林资源造成严重破坏。这一时期森林经营方案称为森林经营利用规划。1960年，国家修订了《国有林调查设计规程》，将过去用过的森林经理、林业局综合调查与总体设计、林业局总体设计、森林经营规划等统称国有林调查设计，所编制成果为"林业局经营利用设计"，并在其中增加森林经营利用经济论证。这个国有林调查设计规程充实和加强了森林施业案的内容，为全面利用现有森林资源提供了比较完善的规划设计文件。

3. 发展阶段（1979—2002年）

随着改革开放的加快和深化，以及新时期云南林业快速有序的发展，森林经营方案编制工作逐渐走上正轨。

1985年，《中华人民共和国森林法》的颁布，明确了森林经营方案工作的法定性质，"国营林业企业事业单位和自然保护区，应当根据林业长远规划，编制森林经营方案，报上级主管部门批准后实行。林业主管部门应当指导农村集体经济组织和国营的农场、牧场、工矿企业等单位编制森林经营方案"。

1986年，原国家林业部先后颁布了《国营林业局（场）森林经营方案编制办法》和《集体林区森林经营方案编制原则意见》，在此指导下，云南省积极组织相关经营主体编制森林经营方案。

2000年公布的《中华人民共和国森林法实施条例》规定："重点林区森林资源调查、建立档案和编制森林经营方案等项工作，由国务院林业主管部门组织实施；其他森林资源调查、建立档案和编制森林经营方案等项工作，由县级以上地方人民政府林业主管部门组织实施。"在整个林业呈现蓬勃发展之势的大环境下，森林经营方案更是成为森林经营主体为了科学、合理、有序地经营森林，充分发挥森林生态、经济和社会效益，编制森林培育、保护和利用的中长期规划、利用措施的规划设计。

4. 成熟阶段（2003—2023年）

2003年，《中共中央、国务院关于加快林业发展的决定》出台，标志着我国林业的战略地位、指导思想、基本方针、战略目标和战略布局等一系列问题的重大调整，确立了以生态建设为主的林业发展方向。

（二）森林经营方案编制情况

1. 编制施业案阶段

按照原林业部《国有林经营规程》的规定，在森林经理调查野外结束，材料整理完毕及编制森林措施草案以后，召开第二次森林经理会议。第二次森林经理会议研究编制施业案时应依据的经营原则，主要是审查经营区森林资源情况调查结果，确定采伐利用原则，研究过去森林经营结果，确定作业级、森林成熟期、森林轮伐期、研究主伐规程的实用性、选择采伐方法、选择各经营区和作业级的主伐地点；是否进行森林采伐、卫生采伐、更新采伐等；审查采伐迹地、火烧迹地、林中空地及疏林地的更新措施；审查护林防火措施与防火设施，改善卫生情况，防止森林病虫害的措施；审查副产品利用与采脂、副业生产措施；审查基础设施建设意见；审查固定人员编制及组织管理的意见；审查确定施业案费用概算及筹措方式；预算经营期内实现设计各项经营措施的预期效果。

1956年7月，苏联专家符·依·西纽辛为了指导施业区设计和施业区说明书的编写，结合实际亲自编写了者太施业区说明书。并以此为例给区队长讲授施业案设计技术和编写说明书的要求。从而培养了技术骨干，丰富了设计知识，为编制森林施业案奠定了基础。

南盘江下游林区施业案。1956年初，原国家林业部直属第四森林经理大队（简称四大队，下同）完成南盘江下游林区的森林资源调查，1956年9月20日，由省林业厅主持召开了第二次森林经理会议，四大队编制了森林经理说明书报告，苏联专家符·依·西纽辛编制了南盘江下游林区施业案。根据施业区设计和说明书编写提纲，结合各施业区的实际和特点，资源调查中队于1957年分别进行了施业区的设计和说明书编写。

金沙江中游林业施业案。1956—1957年，四大队完成金沙江中游森林经理调查和林业施业案编制。

林业局施业案。1958年，四大队完成县林业局、漾濞彝族自治县林业局、大理市林业局、永平县云台山林业局、金平苗族瑶族傣族自治县施业区的施业案设计和编制。

2. 森林经营方案阶段

（1）县级经营方案

1989年2月，省林业厅根据林业部《关于加快森林经营方案编制进度的通知》，结合云南情况制定了《云南省编制森林经营方案暂行办法》《关于加快森林经营方案编制和建立健全森林资源档案管理工作的通知》《云南省编制县级森林经营方案的原则意见》。鉴于编制森林经营方案的任务重，各县技术力量普遍不足，责成规划院负责指导和参与各县（市、区）经营方案的编制工作。1989年2月，以马龙、寻甸、广南、弥勒、普洱（现宁洱）、峨山、梁河、漾濞、双江、禄劝、双柏等11县（市、区）作为"编案"试点和技术指导，通过试点县（市、区）编制"工作方案"和"原则方案"，然后进行森林经营方案的编制。1989—1994年，完成南涧、洱源、巍山、剑川、弥渡、大理、兰坪、云龙、陇川等 11 县（市）森林经营方案的编制。

（2）林业局经营方案

1993 年，按照林业部《国营林业局（场）编制森林经营方案原则规定（试行）》，在二类森林资源调查的基础上进行经营方案编制，五大队（云南省林业调查规划院大理分院）完成了宁蒗林业局的森林经营方案编制工作。

（3）国营林场森林经营方案

1988—1994 年，云南省林业调查规划院根据省林业厅下达的科研课题，以及路南（石林）、石屏、马关、西畴、祥云、景洪、大理、弥渡、鹤庆、永胜、麻栗坡、宁蒗等县（市）、地区林业局（木材公司）的要求，按照林业部《国营林业局（场）编制森林经营方案原则规定（试行）》和省林业厅《云南省国营林场森林经营方案编制办法（试行）》，在二类森林资源调查的基础上，分别进行了各国营林场的森林经营方案编制，共完成 29 个林场的编案工作。

（4）国有森林经营公司森林经营方案

2005 年 8 月，由云南省林业调查规划院编制完成了《云南云景林业开发与后续资源培育项目造林原料基地森林经营方案》；2010 年 6 月，完成了《云南云景林业开发有限公司 100 万亩人工林森林经营方案（2010—2019 年）》（"亩"，非法定计量单位，1 亩 ≈ 666.67m^2，全书同）；2020 年 10 月，编制完成了《云南云景林业开发有限公司森林经营方案（2021—2025 年）》。

三、森林经营方案的性质、作用与编制目的

（一）森林经营方案性质

通过对森林经营方案概念和内涵的论述，可以看到，森林经营方案具有导向性、综合性、战略性和地域性。

1. 导向性

这是森林经营方案最基本的性质，是指森林经营主体未来的经营方向、措施等应与森林经营规划设计的经营方向、措施尽可能一致。其中，最重要的是要通过森林经营活动将现实森林结构导向能满足目标要求的理想森林结构，包括理想的林种结构、树种结构、龄级或径级结构及其在空间上的合理配置等。

2. 综合性

综合性主要指森林经营方案涉及内容广泛。在编制森林经营方案时，应对森林经营各系统、各组成要素进行全面的考虑，对森林经营类型、森林作业体系、森林多元化经营森林健康与安全、基础设施建设、组织机构与人员配置投资概算与效益预估等进行统筹安排，在综合各系统、各专项规划设计的基础上对森林经营主体整体发展做出统一决策。

3. 战略性

战略性是指森林经营方案在二类调查的基础上，根据林业方针政策，对森林经营主体的发展

方向、目标、方针、规模、门类、速度和重大比例关系等进行决策，具有时间跨度长、宏观性强、弹性大、影响深远等特点。

（1）时间跨度长

一般要求森林经营方案确定 5 ～ 10 年的经营方向和总目标，然后根据战略性方向和总目标分解最近一个经理期的目标体系及具体的行动方案，使森林方案既能指导近期的森林经营活动，又可保持远近结合，形成一个连续稳定的长效机制，实现森林可持续经营目标。

（2）宏观性强

森林经营方案首先要关注宏观的、全局性的森林经营主体与整个经济社会之间协调的关键性重大问题。着眼全局利益与局部利益的关系协调，将森林经营主体的长远发展融入经济社会发展的大环境中，在强调森林经济单位对经济社会可持续发展的贡献能力提高的基础上，实现林业可持续发展。

（3）弹性大

由于森林经营方案具有长期性、战略性的特点，而经济社会发展又充满了变化与不确定，森林经营方案所确定的森林经营方向、目标、结构、布局等不可能百分之百准确，因此，在制订森林经营方案战略性发展指标时不应过分地强调明确的指标定值，可以有一定的幅度，具有较大的弹性。

（4）影响深远

森林经营方案对森林经营主体发展进行的战略部署，既要考虑森林经营主体的长远利益，又要考虑近期利益；既要考虑森林经营主体的整体利益，又要考虑经营单位内部各部门、各层次职工的利益，使森林经营主体获得持久凝聚力与发展力。

4.地域性

地域性也称地域特色，是指森林经营主体自身所具有的，以及与所在地区人文环境特定关联所表现出来的特性，包括森林经营主体特色和地方特色。

（1）森林经营主体特色

森林经营主体特色主要是指森林经营主体可以用于经营利用且与别的经营单位有差异的森林资源种类。例如，桉树占65%以上的雷州林业局就应围绕用材林，从产品、产业结构方面做文章；森林类型丰富的云南省石屏县龙朋国有林场则可以进行多元化经营，如经营用材林、水力发电、森林旅游等。

（2）地方特色

地方特色是指森林经营主体所在的区域所具有的与其他区域不同的人文环境。例如，在滇中发达地区，生态需求已成为了区域经济社会的主导需求，因此为区域居民提供良好的居住环境与优质的生态服务就成为了该地区森林经营主体的主要经营方向。

（二）森林经营方案作用

森林经营方案的实施将有利于维护和优化森林生态系统结构，协调其与环境的关系，提高其整体功能，改善林区社会经济状况，促进人与自然和谐。我国在1977—1981年进行森林资源清查时发现国内森林面积逐渐减少，森林资源质量降低。经过分析确定主要原因之一就是对现有森林经营管理缺乏科学的森林经理工作，或者未能有效实施森林经营方案。从战略角度来说，森林经营方案关系到能否满足一个国家或地区的木材战略储备以及生态产品需求；从投入产出角度来看，森林经营方案关系到能否实现森林经营的多目标或发挥最大综合效益；从林业生产管理角度来看，森林经营方案关系到能否进行正常的生产组织、监管和评估活动。

1. 编制森林经营方案是依法治林的重要体现

《中华人民共和国森林法》赋予森林经营方案法定地位，规定各级人民政府应当制定林业长期计划；国营林业企业、事业单位和自然保护区，应当根据长远规划，编制森林经营方案，报上级主管部门批准执行。

2. 森林经营方案是林业主管部门实施森林资源管理和监督的重要依据

森林经营方案不仅要反映森林资源现状，而且要预测至少一个经理期内森林资源消长变化状况。林业主管部门应根据批准后的森林经营方案下达森林经营主体森林采伐限额，管理和监督森林经营主体的森林资源数量、质量及其变化。

3. 森林经营方案是将森林经营主体逐步导入森林可持续经营轨道的文件

森林经营方案以发挥森林生态效益为主导目标，多功能森林经营为指导思想，近自然经营技术为实现途径，全周期森林经营为主要技术要领的创新森林经营体系，规划设计各种森林经营活动，将现实森林结构调整到理想森林结构状态的行动指南。也可以说，编制森林经营方案就是为森林经营主体铺设形成可持续森林时空秩序的轨道。

4. 森林经营方案为合理经营森林提供技术支撑

森林经营方案是按森林经营类型或经营小班为森林经营单位进行设计的，森林经营单位是森林可持续经营的最小森林空间尺度。在编制森林经营方案时，主要依据森林经营主体现实森林状况，遵照森林可持续经营的要求，按森林经营单位设计森林经营技术体系，为森林经营主体合理组织森林经营提供了方便。

5. 森林经营方案是森林经营主体制订年度计划，组织森林经营活动的理论依据

森林经营方案的编制是在森林资源二类调查的基础上完成的，既明确了森林经营主体长远的战略方向和目标，又将一个经理期内的经营措施落实到了山头地块，具有极强的指导性和可操作性。因此，森林经营主体必须按照批准后的森林经营方案和经济社会政治法律环境，制订年度计划，组织和安排各种经营活动。

6. 森林经营方案是检查和评定生产成果的基本标准

森林经营主体通过森林经营方案执行反馈机制检查和评定森林经营绩效。所谓森林经营方案执行反馈机制，实质上就是森林经营信息代谢机制，是指通过森林经营方案执行绩效评价，从森林资源动态和经济活动两方面对年度目标与实际绩效进行检查、评定，对产生的偏差进行原因分析，预测未来变化发展趋势，提出制订下一年度目标分解的依据和森林经营方案修订的意见，从而确保森林经营方案不断完善和有效实施的一种工作机制。因此，森林经营方案是森林经营主体进行森林经营活动检查、绩效评定的基本标准。另外，各级林业主管部门也要以森林经营方案为标准，检查、督促基层单位森林经营方案的执行情况，对林业生产工作质量和经营效果进行评定，评价任务完成的质量。

（三）方案编制目的

一是深入学习贯彻习近平生态文明思想，推进云南省生态文明建设，践行"绿水青山就是金山银山"的发展理念。

二是推动云南省林业由木材生产为主向以生态建设为主转变，更好地满足人民群众对物质、生态和文化等方面的需求。

三是优化森林资源结构，提高林地生产力和森林质量，维护森林生态系统健康、稳定。

四是严格执行森林采伐限额，规范森林资源培育、保护和利用行为，提高森林经营主体的森林经营能力与水平。

五是提升林业管理部门的技术服务水平，为森林经营主体申报相关工程项目和投资计划提供技术依据。

四、森林经营编制原则与依据

（一）编制原则

坚持生态优先，尊重自然，保护优先，自然恢复与人为措施相结合；坚持所有者、经营者和管理者的责、权、利统一；坚持分类经营，分区施策，强化科技支撑，提升森林主导功能；坚持因地制宜、资源、环境和经济社会发展协调。

生态优先，可持续经营原则。既要考虑经济效益不断提高，又要确保森林资源的总量不断扩大，质量不断提高，结构不断优化，确保森林资源越采越多、越用越好。

科学经营，合理利用原则。制定相应的培育、保护和利用的技术措施，科学培育森林，合理利用资源，充分发挥森林功能的多重性。

分类经营，分区施策原则。严格按照"管严公益林，放活商品林"的要求，根据林分不同类型、立地等级条件和经营目标等，采取相应的经营对策。

（二）编制依据

GB/T 26424—2010 森林资源规划设计调查技术规程

GB/T 15776—2023 造林技术规程

GB/T 15781—2015 森林抚育规程

GB/T 15163—2018 封山（沙）育林技术规程

GB/T 18337.1 ~ 4—2001 生态公益林建设技术规程

LY/T 2007—2012 森林经营方案编制与实施规范

LY/T 2008—2012 简明森林经营方案编制技术规程

LY/T 1690—2017 低效林改造技术规程

LY/T 1646—2005 森林采伐作业规程

LY/T 1821—2009 林业地图图式

LY/T 2832—2017 生态公益林多功能经营指南

《县级森林经营规划编制规范》（原国家林业局 2018 年 2 月）

《云南省森林资源规划设计调查操作细则》（2013 年修订）

《云南省森林抚育实施细则》（云南省林业厅 2016 年 10 月）

《全国森林经营规划》（2016—2050 年）

《云南省森林经营规划》（2017—2050 年）

五、森林经营编案类型

（一）编案单位类型划分

从事森林经营、管理，范围明确，产权明晰，有一定经营规模和相对稳定的经营期限，能自主决策和实施森林经营的单位或组织为森林经营方案编制单位。依据其性质、规模等因素分为以下三类。

一类：国有林经营管理单位，包括国有林业局、国有林场（采育场）、国有森林经营公司等。

二类：经营规模达到 500hm² 以上的集体和非公有制森林经营单位，包括森林经营联合体、森林经营大户、大中型林业企业等。

三类：小型森林经营单位（经营规模小于 500hm²），包括其他集体林组织、个体或非公有制经营主体。

（二）国家编案类型划分

根据原国家林业局《森林经营方案编制与实施纲要》《森林经营方案编制技术规程》《简明森林经营方案编制技术规程》《县级森林经营规划编制指南》和《关于国有林场森林经营方案编制和实施工作的指导意见》等文件要求，森林编案类型分为普通森林经营方案、简明森林经营方案和规划性森林经营方案三大类（表 4-1）。

1.普通森林经营方案

一类编案单位应依据有关规定组织编制普通森林经营方案。该类型规模较大，内容要求完整全面，主要内容包括森林资源与经营评价、森林经营方针与经营目标、森林功能区划、森林分类与经营类型、森林经营、非木质资源经营、森林健康与保护、基础设施建设与维护、投资概算与效益分析、森林经营的生态与社会影响评估、方案实施的保障措施等。

2. 简明森林经营方案

二类编案单位可在当地林业主管部门指导下组织编制简明森林经营方案。简明森林经营方案是指通过简化编制程序、内容与方法，对经营范围内的森林资源按时间顺序和空间秩序安排林业生产措施的简化技术性文件。该类型规模较小，内容可根据编案单位特点有所取舍，针对性强，主要内容包括基本情况、森林资源现状、经营总体规划（经营决策）、森林经营设计、森林采伐利用设计、多种经营设计、经济分析和综合评价等。

3. 规划性质森林经营方案

三类编案单位由县级林业主管部门组织编制规划性森林经营方案。该类型具有很强的宏观控制性和指导性，主要内容包括经营方针、原则、目标和措施，林业区划与森林经营组织，森林经营设计，森林保护设计，森林采伐设计，多种经营与综合利用设计，基本建设规划，费用估算和经济效益分析等。

一类编案单位规模较大，其编制的森林经营方案称为普通方案，内容完整全面；二类编案单位规模较小，其编制的森林经营方案为简明方案，内容稍许简明，无须像普通方案的内容那样全面，应根据编案单位特点有所取舍，注重针对性三类编案单位是以县为单位的编案单位，其编制的森林经营方案属规划性方案，具有很强的区域宏观控制性和指导性。三种不同类型森林经营方案内容要求对照表见表4-1。

表4-1 不同类型森林经营方案内容要求对照表

项目内容	森林经营方案	简明森林经营方案	规划性质森林经营方案
基本情况	√	√	√
上一经理期执行情况评估	*	*	*
森林资源分析与经营评价、存在问题分析	√	√	√
森林经营方针与目标	√	√	√
森林经营区划与经营组织	√	√	√
森林培育规划设计	√	√	√
森林采伐规划设计	√	√	√
非木质资源经营与森林游憩规划	√	*	△
森林健康与保护规划	√	√	√
基础设施与经营能力建设规划	√	基础设施建设	基础设施建设
投资估算与效益分析	√	√	√
保障措施	√	*	△

备注："√"为必须编制内容，"△"为可以选编内容，"*"为可以免编内容。

4.云南省编案种类的划分

云南省森林经营方案编制在国家林业和草原局三类编案的基础上，结合云南省自身特点、经营主体、经营目标及经营特点的不同，划分六种编案类型。

表4-2　云南省森林经营方案编制种类划分

编案类型	编案种类	编案特点
一、普通森林经营方案	国有林场综合性森林经营方案	国有林业局、国有林场所经营的国有森林，集约程度相对较高，追求经济、生态和社会三大效益最大化，按分类经营的原则，提出公益林和商品林经营措施，编制综合性森林经营方案
	森林公园、自然保护区公益型森林经营方案	森林公园、自然保护区所经营的森林是各类自然保护区林或风景林，森林经营目标是获得最大的生态和社会效益，按保护区或森林公园的建设要求编制经营方案
二、简明森林经营方案	非公有制简明森林经营方案	经营短轮伐期用材林面积规模达到667hm^{2}以上的非公有制经营主体，集约程度较高，经营灵活性强，经营目标明确，主要是获得最大的经济效益，编制程序、内容和方法可简化，经营措施要按年度落实到具体经营小班，操作性较强
	乡（镇）集体林简便森林经营方案	经营主体包括规模较小、没有固定经济组织形式、分散的森林经营主体，如个体经营者、家庭、联合农户等。经营地域分散，经营灵活性强，经营目标是获取最大经济效益，经营措施要落实到具体经营小班，可进行施工作业
三、规划性森林经营方案	集体林规划性森林经营方案	主要指山区的集体林区，包括多种经营所有制及多种经营方式，经营主体多样，集约程度相对较低，以县为单位编制规划性的森林经营方案
	城市林业型森林经营方案	经营主体所经营的森林主要是指滇中发达地区（昆明、曲靖、玉溪和楚雄）的城市林业，森林经营目的主要是充分发挥其生态和社会效益，为城市的社会经济可持续发展提供环境保障。以县（市、区）为单位，按城市森林建设要求，编制城市林业型森林经营方案

六、编案程序

（一）编案准备阶段

成立编案小组；收集编案单位森林资源"二类"调查资料、森林经营资料及有关市场信息；补充森林立地、森林植被等调查；召开编案小组会议，确定编案范围、技术经济指标、编写工作方案和技术方案。

编案小组人员除林业规划设计人员外，还应包括编案单位人员（领导和林业技术骨干）、林业主管部门人员、林权单位利益代表和社区居民代表等。收集森林资源档案、近期森林资源二类调查成果、专业技术档案等，要求资料翔实、准确，编案前2年内完成的森林资源二类调查，应当核实更新到编案年度，编案前3～5年完成的森林资源二类调查资料，应组织补充调查更新；未进行过森林资源清查或时限超过5年的应重新进行调查。缺失的档案资料应编制调查数表补充调查完善。技术经济指标应与区域社会经济、林业发展规划指标相衔接。

（二）分析评价阶段

分析编案单位森林资源状况，评价森林资源质量、经营效益及管理水平，这是编制森林经营方案的基础性工作。如果编案单位编制实施过的森林经营方案，还应比较森林数量、质量、结构变化趋势，总结上一经理期内森林经营方案执行情况，在此基础上明确经营方针、经营目标、经营重点及需要解决的主要问题。

（三）经营决策阶段

根据系统分析评价结果确定编案原则，召开方案原则审议会，审议方案总体规划大纲、森林资源目标、原则、建设投资、经济指标等原则问题。提出若干套备选方案，对每套方案进行投入产出分析、生态与社会影响评估，选出最佳方案。

（四）公众参与阶段

张贴资料，广泛宣传，召开林权利益方代表和社区居民代表会议，演示、讲解确定方案指标的依据，征求他们的意见，必要时开展辩论会，辨析相关指标的可行性和科学性。征询林业主管部门意见，衔接好方案指标与区域林业发展规划指标的适应性，处理好规划方案与林业政策的协调性。充分考虑不同层面的发展需求，照顾不同层面的利益需求，作为调整方案的参考依据。

（五）规划设计

编案小组按调整后的最佳方案进行各项规划设计，编写森林经营方案。规划设计单位应具有相应林业调查规划设计资质，确保方案质量水平。

（六）评审修改阶段

按照森林经营方案管理的相关要求送审成果，组织召开由专家和编案主要技术骨干参加的方案评审会，根据评审意见修改、定稿，送待行政审批。

七、编制成果

（一）成果组成

森林经营方案编制的主要成果一般由森林经营方案正文、附表、小班经营数据库、附图和附件等5部分组成。

（二）编案正文

森林经营方案正文是森林经营方案编制的说明书，一般包括以下章节，简明森林经营方案可适当删减。主要内容包括：

①基本情况。

②森林资源与经营评价。

③森林经营方针与目标。

④森林经营区划与森林经营组织。

⑤森林经营规划设计。

⑥森林采伐规划设计。

⑦非木质资源经营与森林生态旅游建设。

⑧森林健康与保护规划。

⑨基础设施与经营能力建设规划。

⑩ 投资估算与效益分析。

⑪ 保障措施。

（三）附　表

根据编案单位森林资源现状和发展实际，合理确定以下附表。森林资源现状表、经营措施统计表及投资估算表等，附表格式见附件七，部分表格内容可结合编案单位实际进行修改。

① 各类土地面积统计表。

② 林地质量等级面积统计表。

③ 森林、林木面积蓄积量统计表。

④ 林种统计表。

⑤ 森林经营类型统计表。

⑥ 森林作业法与全周期过程设计表。

⑦ 森林经营措施小班一览表。

⑧ 造林更新年度明细表。

⑨ 中幼林抚育年度明细表。

⑩ 中龄林间伐年度明细表。

⑪ 低效林改造年度明细表。

⑫ 森林采伐年度明细表。

⑬ 封山育林面积统计表。

⑭ 森林经营措施面积统计表。

⑮ 森林经营重点工程一览表。

⑯ 投资估算明细表。

（四）小班经营数据库

小班经营数据库主要明确小班地理位置、立地因子、林况因子、经营因子等。

（五）附　图

根据编案单位资源现状与经营计划，制作以下专题图，一般包括编案单位位置示意图、森林资源分布现状图、林地质量等级分布图、林种分布图、功能分区图、森林经营类型组分布图、森林经营类型分布图、森林经营措施类型分布图等。

（六）附　件

附件可包括以下内容：

① 编案申请报告批复文件或编案依据。

② 编案领导小组会议纪要。

③ 各专业专题调查、论证报告。

④ 专家评审意见。

⑤ 其他。

第五章　森林经营方案编制

一、基本情况

森林资源各类数据及编案单位的自然条件、社会经济条件、森林经营和生产现状、多种资源的数量和质量是森林经营方案编制的基础资料，也是保证森林经营方案具有科学性、适用性、可操作性、经济效益显著性的前提条件之一，为编制方案提供依据。

（一）自然地理情况

概述编案单位所处区域的地理位置、面积、地形地貌、气候、土壤、植被等情况，重点阐述与森林经营相关的内容，并指出森林经营的有利因素和不利因素。

（二）社会经济情况

概述编案单位的人员结构与数量、产业结构与产值、相关产业及加工能力、职工收入、单位收支、周边社区人口和经济发展等情况，重点阐述与森林经营直接相关的因子。

（三）基础设施与经营能力建设情况

明确经营单位的实际建设能力和需求，主要内容包括生产服务、公共服务、经营监测、宣传教育和档案管理等设施设备及人才队伍建设等情况。

（四）经营沿革情况

简述编案单位森林经营管理的历史发展变化，特别是国有林场改革的基本情况，如改革后单位性质、资金来源、管理机制、职工收入等变化。

二、森林资源及经营评价

（一）森林资源现状分析

明确编案单位的自然、社会、经济本底和经营管理基础，从各个方面分析、评价森林经营需求与潜力，提出在经理期内应该并且可以解决的问题，为确定经营目标和措施任务奠定基础。重点分析以下内容。

①林地资源：林地类型及利用现状、林地保护等级及保护状况，以及不同质量林地状况、分布、结构和地力维持状况等情况。

②森林资源数量：不同森林类型的面积、蓄积量等特征。

③森林资源质量：乔木林公顷蓄积量、生长量、平均胸径、树高；针阔混交比，森林健康等级等。

④森林资源结构：森林资源的权属、林种、树种组成、龄组等结构特征。

⑤非木质资源利用：主要包括林下经济、生态旅游及森林康养等内容。

⑥森林资源生态服务功能：主要包括水土保持、涵养水源、游憩服务、森林碳汇、森林景观及净化空气等功能。

⑦生物多样性状况：阐述编案单位的植被资源、野生动物资源等基本情况，重点介绍典型群落、重点保护的野生动植物种类和分布。

⑧森林健康与活力：主要包括林业有害生物、森林火灾和其他森林灾害等。

（二）森林经营管理评价

评价森林经营管理情况，如森林资源、生态服务功能、公益林保护、分类经营情况、森林经营管理水平、基础设施建设、社会服务功能、林产品服务功能等方面的优势、潜力和问题，并针对主要问题，提出森林经营发展对策。

为科学规划设计森林经营单位的经营活动，应对森林资源、经营状况进行评价。本研究以《中国森林可持续经营标准与指标体系》为基础，以发挥森林生态效益为主导目标，多功能森林经营为指导思想，近自然经营技术为实现途径，全周期森林经营为主要技术要领的创新森林经营体系。结合云南省人口、社会经济发展、自然条件的差异，以及云南省森林主要类型、森林资源数量和质量及经营状况特点，确定森林资源评价指标体系（表5–1）。指标体系分2个目标、12个标准。目标一是森林资源可持续性，有9个标准。标准1：森林生态系统生产力；标准2：森林生态系统完整性；标准3：森林资源健康与活力；标准4：生物多样性状况；标准5：生态服务功能；标准6：编案单位的经营管理机制和能力；标准7：森林经营基础设施条件等对森林经营的影响；标准8：森林经营经济效益；标准9：森林经营社会效果。目标二是森林经营可持续性，有3个标准。标准10：森林经营措施；标准11：森林经营效果；标准12：森林经营效果影响因子。是评价全部内容还是评价其中的部分内容，应该视编案单位实际情况和需要确定。若编案单位森林经营水平较高，林产品及其加工产品需要进入国外市场，则需要按照森林认证及可持续经营指标进行评价，一般情况下，只需要按照常规森林经营要求，根据生产实际需要选择部分内容进行评价。

表 5-1　森林资源可持续经营评价指标体系

目标	标准	指标
目标一：森林资源可持续性	标准 1：森林生态系统生产力	1.1 森林资源总量
		1.2 森林资源分布
		1.3 森林资源结构
		1.4 森林资源变化情况
	标准 2：森林生态系统完整性	2.1 森林覆盖率
		2.2 林种结构
		2.3 公益林面积比例
	标准 3：森林资源健康与活力	3.1 单位面积生产力
		3.2 森林景观、林业有害生物、森林火灾和其他重要自然灾害、森林退化面积与程度
		3.3 森林更新、树种结构和空间分布
	标准 4：生物多样性状况	4.1 生物物种丰富度、均匀度和珍稀濒危野生动植物
		4.2 乡土树种和引进树种利用状况
		4.3 入侵性森林树种、外来有害生物状况
		4.4 林业生物技术影响
	标准 5：生态服务功能	5.1 保持水土、涵养水源能力
		5.2 防风固沙、贮碳、净化空气能力
	标准 6：编案单位的经营管理机制和能力	6.1 管理人员与专业技术人员结构比例
		6.2 专业技术人员可级别结构比例
	标准 7：森林经营基础设施条件等对森林经营的影响	7 基建投入在总投入中比例标准
	标准 8：森林经营经济效益	8.1 森林经济价值
		8.2 不同利益群体参与森林经营的经济收益
	标准 9：森林经营社会效果	9.1 对就业、周边农民生产和生活的影响
		9.2 对森林环境保护意识变化、森林文化的影响等
目标二：森林经营可持续性	标准 10：森林经营措施	10 立地选择、树种选择、造林整地抚育管理
	标准 11：森林经营效果	11 生物多样性、林分层次结构、林分密度、林木产量、林分生长活力与健康、森林景观、生态效益、经济综合效益
	标准 12：森林经营效果影响因子	12 森林经营思想和经营理论、资源配置、资金劳动投入、管理体制

以《中国森林可持续经营标准与指标体系》为基础，一些学者及规划单位研究制订了一些地域性等特定对象的森林可持续经营指标体系，细化了分层控制性因子，但是，指标体系中如何科学合理配置因子，应科学、简明和严谨。云南云景林业开发有限公司森林经营方案分生物学质量、经济学质量、生态学质量三大指标体系 23 个指标评价森林质量，方案将"林地利用率"和"林业

用地比率"2个因子配置在生物学质量指标层中，值得商榷。笔者认为，这2个指标应配置在生态学指标层中，因为"林地利用率"和"林业用地比率"的高低，直接反映了林地森林资源的数量和质量，进而显示其生态质量的高低。

小型森林经营单位森林资源的评价标准和指标、等级应尽可能少，使只要具备一定基础知识的林业技术职工就能进行评价，评价因子应简明，通过二类调查就能收集到。

三、森林经营方针、目标

（一）森林经营方针

关于方针，梁启超在《论支那独立之实力与日本东方政策》提出"认定方针，一贯以行之，必有能达其目的之时"，可见方针和目标是因果关系，长期坚持一个方针，必定能达到预定的目的。经营方针是经营理念的具体反映，是贯彻经营思想和实现经营目标的基本途径，是经营主体某一时期具体落实经营理念的指导性原则。经营理念是经营主体根本的管理思想、经营哲学、经营观念和行为规范，是企业在经营上应达到的境界，是经营主体全体人员共同的价值观、行动总目标和指针。经营方针应有时代性、针对性、方向性和简明性，统筹好当前与长远、局部与整体、经营主体与社区利益，协调好森林多功能与森林经营多目标的关系，充分发挥森林资源的生态、经济、和社会等多种效益。

森林经营方针是编案单位在规划期内实现森林可持续发展的定性概括，是实现目标的根本手段，应根据国家、地方有关森林法律法规和政策，结合自身森林资源及其保护利用现状、经营特点、技术与基础条件等，在编案单位、林业主管部门和林业调查规划单位等多方面共同商讨下确定。森林经营方针应做到三统筹一协调：统筹好当前与长远、局部与整体、经营主体与社区居民矛盾利益，协调好森林多功能与森林经营多目标的关系，确保充分发挥森林资源生态、经济和社会等多种效益。

正确的森林经营方针能促使有效利用森林资源，有序开展生产经营活动，实现经营目标。普通方案和规划性方案应规划好经营方针，简明方案可以不规划经营方针。

以往的方针：以营林为基础，越采越多，越采越好，青山常在，永续利用。

现在的方针：以森林资源为基础，科学经营为依托，生态保护优先，合理利用为辅，分类经营，精准提升森林质量，实现林业可持续发展。

（二）森林经营目标

森林经营目标是在森林经营方针控制下确定的，在规划期内预期实现的定量指标是坚持经营方针的结果。应根据编案单位森林资源状况、林地生产潜力、森林经营能力和当地经济社会情况等综合确定，并与当地国民经济发展目标、国家和区域森林可持续经营标准和指标体系相衔接，森林经营目标指标（表5-2）包括资源发展目标、林产品供给目标、综合效益发挥目标。

森林经营方案应当明确提出经营期内要实现的经营目标。经营目标应在森林经营方针指导下，根据上一期森林经营方案实施情况、森林经营需求分析和现有森林资源状况、林地生产潜力、森林经营能力和当地经济社会情况等综合确定。

森林经营目标应当作为当地国民经济发展目标的重要组成部分，并与国家、区域多功能森林经营标准和指标体系相衔接，应包括森林功能目标、产品目标、效益目标、结构目标等，应依据充分、直观明确、切实可行、便于评估。

方案规划期为10年的，可以将经营目标分为前期（前3年）、后期（后7年）2个部分。方案规划期为5年的，经营目标分期。

常用的经营目标主要指标详见表5-2。

表5-2　森林经营目标主要指标表

类别	指标名称	单位	现状值	前期目标值	后期目标值	指标属性
通用指标	①林地保有量	%				约束性
	②森林覆盖率	%				约束性
	③森林蓄积量	m^3				约束性
	④乔木林公顷蓄积量	m^3/hm^2				预期性
	⑤林地利用率	%				预期性
	⑥公益林面积比例	%				预期性
	⑦天然林占林分比	%				预期性
	⑧混交林面积比例	%				预期性
	⑨珍贵树种面积比例	%				预期性
	⑩大径材和珍贵用材林在林分中的比例	%				预期性
	⑪森林火灾受害率	%				预期性
	⑫林业有害生物成灾率	%				预期性
	⑬森林景观等级Ⅰ级、Ⅱ级面积比例	%				预期性
	⑭森林自然度Ⅰ级、Ⅱ级面积比例	%				预期性
	⑮森林健康等级Ⅰ级、Ⅱ级面积比例	%				预期性
	⑯森林年生态服务价值	万元				预期性
	⑰森林植被总碳储量	亿t				预期性
特色指标	①自然教育基地	处				预期性
	②年科普人数	人/年				预期性
	③森林康养基地	处				预期性
	④生态旅游	万元				预期性
	⑤林下经济产值	万元				预期性

四、森林经营区刘与森林经营组织

（一）森林经营分区

在县级森林经营分区（经营亚区）控制下，依据森林主导功能，考虑当地的功能需求和森林资源现状以及与相关规划的衔接，分析立地条件和未来的发展方向，采用异区异指标的主导因素法，将县域区划为若干个经营区。区划指标一般包括生态区位、经营目标、林地质量，以及能反映区域特征的其他指标，如地质地貌、植被等。

1.森林经营区命名

采用"区域位置＋地貌特征或者具体名称＋经营目标＋经营区"的格式命名，超过一个经营目标，无法从地域上明确区分的可以按2个主要经营目标，按目标重要性大小排序。如"西部山地大径材培育兼水源涵养林经营区""东部（终南山）自然保护区经营区""西北部（珠江源）水源涵养林经营区"等。

2.森林经营区分析

区划森林经营区后，需对各区的基本情况、突出问题、经营方向、经营策略及经营目标进行重点分析。

（1）基本情况

包括行政范围（土地总面积）、现有林地面积、森林面积、森林蓄积量、乔木林公顷蓄积量、混交林面积比例、森林植被总碳储量、山系、地貌类型、气候、土壤、地带性植被、主要森林类型等。

（2）突出问题

从森林面积增加、林分质量与结构改善、森林生长发育、生态功能状况、森林灾害防控、可利用资源状况、森林经营条件等方面，分别梳理每个经营区存在的问题。

（3）经营方向

围绕促进培育健康、稳定、优质、高效的森林生态系统，依据经营区的主导功能需求、森林经营现状和突出问题，结合当地经济社会发展、林业发展布局和重大政策实施，提出每个经营区的森林经营方向及其经营重点。

（4）经营策略

根据各经营区的经营方向，针对经营区的区域特征和主要森林类型，以及存在的突出问题，提出培育的主要树种或森林类型，以及适宜的森林作业法和主要的经营措施。

（5）经营目标

分前期、后期描绘经营区的经营蓝图，依据经营区的主导功能和森林经营特色，确定若干个能够满足功能需求的主要指标的目标。一般包括森林面积、森林蓄积量、乔木林公顷蓄积量、混交林面积比例、珍贵树种和大径级用材林面积比例、非木质林产品产量、林下经济等指标。

（二）森林类型划分

按森林起源，将森林划分为天然林和人工林两类。天然林又划分为原始林、天然过伐林、天然次生林和退化次生林；人工林又划分为近天然人工林、人工混交林、人工阔叶纯林和人工针叶纯林。

表5-3　森林类型划分

起源	森林类型	说明
天然林	原始林	落实全面保护天然林的要求，针对不同类型、不同发育阶段、不同演替进程的天然林采取更有针对性、更加科学合理的天然林保育措施，将天然林划分为原始林、天然过伐林、天然次生林、退化次生林四类
	天然过伐林	
	天然次生林	
	退化次生林	
人工林	近天然人工林	针对天保、自然保护区等工程实施以来的林分现状（一些人工林划入保护范围），单独划分一类介于天然林与人工林之间的人工林——近天然人工林
	人工混交林	针对人工林生态系统稳定性差、健康程度低、生态功能脆弱的现状，为精准提升人工林经营水平，培育健康、稳定、优质、高效的人工林，按照近自然程度和树种组成，对人工林进行细分
	人工阔叶纯林	
	人工针叶纯林	

针对每个森林地块（小班）的林分特征，天然林按原始林、天然过伐林、天然次生林和退化次生林，人工林按近天然人工林、人工混交林、人工阔叶纯林和人工针叶纯林，确定小班的森林类型，并统计各森林类型划分结果。

（三）森林经营类型

按照《全国森林经营规划（2016—2050年）》和《云南省森林经营规划（2017—2050年）》的森林经营分类，根据森林所处的生态区位、自然条件、主导功能和分类经营的要求，将林地分为严格保育的公益林、多功能经营的兼用林（包括生态服务为主导功能的兼用林和林产品生产为主导功能的兼用林）和集约经营的商品林。

1. 严格保育的公益林

主要是指国家Ⅰ级公益林，包括各级自然保护区（除实验区外）、生态区位为江河源头、重要湿地和水库的国家级公益林。这类森林对国土生态安全、生物多样性保护和经济社会可持续发展具有重要的生态保障作用，发挥森林的生态保护调节、生态文化服务或生态系统支持功能等主导功能，应予以特殊保护，突出自然修复和抚育经营，严格控制生产性经营活动。

2. 多功能经营的兼用林

包括生态服务为主导功能的兼用林和林产品生产为主导功能的兼用林。

生态服务为主导功能的兼用林，除严格保育的公益林以外的公益林，包括江河两岸、边境地区、荒漠化和水土流失严重地区的国家Ⅱ级公益林、省级公益林以及林地保护等级为Ⅲ级的州（市）、县级公益林。分布于生态区位重要、生态环境脆弱地区，发挥生态保护调节、生态文化服务或生态系统支持等主导功能，兼顾林产品生产。这类森林应以修复生态环境、构建生态屏障为主要经营目的，严控林地流失，强化森林管护，加强抚育经营，围绕增强森林生态功能开展经营活动。

林产品生产为主导功能的兼用林，包括一般用材林和部分经济林、林地保护等级为Ⅳ级的一般商品林区。分布于水热条件较好区域，以保护和培育珍贵树种、大径级用材林和特色经济林资源，兼顾生态保护调节、生态文化服务或生态系统支持功能。这类森林应以挖掘林地生产潜力，培育高品质、高价值木材，提供优质林产品为主要经营目的，同时要维护森林生态服务功能，围绕森林提质增效开展经营活动。

3. 集约经营的商品林

包括速生丰产用材林、短轮伐期用材林和优势特色经济林等林地保护等级为Ⅲ级的重点商品林区，分布于自然条件优越、立地质量好、地势平缓、交通便利的区域，以培育短周期纸浆材、人造板材以及优势特色经济林果等，保障木（竹）材、木本粮油、木本药材、干鲜果品等林产品供给为主要经营目的。这类森林应充分发挥林地生产潜力，提高林地产出率，同时考虑生态环境约束，开展集约经营活动。

表5-4　森林经营类型划分与"两类林"划分关系

森林经营类型分类		经营对象	对应林地保护等级	经营策略
严格保育的公益林		国家一级公益林	Ⅰ级	予以特殊保护，突出自然修复和抚育经营，严控生产性经营活动
多功能经营的兼用林	生态服务为主导功能的兼用林	国家二级公益林和地方公益林	Ⅱ、Ⅲ级	严控林地流失，强化抚育经营，突出增强生态功能，兼顾林产品生产功能
	林产品生产为主导功能的兼用林	一般商品林地（一般用材林和部分经济林）	Ⅳ级	加强抚育经营，培育优质大径级高价值木材等林产品，兼顾生态服务功能
集约经营的商品林		重点商品林地（速生丰产用材林、短轮伐期用材林、生物质能源林和部分特色经济林）	Ⅲ级	开展集约经营，充分发挥林地潜力，提高产出率，同时考虑生态环境约束

（四）森林经营措施类型设计

为了确保在经营期内实施的各种经营措施的有效性和合理性，针对各经营类型组内森林资源结构、功能和林分质量的差异性，根据林分的现有状况、立地条件、经营水平、经营条件对森林经营的措施类型进行组织，根据各类型适用对象情况，对每个小班落实森林经营措施类型。森林经营措施类型主要包括人工造林类型组、幼林抚育类型组、森林抚育类型组、改造培育类型组、更新采伐类型组、主伐利用类型组、其他采伐类型组、封禁培育类型组和提质增效类型组等9种。

1. 人工造林类型组

根据该类型组经营对象、培育目标的不同，对无立木林地［包括采伐迹地（原有迹地、新增迹地）、火烧迹地、其他无立木林地］，宜林地（包括宜林荒山荒地、宜林沙荒地、其他宜林地），适宜封山育林、低产（效）林改造的灌木林地，适宜林冠下造林的成、过熟林地，规划用于林业和生态建设的退耕地和其他退出土地进行人工造林。

2. 幼林抚育类型组

根据该类型组经营对象、培育目标的不同，对象主要是未成林造林地。设计内容主要有抚育的方法、次数、年限、是否施肥和实行林地间作绿肥、药材及农作物。目的是促进林分尽快郁闭成林。幼林抚育是为提高造林的成活率和保存率，促进幼树生长和加速幼林郁闭而在幼林时期采取的各种技术措施。

3. 森林抚育类型组

根据该类型组经营对象、培育目标的不同，对郁闭度大的商品林进行抚育间伐，对防护林中不易破坏兼可生产用材的防护林进行间伐。经营措施有用材林透光伐、用材林生长伐、防护林定株抚育采伐、防护林生态疏伐、防护林卫生采伐、特用林景观疏伐。整个过程贯穿近自然育林理念，重点是目标树经营。

4. 改造培育类型组

根据该类型组经营对象、培育目标的不同，对生产力低下、自然灾害严重的低产林，目的树种数量不足的低产林，遭受严重自然灾害，病腐木超过20%的林分，疏林地或者林带，年近中龄仍未郁闭、林下植被盖度小于0.4，林木生长不良，树种不适的没有成林希望的林分进行改造。

5. 更新采伐类型组

根据该类型组经营对象、培育目标的不同，对上层林木郁闭度大，伐前更新中等以下，主要树种平均年龄达到更新采伐的同龄林进行防护林择伐，平均择伐强度控制在25%以内。

6. 主伐利用类型组

根据该类型组经营对象、培育目标的不同，对人工用材林、过熟林的采伐利用。

7. 其他采伐类型组

根据该类型组经营对象、培育目标的不同，对防护林达到成、过熟年龄，生长缓慢或者遭受严重灾害需要更新改变培育林种的能源林进行综合改造经营措施，主要为采伐作业。

8. 封禁培育类型组

根据该类型组经营对象、培育目标的不同，对生态公益林中天然林或人工不达抚育标准以及灌木林地等林分实行封山育林、封山和封禁管护三个经营类型措施，保持生态自然恢复自我完善。

9. 提质增效类型组

根据该类型组经营对象、培育目标的不同，对经济林实施必要的经营措施，提高经济林产量、品质和经济效益。

（五）森林类型作业法

云南省森林类型作业法是在七大类森林作业法基础上，针对云南的区域特点、森林类型、主导功能、目的树种或树种组特征等，优化作业法划分，细化各作业法关键技术，设计出的适用于云南主要森林类型和功能定位的森林培育措施。森林类型作业法内容包括作业法名称、适用条件、目标林相、全周期经营措施等四个方面。

1. 森林作业法名称

采用"主要树种的森林类型 + 作业法"的格式命名；譬如"云南松人工林一般皆伐作业法""云南松人工林单株木择伐作业法""思茅松人工林一般皆伐作业法""杉木人工林一般皆伐作业法""云南松—栲木针阔混交林择伐作业法""尾叶桉人工纯林皆伐作业法"等。

在特别的情况下也可在名称中加入森林主导功能，如"华山松—栲木混交水源涵养林目标树单株木择伐作业法"。

2. 适用对象

简要描述某种森林作业法适用的地理地貌区域、森林植被类型和森林功能类型。

3. 目标林相

以追求森林的稳定性、高价值、多样化和美景化的森林特征为基本目标，宜用树种组成、层次结构、林分密度、目标直径、公顷蓄积量水平等指标因子描述实现这些特征时的目标森林状态。

4. 全周期经营措施

将森林正向演替阶段（全周期）分为建群、竞争生长、质量选择、近自然结构段、恒续林状态 5 个阶段，通过对森林生长各阶段经营措施的技术总结，编制全周期经营措施表。

云南省森林类型作业法是在七大类森林作业法的基础上，针对云南的区域特点、森林类型、主导功能、目的树种或树种组特征等，优化作业法划分，细化各作业法关键技术，设计出的适用于云南主要森林类型和功能定位的森林培育措施。森林类型作业法内容包括作业法名称、适用条件、目标林相、全周期经营措施等四个方面。

森林作业法名称：采用"主要树种的森林类型 + 作业法"的格式命名。

适用对象：简要描述某种森林作业法适用的地理地貌区域、森林植被类型和森林功能类型。如"适用于亚热带山地或丘陵地区的速生桉兼用林培育""适用于主导功能为水源涵养兼顾大径材生产目标的石质低山地区的马尾松混交林培育""适用于亚热带平原或平缓地区的珍贵树种混交林培育"等。

目标林相：以追求森林的稳定性、高价值、多样化和美景化的森林特征为基本目标，宜用树种组成、层次结构、林分密度、目标直径、公顷蓄积量水平等指标因子描述实现这些特征时的目标森林状态。

全周期经营措施：将森林正向演替阶段（全周期）分为建群、竞争生长、质量选择、近自然结构段、恒续林状态 5 个阶段，通过对森林生长各阶段经营措施的技术总结，编制全周期经营措施表。

同时，将 7 种森林作业法进一步细化，设计了 33 种森林类型作业法（二级作业法），形成了省级层面森林作业法体系。二级作业法起到承上启下的作用，既是对一级作业法的细化和补充，也是为小班作业法（三级作业法）设计提出了方向和引导。

表 5-5　二级作业法（省级层面）类型表

森林类型	序号	二级作业法名称（主要树种的森林类型 + 森林作业法）
人工针叶纯林	1	云南松人工林一般皆伐作业法
	2	云南松人工林单株木择伐作业法
	3	思茅松人工林一般皆伐作业法
	4	思茅松人工林单株木择伐作业法
	5	华山松人工林一般皆伐作业法
	6	华山松人工林单株木择伐作业法
	7	杉木人工林一般皆伐作业法
	8	杉木人工林单株木择伐作业法
	9	柏类人工林单株木择伐作业法
人工针阔混交林	10	华山松—阔叶人工混交林群团状择伐作业法
	11	杉木—阔叶人工混交林群团状择伐作业法
	12	思茅松—阔叶人工混交林群团状择伐作业法
	13	云南松—阔叶人工混交林群团状择伐作业法
人工阔叶纯林	14	桦木类人工纯林渐伐作业法
	15	桦木类人工纯林择伐作业法
	16	桤木类人工纯林渐伐作业法
	17	桤木类人工纯林择伐作业法
	18	桉类人工纯林（速生桉）皆伐作业法
	19	桉类人工纯林（中生桉）皆伐作业法
	20	栎（栲）类人工纯林择伐作业法
	21	红木类阔叶人工林择伐作业法
原始林	22	天然原始林保护经营作业法
天然次生林	23	天然过伐林择伐作业法
	24	天然阔叶次生林保护经营作业法
	25	天然阔叶次生林渐伐作业法
	26	天然阔叶次生林择伐作业法
	27	天然针叶次生林保护经营作业法
	28	天然针叶次生林渐伐作业法
	29	天然针叶次生林择伐作业法
人工竹林	30	丛生竹林作业法
人工经济林	31	核桃乔木经济林作业法
其他	32	桉树退化林修复作业法
	33	栎类矮林转化经营作业法

五、森林经营规划设计

结合小班现状和经营目标，合理安排造林、抚育、低效林改造（补植、套种）、封山育林、森林采伐等森林经营措施，各年度造林、抚育规模尽可能均衡。应根据不同的森林类别，采取不同经营措施。其中，公益林经营设计依据有关法律法规和政策，结合编案单位公益林保护与管理实施方案等进行。根据森林功能区经营目标的不同分别确定森林经营技术措施，维持和提高公益林的保护价值和生态功能。商品林经营应以市场为导向，在确保生态安全前提下以追求经济效益最大化为目标，充分利用林地资源，实行定向培育、集约经营。同时，根据立地质量评价、森林结构调整目标、市场需求与风险分析，以及森林资源经济评估成果等，综合确定商品林森林经营技术措施。

（一）造林和更新规划设计

造林具体技术规程参照《造林技术规程》（GB/T 15776）的内容。

1. 造林对象

根据编案单位的资源现状、立地条件等，明确需要进行造林的小班。主要包括无立木林地、宜林地、规划用于林业和生态建设的退耕地、其他退化土地。在造林绿化空间调查评估成果中适宜且规划造林的地块实施造林。

2. 造林方式与措施

包括播种造林、植苗造林、分殖萌生等方式及相应措施。

3. 造林任务

本经理期造林任务主要按以下程序。

依据森林资源调查、造林补充调查等成果，选择适宜造林的小班，明确小班的地类、现有植被状况、立地条件等。

每个造林小班依据相关技术规程配置适宜的森林经营类型，明确发展的林种、主要树种、造林方式、密度、幼抚措施等技术要点。

根据编案单位经济状况、经营能力以及经理期内国家、地方各项生态工程规划，确定本经理期的总造林任务，以及不同地类、不同方式的造林任务。

4. 造林组织与年度安排

造林规划任务的生产组织与年度任务安排要求如下：

所有造林小班按一定规模相对集中地组织不同的造林作业区，同一个造林作业区一般安排在一个年度作业。

根据生态要求、社会经济发展要求，以及造林作业准备情况，以作业区为单位进行作业顺序安排。

（二）森林抚育规划设计

为了改善林分生长环境，促进林木生长，提高林分质量，增强森林多种功能，科学开展云南省森林抚育工作，借鉴近自然育林理念，以目标树经营和目标树为构架的全林经营为重点，全面加强中幼林森林抚育，调整森林结构，模拟自然，加速发育，提高林木生长量，培育优质高产大径级林和异龄复层混交林。

1. 抚育类型及实施对象

森林抚育措施可分为定株、透光伐、间伐、修枝、水肥管理、割灌除草、卫生伐、补植、人工促进天然更新等主要措施，每类抚育措施的实施对象或实施条件差异较大，参照《森林抚育规程》（GB/T 15781）、《森林采伐作业规程》（LY/T 1646）等确定。

2. 抚育任务

本经理期森林抚育任务主要按以下程序实施。

依据森林资源调查等资料，对所有森林小班进行抚育条件分析与评价，选择经理期内需要抚育作业的小班。

明确每个抚育作业小班适宜的抚育措施，以及主要抚育技术指标。

根据编案单位经济状况、经营能力、抚育紧迫性，以及经理期内国家、地方各项生态工程规划，确定本经理期的森林抚育任务，以及不同抚育措施的经营任务。

3. 抚育组织与年度安排

森林抚育作业组织与年度任务安排要求如下。

一是所有需要抚育作业的小班按一定规模组织不同的抚育作业区，一般在山区按沟系组织作业区，在丘陵和平原区按道路系统组织作业区，同一个作业区一般安排在一个年度或季度作业。

二是根据生态要求、社会经济发展要求，以及抚育紧迫性、作业准备情况，以作业区或小班为单位进行作业顺序安排。

（三）低效林改造（退化林修复）规划设计

各改造方式的改造对象和具体技术措施执行《低效林改造技术规程》（LY/T 1690—2017）、《退化防护林修复技术规定（试行）》（林造林〔2017〕7号）、《森林抚育规程》（GB/T 15781—2015）、《生态公益林建设技术规程》（GB/T 18337.3—2001）等技术规程的规定。

（四）封山育林

一般用于发展防护林、特用林等生态公益林，按照《封山（沙）育林技术规程》（GB/T 15163）的技术规定结合相应的森林经营类型设计，进行不同森林经营类型的措施设计，重点是封育类型、封育方式、封禁措施等。

六、森林采伐规划设计

根据编案单位经济发展实际和历年来采伐实际，结合编案单位资源情况，利用森林采伐量计算方法计算编案单位年伐量，并结合编案单位实际情况确定合理年伐量，合理年伐量应小于主管部门下达的森林采伐限额。将确定的年伐量逐一落实到小班，优先安排急需采伐小班，各年度采伐量尽可能均衡。

（一）确定合理年伐量

1. 测算范围

森林合理年伐量的测算应包括编案单位内所有胸高直径大于5cm林木的采伐，分别以公益林、商品林两大森林类别进行测算，并统计天然林采伐面积与蓄积量。

采伐类型。森林合理年伐量的测算分为以下采伐类型进行测算。

公益林：包括更新采伐，抚育采伐，低效林改造采伐和其他采伐。

商品林：包括主伐，抚育采伐，低产林改造采伐和其他采伐。

2. 测算指标

森林合理年伐量的测算一般按森林经营类型确定主要测算技术经济指标，在森林经营类型设计时应同时提出系列指标，包括：

采伐年龄：根据《云南省森林资源规划设计调查操作细则》（云南省林草局，2013年修订）和《主要树种龄级与龄组划分》（LY/T 2908）等相关规定要求确定。

龄级与龄组：根据主林层优势树种（组）的平均年龄确定，执行《森林资源规划设计调查技术规程》（GB/T 26424）和《云南省森林资源规划设计调查操作细则》（云南省林草局，2013年修订）的相关规定。

生长率：使用适用于当地的森林生长率表、生长过程表或森林资源档案变更允许使用的生长率。

出材率：使用适用于当地的立木出材率表、收获表，或分树种、采伐类型，结合近5年实际出材水平综合确定。

间伐起始年、间隔期与间伐强度：依据森林经营类型表确定。

回归年与采伐强度：适用于异龄林经营，依据森林经营类型表确定，回归年不应少于2个龄级期。

轮伐期：适用于同龄林经营，依据森林经营类型表确定。

3. 测算原则

森林采伐量测算应以森林经营类型为单位。

用材林年采伐消耗量应低于年生长量。

经理期末林分单位蓄积量应高于经理期开始时的林分单位蓄积量。

不提前主伐幼龄林。

年采伐量保持相对稳定，使森林资源得到可持续利用。

将森林采伐对生态环境的影响降到最低程度。

4. 测算方法

按照森林采伐有关技术规程、国家的要求和云南省森林采伐限额的要求，采用森林合理年伐量计算方法对一般用材林主伐、公益林更新采伐合理年伐量进行测算。

5. 合理年伐量确定

编案单位测算的商品林主伐和公益林更新采伐之和是确定合理年采伐量的基础，结合抚育采伐、低产低效林改造采伐和其他采伐确定合理年伐量，通过对测算确定的合理年伐量与生长量、上期采伐量比较，结合国家、地方的林业产业政策、企业经济状况、当地社会经济发展需求、市场需求、环境承受力等各种制约因素，根据编案单位的经营能力、后备资源等情况，选择不同的决策优化方法确定森林合理年采伐量。

6. 竹林采伐量

竹林采用竹度择伐方式，常用总体测算法计算其年采伐量，主要测算参数有总株数、立竹密度、可采率、老龄竹等。

（二）伐区生产

主要包括采伐小班的选择、伐区的配置、木材生产、采伐工艺设计等内容，参照《森林采伐作业规程》（LY/T 1646）。

七、非木质资源经营与森林生态旅游建设

（一）非木质资源经营

1. 经济林产品经营

根据编案单位实际情况，做好经济林产品的经营计划，明确建设内容与规模，以及推进经济林产业发展方面的内容。确定经济林发展种类、面积，明确主要技术措施，将任务落实到小班，测算预期产量。

2. 林化工业原料林经营

对橡胶、松树资源较丰富的编案单位，结合橡胶树和松树资源发展规划要求，进行橡胶和松脂采集与加工利用，明确橡胶和松脂采集小班、采集规模，测算采集与加工收益等。

3. 生物质能源林经营

利用宜林荒山荒地以及不宜种植粮食作物的土地，开发建设生物质能源林。与国家、区域生物质能源林发展规划相衔接，充分考虑就近加工的条件和能力，因地制宜地选择可商业性开发的

树种，确定经营规模。

4. 竹林经营

对竹林面积达到一定规模的编案单位应针对竹产业发展进行设计，明确建设内容与规模，以及推进竹产业发展方面的内容。

5. 林下经济经营

根据云南省自然条件和市场需求，综合分析林下经济产业发展趋势和发展潜力，以现有成熟技术为依托，以市场为导向，明确发展模式、发展规模、利用方式、产品种类和规模。在保护和利用野生资源的同时，积极进行人工定向培育，提高产品产量与质量，延长产业链，增加林产品附加值。

（二）森林生态旅游建设

1. 风景林保育

在森林景观资源调查的基础上，进行景观资源区划，将有保护价值的森林景观区域划分出来，分区域实施保育策略。

①森林景观独特、景观资源相对集中的区域或景观带，应区划为景观重点保育区、景观廊道，重视基底—节点—廊道的景观格局打造，实施禁止采伐、限制采伐等保护措施，并设计适宜的景观修复、改善措施。

②森林景观相对丰富，但比较分散的区域，可以结合森林保育措施，包括限伐观赏树木、变色树木，补植有利于提升森林景观的植物。

③按景观区（带）统计，汇总森林景观保育任务，并落实到年度。

2. 森林游憩

森林游憩可以按照景观功能区或森林旅游地类型进行设计，充分利用林区地文、水文、天象、生物等自然景观和历史古迹、古今建筑、社会风情等人文和自然景观资源，开展森林游憩。

①明确森林游憩区的范围、面积与功能分区。

②确定适宜的游憩项目，一般在森林区可以规划游览、登山、探险、疗养、野营、避暑、垂钓、漂流等森林游憩活动。

③以利用自然景观为主，适度点缀人造景观，规划景区、景点、游憩线路。

④因地制宜地确定环境容量，以及游人调控措施。

⑤有条件的区域规划建设森林公园、风景区等，可单独进行规划设计。

3. 森林康养

森林康养是以森林环境为基础，以促进大众健康为目的，利用森林资源、景观资源、食药资源和文化资源并与医学、养生学有机融合，开展保健养生、康复疗养、健康养老的服务活动。森林康养可根据资源现状、功能区划结果和相关条件，落实经理期内需经营康养游憩林小班地块。

主要内容有：

①评价基地及周边的森林康养资源和客源市场，明确基地的发展定位、目标和空间布局。

②根据康养游憩林的标准和经营需要，安排造林、抚育、更新、补植等森林经营措施，改善林木生长环境和增加康养树种，最终达到森林康养所要求丰富的氧气、较高的负氧离子和植物精气。

③开展森林康养基地环境质量监测，确保康养环境安全。

八、森林健康与保护规划

（一）林地保护

1. 林地管控

林地是森林存在和发展的基础，在森林经营过程中，应严格管控林地，明确林地管控体系、管控方式、管控队伍等，管控任务要落实到小班和具体人员。林地管控应做到分级管理，具体分级方法与管理保护措施参照经理期林地保护利用专项规划，具体分级管理措施如下。

Ⅰ级保护管理措施：实行全面封禁保护，禁止生产性经营活动，禁止改变林地用途。

Ⅱ级保护管理措施：实施局部封禁管护，鼓励和引导抚育性管理，改善林分质量和森林健康状况，禁止商业性采伐。除必需的工程建设占用外，不得以其他任何方式改变林地用途，禁止建设工程占用森林，其他地类严格控制。

Ⅲ级保护管理措施：严格控制征占用森林。适度保障能源、交通、水利等基础设施和城乡建设用地，从严控制商业性经营设施建设用地，限制勘查、开采矿藏和其他项目用地。重点商品林地实行集约经营、定向培育。公益林地在确保生态系统健康和活力不受威胁或损害的情况下，允许适度经营和更新采伐。

Ⅳ级保护管理措施：严格控制林地非法转用和逆转，限制采石取土等用地。推行集约经营、农林复合经营，在法律允许的范围内合理安排各类生产活动，最大限度地挖掘林地生产力。

2. 地力维护

在森林经营过程中，应把地力维护与森林培育和管护紧密结合，尽量采用有利于培肥地力的森林经营技术措施，促进编案单位林地可持续经营，应重点考虑：

科学营林，减少水土流失。培育技术，提倡培育混交林和阔叶林。培肥技术，改良土壤及合理施肥。林分结构调整，保护林下植被。防污要求，减少除草剂、化肥、农药等化学制剂的使用。

（二）森林综合管护

结合天然林资源保护工程制订森林管护方案，明确森林管护体系、管护方式、管护人员等，管护任务要落实到小班和具体人员。

经营规模较大、森林资源相对集中的区域，采取集中管护模式，按照林场—分场—工区等层次分层建立管护体系。森林资源较分散的区域，采取承包管护模式，按沟系、林班将森林管护责任承包到户、到人。合作造林、联社造林等森林资源应与联合方明确森林管护责任，采取委托管护等适宜模式。建立森林管护队伍，明确管护员的管护地段、管护时段。重点公益林管护。经营范围内的国家级公益林、地方重点公益林应进行独立的森林管护规划，明确管护范围、面积、形式、人员与责任，并与生态效益补偿资金直接挂钩。

（三）森林防火

制订防火方案，明确防火责任，将各小班防火责任和任务落实到责任主体。根据当地的气候、森林资源特点和历年森林火灾分布状况以及森林火险等级、现有防火能力等进行森林防火规划，主要内容包括：

①依据森林资源分布、不同树种燃烧特性、人员活动状况等，进行森林火险等级区划、森林防火防控区划，明确重点防火区域（地段）、范围、面积及区域社会经济情况。

②根据气候、物候和其他相关因子，确定防火期与重点防火巡逻期。

③防火"五网"（观察瞭望网、通讯联络网、巡逻联防网、林火阻隔网、预测预报网）体系建设，制订森林防火布控与森林防火应急预案。

④建设防火组织机构和防火队伍，完善防火装备。

⑤有条件的地区可以规划林火利用方案，利用控制火烧技术减少林下可燃物。

（四）林业有害生物防治

根据森林病虫害与病源物种类、危害对象、发生发展规律和蔓延程度、危害等级等情况进行林业有害生物防治，制订林业有害生物防治方案，将防治任务落实到责任主体。主要内容包括：

确定经营范围内的监测对象和防治对策，加强林业有害生物监测体系建设。

依据林业有害生物种类与分布、危害程度和防治方法等因素，进行林业有害生物防治区划（划分防治区、控制区和安全区等）。

根据近年来林业有害生物发生与防治情况、经理期内发生状况和综合防治能力等因素，预测林业有害生物防治规模。

防治与控制技术措施设计，与营造林措施紧密结合，通过营造林措施辅以必要的生物防治、抗性育种等措施，降低和控制林内林业有害生物的危害，提高森林免疫力。

林业有害生物预测预报系统、监测预警体系、防治基础设施建设。

森林保护组织机构、森林保护队伍与装备建设。

林业有害生物防控、外来有害生物和疫源疫病防控预案，加强植物检疫，重视外来入侵植物的防治。

（五）生物多样性保护

生物多样性富集区域应划为自然保护区、自然保护小区，单独进行规划设计，其他区域的生物多样性保护主要结合森林经营措施进行。结合功能区划，按照生物多样性保护相关规定，明确保护资源类型的保护措施，原则上需将保护任务或措施落实到小班。规划重点有：

重点保留地带性典型森林群落、原始林、天然阔叶混交林。

明确区域指示型重点保护物种，通过指示物种栖息地的保护，有效维护物种、遗传、生态系统的多样性。

以林班或小流域为单位，确定适宜的树种比重、森林类型比重和龄组结构，保持物种组成、空间结构和年龄结构的异质性。

注重保护珍稀濒危物种和关键树种的林木、幼树和幼苗，在成熟的森林群落之间保留森林廊道。

对于某些特定物种或生态系统可以设计控制火烧、栖息地改造等措施，满足濒危野生动植物物种特定的栖息地要求。

（六）天然林保护

编案单位应完善天然林管护制度，建立天然林用途管制制度，健全天然林修复制度，落实天然林保护修复监管制度，具体参照《天然林保护修复制度方案》。

主要包括：

完善天然林管护制度，应确定天然林重点区域，全面落实天然林保护责任，加强天然林管护能力建设。

建立天然林用途管制制度，全面停止天然林商业性采伐，严管天然林地占用。

健全天然林修复制度，建立退化天然林修复制度，完善天然林保护修复效益监测评估制度。

九、基础设施与经营能力建设规划

（一）生产服务设施设备

1. 林道

根据已有林道现状，结合防火道、巡护路网等布设，科学设计林道建设和维护方案，应明确新建林道及林道维护的任务量。林区道路网的建设与维护，应以满足集运材、营造林的实际需要为目的，按照《林区公路工程技术标准》（LY 5104—1998）等技术标准的要求进行设计，重点包括：

确定林区适宜的路网密度、道路网布设。

现有林道的改造、维护以及主要养护措施。

与新建林道的选线（走向）方案比较，建设与施工技术要求。

2. 管护用房

要根据森林资源管护方案和管护用房现状，制订管护用房建设方案，明确新建、改扩建和维护管护用房的数量、位置和规模等。

3. 森林经营设备

根据经营需要，购置或配备必需的设备，明确设备的种类、数量、规格等。

4. 种苗生产设施

根据种苗需求量、种子生产、苗木生产相关需求配备相关设施，明确种类、数量、规格等。

（二）公共服务设施设备

制订为便利森林体验、游憩等在林地上建设的步道、平台、营地、驿站等服务设施及康养设施建设方案，完善标识系统和文化宣传设施建设，制订包括指示牌、警示牌、宣传牌、宣传窗、投影、讲解仪等设施设备配置方案。明确建设设施的位置、占地面积、设施种类与规模等。

（三）科研监测建设

科研监测样地建设：主要包括监测样地选择、监测样地数量、监测内容和关键技术方法、技术维护及监测示范建设等内容。

经营成效监测评估：编案单位应根据本底调查、多期样地复测以及森林生态功能各指标的多期监测，针对不同森林类型和经营模式，逐步建立模式林，分析编案单位森林经营前后的森林生态功能变化、空间格局及空间关联性变化、森林景观变化，量化各项指标，运用定性和定量分析相结合的方法综合评价试点森林经营成效。

（四）智慧林业建设

智慧林业建设项目可以整合森林资源、气象、地理信息、水利、地质、农业、卫生、民政等数据，打通行业壁垒，实现数据共享。实现从前端的实时监控、智能预判到后台的数据整合、挖掘、分析，促进林业工作的信息化和现代化，提高处理突发性森林火险灾害的快速反应能力，为灾情预案、应急指挥调度、灾后恢复建设提供有力的信息化基础支撑。智慧林业建设的主要内容包括以下四个方面。

①建设智慧林业数据平台：从卫星遥感、无人机遥感、重点林木感知、林区环境感知、智慧检测感知网络等方面展开林业物联网建设，基于林地地理空间信息库，建立智能、精准、便携的林业资源分布图。

②建设智慧林业保护综合平台：围绕森林防火预警、病虫害防治、保护野生动植物等，建设服务于林业主管部门、企业以及林农的智慧林业保护综合平台。

③建设智慧林业旅游服务平台：为广大消费者、林业生产者等提供便携化、智能化、最优化的服务。主要包括信息查询、景点大全、路线攻略、品牌推广等功能。

④制订需要的设施和设备配置方案，明确设施设备的种类、规格和数量或建设地点等。

（五）人才队伍建设

1. 管理机构

明确编案单位的机构设置、职责，管理制度及基本情况。

2. 人才队伍

制订人员培训和人才引进方案，从人员培训和人才引进等方面着手提升编案单位森林经营能力。

十、投资估算与效益分析

经营方案总体上应达到规划深度要求，且前 3 年应达到初步设计深度要求，因此，应对经营投资进行概算。投资概算应首先对现行经济技术指标进行调查，预测经济、物价发展趋势，制订新的经济技术指标。其次，根据经营计划安排各年经营任务，根据拟定的经济技术指标概算各年度投资。同时，还应按各项经营或建设项目概算投资。概算内容主要包括生产建设投资估算、森林经营投资概算、基本建设投资概算、流动资金估算和营林事业费估算等五个方面内容。

（一）投资估算

1. 投资估算依据

《基本建设财务规则》（财政部令第 81 号）。

《财政部关于印发〈基本建设项目建设成本管理规定〉的通知》（财建〔2016〕504 号）。

《造林技术规程》《森林抚育规程》《低效林改造技术规程》《防护林造林工程投资估算指标》等相关规程。

参考云南省类似项目的概算情况及市场价。

2. 投入估算

资金投入。主要介绍估算范围、主要经济指标和投资估算。

森林经营概算的定额、标准等应在充分调查的基础上确定，地方已有定额规定的按当地规定执行。

投资概算采用"细算粗提"的方法分项进行，一般分为造林、抚育、低效林改造、封山育林、综合管护、非木质资源培育、森林游憩、森林生态系统保护、营林设施以及预备费、咨询费、不可预见费等不同概算项目。

投资概算应分解到年度，一般前期按每个年度进行分解，后期按分期进行概算。

3. 筹融资方案

根据编案单位森林经营实际，明确经理期内筹融资渠道，主要包括：

地方政府财政对编案单位的事业性支出，包括人员工资、福利及财政专项经费等。

国家、地方对生态建设项目的投资或补贴，中央和地方财政对公益林生态效益补偿或管护补偿资金，中央和地方财政转移支付资金和其他支农涉农惠农资金等。

编案单位自有资金。

社会公益资金等其他资金。

（二）效益分析

1. 经济效益分析

经营方案应对经理期内按产品或生产阶段分析计算提出下列主要技术经济指标。

根据营林生产、木材生产、木材加工、综合利用、多种经营等规划设计的产品产量，按市场价或国家规定的不变价计算经理期前后期各项产品的总产值和年平均产值；由木材生产成本、各项营林投资、各项基本建设的折旧费、贷款利息和缴纳的各项税金等经费支出值。经营方案应根据上述技术经济指标进行收支平衡分析，计算年均总收入与年均总支出的差值，若出现负值，说明效益不好，应提出实现收支平衡的具体措施；如出现正值，即收大于支，则说明经济效益好，可考虑进一步扩大再生产或提高效益分配额。

2. 生态效益分析

经营方案对一个经理期内，森林资源消长变化及环境生态变化进行预测，包括蓄积的增长量与增长率、有林地面积、森林资源消耗量、森林覆盖率、用材林面积按龄级结构变化、木材综合利用率、林区生态环境、森林防护效益的变化，以及对农牧业等方面影响的评价。

3. 社会效益分析

包括为社会提供用工就业，以及促进农作物稳产、增产，促进周边社区经济发展等效益评价。

十一、保障措施

（一）组织保障

落实方案责任人，建立专业人才队伍。做到责任有主体、投入有渠道、工作有落实、任务有保障。

（二）制度保障

健全质量监管体系，实行技术质量责任制、倒查问责制，强化作业设计、任务进度和施工质量监督检查。建立森林经营质量制度与考核机制。

（三）技术保障

森林经营方案制订需由满足要求的编制单位完成并经过上级审核通过，编案单位要对专业技术人员进行必要的培训学习，培养技术骨干。生产人员既要有一定的专业技术，又要掌握实施本方案的技术要点，做好档案管理。

（四）资金保障

方案中须明确资金的来源和用途，确保方案的可实施性。

第六章　森林经营方案执行机制

为了编制、执行实施和合理修订好森林经营方案，需要建立一套保障机制。森林经营方案保障机制分为内部保障机制和外部保障机制。内部保障机制旨在保证编制过程的合理性、合规性和合法性，有效地执行实施，并根据森林经营过程的内部条件或外部环境变化合理修订森林经营方案，获得森林经营方案所预期的效益；外部保障机制则是指通过营造有利于森林可持续经营的外部环境，为森林经营方案的编制和实施创造理想的外部条件。

一、执行保障机制

从森林经营管理的系统过程看，森林经理过程由森林经营方案编制、森林经营方案执行反馈和森林经营方案执行评估三个子系统过程组成。它们之间存在复杂的耦合关系。

①森林经营方案编制是森林经营方案执行反馈过程和森林经营方案执行评估过程的基础和依据，其循环周期为5年或者10年。这一过程经历森林经营方案编制资格审查、森林经营方案编写和森林经营方案审查。

②森林经营方案执行反馈过程以森林经营方案为准则，通过年度目标分解、责任落实执行、绩效评定、森林资源分析和经济活动分析，形成森林经营过程的内部约束机制。这一过程每年循环一次。

③森林经营方案评估过程是森林经理单位的上级主管部门和社会对森林经营方案执行情况进行认可、鉴定、引导、监督和协调形成森林经营方案实施的外部环境。这一过程可以在经理期内定期或不定期进行。

森林经营方案编制过程对森林经营管理进行全局性谋划，最终以编制出森林经营方案为标志。森林经营方案执行反馈过程和森林经营方案执行评估过程是森林经理的组织协调和控制。森林经营方案执行反馈过程和森林经营方案评估过程，分别从森林经理单位内部保障和外部监督两个方面保证森林经营方案所设定的经营目标与森林经理单位的内部条件和外部环境之间动态统一，不断逼近森林经营目标。

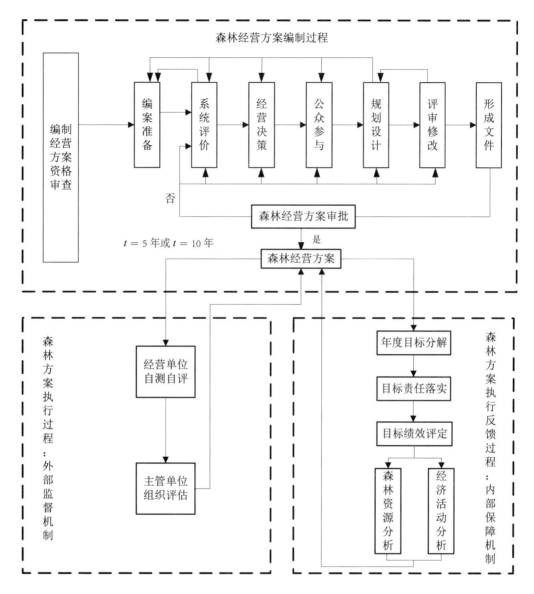

图 6-1 森林经营管理管理机制示意图

二、内部保障机制

从森林经营方案的形成、执行直至方案的修订的整个过程考察，森林经营方案的内部保障机制可以分成三部分：森林经营方案编制过程的保障机制、森林经营方案实施过程的保障机制和森林经营方案反馈与调整（修订）过程的保障机制。

森林经营方案质量优劣对经营单位的影响极为深远。建立森林经营方案编制过程的保障机制的目的就是编制出合格的森林经营方案。

（一）明确编制森林经营方案的前提

首先，要有明晰的产权关系。明晰的产权关系对保障经营主体的权益、资源配置的效率和经营稳定性至关重要。对于有林权争议，而且在短期内无法解决的地段应该区别对待，不列入森林经营时间组织系列，排除在采伐限额和伐区配置之外。其次，森林资源要翔实、准确，包括及时更新的森林资源档案、近期森林资源二类调查成果、最近森林资源管理一张图、最新国土成果资料和专业技术档案等。编制方案前 2 年内完成的森林资源二类调查和最新森林资源管理一张图，应对森林资源档案进行核实，更新至编制方案的年度。编制方案前 3~5 年内完成的森林资源类调查，需根据森林资源档案，组织补充调查更新资源数据。未进行过森林资源调查或调查时效超过 5 年的单位，应重新进行森林资源调查。资源本底清楚才能有效地进行资源配置，以期高效率取得经营效益；反之，就是盲目经营。再次，经营主体应具备执行森林经营方案的能力。森林经营方案编制过程是系统辨析和系统决策的过程，需要一群有责任心、有良好专业素养和管理能力的人共同完成。如果经营主体具备编制森林方案的条件和能力，应自行成立领导小组或指派某领导成立森林经营方案编制小组。编制小组人员应该由生产技术骨干、财务人员组成，必要时可以通过聘请专业人员或技术咨询方式解决。如果经营主体不具备编制森林经营方案的能力，应该考虑在经营单位充分参与的条件下，委托有资质的外单位编制。

毋庸置疑，森林经营方案必须由经营主体实施，经营主体的素质和能力是关键。换言之，经营主体必须具备准确理解并实施森林经营方案的能力。当然，森林经营方案的深度和广度需视经营单位的所有制、规模和经营实力而定。

严格实施森林经营方案制度，必须从科学编制森林经营方案入手。第一，完善森林经营方案基础数据调查体系，简化调查内容，突出重点，同时要建立长期的固定监测样地，建立连续监测样地数据库，配备专职人员负责数据库的维护和更新。第二，以近自然育林理论与实践为指导，结合当地和经营单位实际情况，编制出适用性和可操作性强的森林经营方案。第三，编制收获量表，遵循采伐量小于生长量的原则设定科学合理的采伐限额，在总量控制下，经营期内各年度间的采伐量可灵活调整。第四，森林经营方案要能落实到山头地块，经营措施以经营目标为导向，设计林分全周期经营作业体系，确定每个小班或林分的立地类型、森林类型、发展阶段以及具体技术路线，编写小班作业簿，便于实施作业。

（二）多方参与制度

森林经营方案实施过程和结果均会对经营单位的人员和利益相关者权益发生作用。经营单位的人员包括股份制企业的股东、经营管理人员和基层个人，联合（合作）企业涉及所有的合作者等。利益相关者是指森林经营方案实施可能受影响的当地居民、行政管理部门和外单位专家。编案单位的所有者、管理人员、职工代表是决策的主体，是森林经营方案的实施者，也是森林经营最大的受益者，他们的态度和意志将决定森林经营方案是否能够实施和实施的效果。因此，编制森林经营方案应采取（公众）多方参与的方式进行，在不同层面上，充分考虑编案单位人员和其他利益相关者的生存与发展需求，保障其在森林经营管理中的知情权和参与权，使公众参与式管理制度化。邀请专家参与有利于发挥专家的才智，使森林经营方案更加完善；广泛征求管理部门、经营单位和其他利益相关者的意见，以适当调整后的最佳方案作为规划设计的依据。

（三）方案审批制度

森林经营方案编制完毕应呈交上级主管部门审批，认可和备案。森林经营方案实行分级、分类审批和备案制度。一类编案单位的经营方案由省林草局审批并备案，二类编案单位的经营方案由所在地州级以上林业主管部门审批并备案，三类编案单位的经营方案由省林草局审批并备案。重点国有林区森林经营单位的森林经营方案，由国家林业和草原局或委托的机构审批并备案。

（四）方案调整与修订

根据森林经营方案实施过程反馈的信息，可能要进行负反馈或正反馈。进行负反馈前提是不需要修正目标，仅需要调整年度计划和生产安排，就可以修正偏差；而进行正反馈基本前提是尽管需要修正目标，采取新的策略和对策，森林经营方案仍未需要重新编制。

当编制森林经营方案所依据的内部条件或外部环境已经发生根本性的恶性干扰，原森林经营方案的重大决策已经不适当，换言之，原森林经营方案在已经没有继续实施的价值这种情况下，就需要重新编制森林经营方案。一般情况下，森林经营方案实施一个经理期后，编制森林经营方案的根据多数已经发生大变化，需要对森林经营方案检讨，重新编制新方案。

三、外部保障机制

森林经营方案编制与实施的外部保障机制主要包括使森林经营有法可依的完善森林经营政策与法规，对能促进森林经营水平提高的森林经营的标准与规程，解决制约森林经营资金"瓶颈"的林业融资机制和抵御林业多风险的保险制度，建立促进森林可持续经营的外部监督机制。

（一）森林经营政策与法规

林业政策是党和国家管理林业经济的活动的重要措施。林业政策是党和国家在不同历史时期有关林业的大政方针。林业法律法规是国家立法机关制定的有关保护森林、发展林业的各种法律法规以及地方政府的规章等。

我国的林业政策，一是体现了党和国家对林业发展的指导思想，明确了林业在国民经济和国家社会生活中的地位，对林业发展具有指导作用。二是能统一人们对林业的认识，形成全社会共建林业的统一行动。三是对维护林业的正常发展起规范作用。四是有利于引导森林多效益的协调和林业发展目标的实现。现阶段我国林业政策包括林业可持续发展，森林分类经营，以明晰森林、林地、林木权属为核心的集体林权改革，森林采伐政策，木材综合利用，发展城市林业和科教兴林等内容。

为满足社会对林业多功能的需求，在中华人民共和国成立以后建立并逐步完善了一整套涉及森林经营的林业法规，这些法规是以国家强制力作保证，要求森林经营者在森林经营过程中必须实行的。编制森林经营方案是我国林业法规明确规定的，作为森林经营指导性文件和重要依据的森林经营方案的编制必须贯彻和执行我国森林经营基本政策，必须在森林经营法规允许的前提下开展森林经营活动。森林经营方案编制必须遵守的森林经营法规包括：①林业法律和林业领域之外的其他法律中有关林业建设的法律规范，如《中华人民共和国森林法》《中华人民共和国野生动物保护法》《中华人民共和国物权法》《中华人民共和国种子法》《中华人民共和国防沙治沙法》和《中华人民共和国农业技术推广法》等。②林业行政法规。森林经营方案编制与实施要遵守的林业行政法规包括《中华人民共和国森林法实施条例》《中华人民共和国野生植物保护条例》《森林防火条例》《退耕还林条例》《中国自然保护区条例》《森林病虫害防治条例》和《森林采伐更新管理办法》等。③地方性林业法规和林业规章。森林经营方案编制还要遵守森林经营区所在地的地方性林业法规和林业规章。

云南省为了促进森林经营和林业可持续发展，制定了一系列涵盖商品林和生态公益林，涵盖森林经营不同环节、不同内容的地方性林业法规和林业规章，这些法规、规章是以国家有关法律规章为依据，根据云南省林情和云南森林资源特点，进一步细化与明确而制定的。与森林经营有关的林业法规和规章包括《云南省森林条例》《云南省林地管理条例》《云南省陆生野生动物保护条例》《云南省国家公园管理条例》《云南省陆生野生动物保护条例》《云南省湿地保护条例》《云南省林地管理条例》和《云南省珍贵树种保护条例》等。

（二）森林经营标准与规程

森林经营是林业的永恒课题，森林经营方案作为森林经营的依据，在方案编制时，必须了解、体现和落实森林经营的有关技术标准、管理规范。

国家标准、行业标准和地方标准是森林经营标准体系的核心部分，涉及森林经营中森林培育（种子生产、苗木培育、造林营造、抚育管理）、森林保护、森林采伐、森林调查等环节。最新版本的《造林技术规程》（GB/T 15776）、《造林作业设计规程》（LY/T 1607）、《森林抚育规程》（GB/T 15781）、《森林资源规划设计调查技术规程》（GB/T 26424）、《低产用材林改造技术规程》（LY/T 1560—1999）、《森林采伐作业规程》（LY/T 1646）和《林地分类》（LY/T 1812）等都是森林经营方案编制和实施不可或缺的标准和依据。除以上这些针对森林经营的某个环节制定的标准之外，近年来，云南省从森林分类经营角度，把森林经营作为一个整体，从技术和管理角度制定技术标准和管理规范，如《云南省森林经营方案编制操作细则》（试行）、《云南省森林抚育实施细则》（云南省林业厅2016年10月）等，这些标准有利于进一步提高森林经营的技术与管理水平。

（三）森林融资与森林保险制度

1. 森林融资

林业融资是指林业融资主体为了实现一定的林业生产经营目标，在林业生产经营过程中融资活动的总称。林业融资涉及金融业、中介机构等相关行业。为解决制约我国林业发展的资金问题，林业融资主要有以下 6 种模式。

①政府信用贷款：即由政府组织协调国家开发银行贷款，指定国有资产投资公司统借统还，林业中小企业及林农作为最终用款人使用贷款并偿还本息，当地农村信用社为委托贷款行办理贷款的发放和结算业务。

②林权证抵押直接贷款：即借款人直接以林业资产评估中心出具的评估书、林业主管部门办理的林权证作为抵押，获得金融机构贷款。

③林业产业化龙头企业承贷：林业龙头企业与银行建立信贷关系，担保方式主要以企业所拥有的林场产权、林业企业控股权、土地房产或其他权益作抵押。

④森林资产担保公司：由担保公司为林业中小企业和林农提供担保，同时要求林农和林业中小企业以林权证或其他林木资产作为反担保。

⑤林农小额贷款：主要是农村合作银行结合农村贷款工作，借鉴农户小额贷款和农户联保贷款的做法，通过简化贷款工作手续，以林农联保方式发放贷款。

⑥"公司+基地+林农"模式：由龙头企业、林农共同出资组建产业发展担保基金。龙头企业分别与银行和林农签订贷款担保协议，银行按基金额度的 1 ~ 3 倍向协议农户发放贷款。

2. 林业保险

森林保险是指森林经营者（被保险人）按照一定的标准缴纳保险费，以获得保险企业（保险人）在森林遭受灾害时提供经济补偿的行为。这种行为以契约形式固定下来，并受到法律的保护。投保可以是国有林业生产单位、集体所有制合作林场、林业股份制企业以及林业专业户、重点户等。

林业是国民经济重要产业，同时又是个充满风险的"露天"产业，受自然气候条件影响很大，很容易因自然灾害遭受巨大损失。森林保险作为增强林业风险抵御能力的重要机制，不仅有利于林业生产经营者在灾后迅速恢复生产，促进林业稳定发展，而且可减少林业投融资的风险，有利于改善林业投融资环境，促进林业持续经营。同时，通过开拓森林保险市场，有利于保险业拓宽服务领域，优化区域和业务结构，有利于培育新的业务增长点，做大、做强保险业。因此，开展森林保险对实现林业、保险业与银行业互惠共赢、共促发展有着重要的意义。

我国森林在生长期遇到的主要灾害有以下五种。

①火灾。森林火灾是世界性的最大森林灾害。森林火灾按起火原因可以分为两类：一是人为火，二是自然火（雷击）。大多数森林火灾都是人为原因引起的。

②病虫害。森林病虫害的种类繁多，据有关部门资料统计约有数千种。近年来，松毛虫是林

业中的第一大害虫。病虫害对林木及其果叶产品所造成的损失很难估算，因此对病虫害暂不承保。

③风灾。对中成林和各种果树林危害较大，往往形成大面积的折枝、拔根等而造成巨大灾害。

④雪灾。冬季山区连降大雪，在树枝上挂满了长长的冰凌，从而使树茎负重过大，造成树顶或主枝折断，影响树木正常生长。雪灾主要危害杉林和竹林。

⑤洪水。由于山洪或河道决口，造成树木的倒伏或埋没。

理论上，森林的各种意外事故和气象灾害都是可以承保的。但由于此项业务开办不久，因此只保单一火灾责任，今后再逐步扩大责任范围，由单一火灾保险发展为综合性的各种灾害保险。

随着集体林权制度改革的进一步推进，更多森林经营者进入森林经营领域，这些经营者若仅要其依靠自身的能力，是难于承担经营林业的各种风险，成为各种社会力量进入林业领域的障碍之一。建立政策性森林保险制度，能提高森林经营者抵御自然灾害的能力，是保障我国林业快速、健康、可持续发展的迫切需求和必然趋势。

（四）森林融资与森林保险制度

森林的多效益、多功能，森林生态系统的复杂性决定了森林经营是一个复杂的系统工程，森林经营水平的提高不仅有赖于森林经营单位对内部人、财、物等资源的合理配置和集约化、精细化管理，还需建立完善有效的外部监督机制，对森林经营过程、森林经营效果进行监测与评估，使森林经营行为不仅能满足经营单位内部目标，还能符合区域和社会对森林多功能的需求。因此，森林经营方案的实施除要建立起完善的森林经营方案执行反馈的内部约束机之外，外部机制的建立与完善也是不可或缺的，即通过森林经理单位上级和社会对森林经理单位执行森林经营方案的情况进行认可、鉴定、引导和监督，形成森林经营方案的外部环境，建立起与内部机制相互呼应的外部机制，既对森林经营方案执行状况作出评价，又对方案执行过程中可能遇到的问题作出恰当估计，提出相应对策，推动森林经理单位沿着预期轨道前进。森林经营方案的外部监督机制由森林经理单位的上级机关、社会公众以及独立的第三方，如森林认证等共同构成。

1. 检查评定

在市场经济条件下，森林经理单位除要按照市场经济规律运行之外，还要接受上级主管部门指导、协调和监督。森林经理有四个过程：总结预测—决策规划—实施管理—检查评定。由此可以看出，检查评定是森林经理外部监督机制的重要组成环节。检查评定是对森林经营方案的实施过程、实施效果以及对未来森林经营可能产生的影响的认定、评价，是一个总结经验教训的过程，既包括对方案的执行状况的检查与评定，也包括对方案的编制是否符合经理单位实际的检查与评定，检查评定一般是在经理单位资源、经济双分析的基础上，再由主管部门依据一定的标准组织评估，可以在经理期内一年一次或定期开展，检查评定的结果是森林经营方案修订的依据，对推进森林经营水平的提高有积极正面作用。

2. 公众参与

森林经营方案是更好指导森林经营的手段之一，在森林经营方案编制过程中引入公众参与机制，能有效化解方案编制过程中遇到各种冲突，公众参与旨在协调各相关利益者之间的冲突，从而达到森林经营方案编制的合理、有效与可实施，打破林业部门独立完成编案的传统模式。公众通过一定的程序和途径参与到森林经营方案编制的决策活动中，可使相关的决策符合广大公众的切身利益，是解决森林经营方案编制与实施中不符合实际、不能有效实施的有效外部机制。

随着国有林场和国有林区改革、全面停止天然林商业性采伐、集体林权制度改革等各项改革的深入推进，给我国森林经营管理工作带来了新的机遇和挑战。森林经营管理涉及公众的权利问题，这就要求从森林经营方案编制到实施都应做好公众参与工作，广泛征求管理部门、经营单位和其他利益相关者的意见，充分尊重森林经营者的意愿。林业部门负责政策把关和协调，规划设计单位负责技术服务，起到既真正指导基层森林经营，又体现林业主管部门监管的作用。林业是惠民行业，在新的形势和背景下，只有尊重经营者意愿，使经营者有主体参与意识，才能激发经营者投身林业建设的积极性，才能实现森林经营互利共赢。

国家林业管理部门已充分意识到公众参与在提高森林经营方案编制与实施质量，在促进森林经营中的积极意义。在《森林经营方案编制与实施纲要》中公众参与得到充分的重视与肯定，其第9条强调"编案工作组应以编案单位为主，林业规划设计单位、林权所有者代表及林业主管部门代表和社区代表共同参加"；第10条第（4）点强调，公众参与是森林经营方案编制的主要程序之一，要"广泛征求管理部门、经营单位和其他利益相关者的意见，以适当调整后的最佳方案作为规划设计的依据"；第39条编案方法中强调"采取公众参与式的森林经营方案编制应采取参与式规划方式，建立公众参与机制，在不同层面上充分考虑当地居民和利益相关者的生存与发展需求，保障其在森林经营管理中的知情权和参与权，使公众参与式管理制度化"；第41条编案成果审批中要求"论证人员应由技术专家管理者代表、业主代表、相关部门和相关利益者代表等组成"。

3. 森林认证

森林认证是一种运用市场机制来促进森林可持续经营，实现生态、社会和经济目标的工具。提高森林经营水平，实现森林的可持续经营是开展森林认证的两大目的之一。又称森林可持续经营的认证，是一种运用市场机制来促进森林可持续经营的工具，它简称森林认证、木材认证或统称认证。森林认证包括两个基本内容，即森林经营认证和产销监管链认证。森林经营认证是根据所制定的一系列原则、标准和指标，按照规定的和公认的程序对森林经营业绩进行认证，而产销监管链认证是对木材加工企业的各个生产环节，即从原木运输、加工、流通直至最终消费者的整个链进行认证。森林认证之所以由独立的第三方进行，其目的是保证森林认证的公正性和透明性。

（1）目的

①提高森林经营单位的森林经营水平，促进森林的可持续经营。

②稳定企业现有产品市场份额，并为进入新市场创造市场准入条件。

除此之外，森林认证还可以实现以下目标。

区分产品；森林服务的商品化；降低投资风险；促进利益各方的参与；获取财政资助；加强法律实施等。

（2）标准

标准是认证的基础，认证是针对标准的评估过程。森林认证的标准有两种。

①业绩标准：业绩标准规定了森林经营现状和经营措施满足认证要求的定性和定量目标或指标，如 FSC 原则和标准。在应用上，业绩标准具有一定的局限性，即不可能制定出适用于全球森林的详细标准，必须在一般的国际标准框架内制定区域或地方标准。不同区域的业绩标准存在一定的差别，但具有兼容性和平等性。

②进程标准：进程标准又称为环境管理体系标准，它规定了管理体系的性质，即利用文件管理系统执行环境政策。除法律规定的环境指标外，这种标准对企业业绩水平不做最低要求。申请认证的森林经营单位必须不断改善环境管理体系，承担政策义务，依照自己制订的目标和指标进行环境影响评估，并解决认定的所有环境问题。ISO 14001 就是一种环境管理体系标准。

这两种标准在概念上存在明显的差别，但在应用上又有一定的联系，它们还可以组成一套标准。首先，业绩标准体系包括许多管理体系因素，而环境管理体系的 ISO 14001 也明确指出，森林经营单位必须制订环境业绩要求。在许多业绩标准的制订过程中，环境管理体系对森林认证体系是有帮助的。其次，这两种标准都包括了持续提高的原则。在业绩认证体系中，可以通过定期调高业绩标准来不断提高森林经营单位的经营水平。而在管理认证体系中，它要求森林经营单位不断改善经营水平并达到各阶段目标。当前的业绩标准和进程标准之所以分开设定，它有利于评估结果的审核和统一。

第七章　森林经营规划设计

森林类型不同，其经营目的与经营技术也各不相同，一般按照《中华人民共和国森林法》所规定的五大林种进行经营规划设计。

一、防护林规划经营

（一）水土保持林营造

1. 树种选择

根据水土保持林建设的目的和意义及水土流失地区的气候特点，同时兼顾当地人民群众生产、生活的需求来选择树种。选择树种的原则和依据是适合于当地气候条件的树种：适应性强，生长旺盛、根系发达、固土力强，具有穿入深层土壤根系，能以压条繁殖以及匍匐茎保护土壤，耐瘠薄、抗干旱，再生能力高，可增加土坡养分、恢复土壤肥力，能形成疏松柔软、具有较大容水量和透水性的地被凋落物并具有一定的利用价值和经济价值的乡土树种或引种成林的外来树种。

2. 营造方式

以封山育林为主，人工造林为辅，结合飞播造林。

3. 营造模式

营造模式设计：采用混交造林模式。

模式配置：以小班为单位配置造林模式。地形破碎的山地提倡采用局部造林法，形成人工林与天然林块状镶嵌的混交林分。

混交类型：①针叶树种与阔叶树种混交。②深根系树种与浅根系树种混交。③阴性树种与阳性树种混交。④乔木与灌木混交。⑤保留、诱导能与更新树种共生的幼树形成混交林。

混交方法：①带状混交：适用于大多数立地条件的乔灌混交、阴性树种与阳性树种混交。②块状（局部）混交：适用于树种间竞争性较强，或地形破碎、不同立地条件镶嵌分布的地段。③株间混交：适用于瘠薄土地和水土流失严重区，在乔木间栽植具有保土、保水的灌木。

混交比例：混交比在 30% 以上。立地条件差的地方，混交比应大些，并以灌木树种为主；水土流失严重的地区，加大灌木树种、草本的比重。

4. 营造技术

整地，具体视立地、树种等情况确定是否整地或适宜的局部整地方式，山地禁止采用全面整地方法，一般采用：①鱼鳞坑整地：适用于陡坡、沟头或沟坡造林。为半圆形坑穴，外高内低，半径不小于 0.6m。②穴状整地：适用于山地坡度在 25° 以上、土壤立地条件较差、水蚀严重地带造林。挖穴的口径为 0.5 ~ 0.6m，大苗移栽整地规格应适当大些。③适用于山地、丘陵造林。沿等高线进行，带宽视坡度大小而定，一般 0.6m 以上，带与带之间保留自然植被带，山顶和山脚不整地。俗称"山顶戴帽，山脚穿鞋，山腰扎带"。

5. 造林密度

根据建设类型区、立地条件、树种生物学特性确定水土保持林的适宜造林密度。同一地区立地条件较好地段可比立地条件较差地段大些；针叶树种比阔叶树种大些。

6. 森林抚育

首先，松土、除草应从造林开始至幼林郁闭为止。随着幼树的生长，由于个体多，营养面积和营养空间不足，就需要间苗。除此之外，必要时还需进行平茬、除蘖、修枝等方法。

其次，栽植完成后即进入幼林抚育管理阶段。苗木要经过缓苗期、生根、地上部分加速生长等过程，最后进入成林阶段。这一阶段的主要矛盾是林木与环境之间的矛盾，抚育管理的主要任务就是调节林木与环境的矛盾，促进林木生长发育。抚育管理的主要任务有松土除草、维修蓄水工程和集水面、幼树管理和幼林保护、检查验收与补植等。松土除草 1 年 2 ~ 3 次为宜，用除草剂消灭集水面的杂草，对暴雨损坏的蓄水工程应及时进行维修。干旱、半干旱地区由于造林密度较低，株行距加大，对幼林的生长进行一定的控制和引导就显得尤为重要。一般在每年的春、秋季都要进行幼树抚育，抚育的内容主要有平茬、修枝、除蘖、间苗定株等多项作业。平茬主要用于萌蘖力强的树种或幼树生长不良、遭受病虫害的幼树。经常的修枝是必需的，否则有些树种在低密度时很难成材，易产生萌蘖条的树种也要经常除蘖抹芽，以保证形成良好的树形。对于丛植的一些树种应掌握时机，当其开始出现明显的竞争关系时应及时间苗定株，间苗可分一次或多次进行。幼林保护的工作主要是防止病虫害、动物危害、人为破坏及不利气象因素的破坏。栽植后第二年即可根据成活率进行补植。从规划设计开始，对每一块造林地都应建立档案，所有的技术措施、调查结果、观察数据等都应归入档案中，为以后森林资源的科学管理服务。

（二）水源涵养林的营造

1. 树种选择

选择适应性强，树体高大、冠幅大，天然下种或根蘖繁殖能力强、成林后枯枝落叶丰富和枯枝落叶易于分解，具有深根系、根量多和根域广、长寿、生长稳定且抗性强的树种。

2. 营造方式

以封山育林为主，人工造林为辅，结合飞播造林。

3. 营造模式

以营造混交且垂直郁闭好的复层群落结构模式为主。混交类型、方式和混交比基本同水土保持林，但应根据具体情况尽可能增加阔叶树的比例。

4. 营造技术

水源涵养林的营造技术与水土保持林一致，但造林密度要比水土保持林的密度大些。

5. 森林抚育

为提高水源涵养林的综合功能和生产力，达到持续、稳定、协调发挥生态经济效益的目的，应按不同类型，采取不同的经营方式，定向培育，分类经营。根据河流、湖泊、水库来确定水源涵养林面积、位置，把规划范围内的防护林定向培育经营为高效可持续水源涵养林。水源涵养林分为重点水源涵养林和一般水源涵养林。重点水源涵养林和一般水源涵养林在面积上、地域分布上、经济管理措施上有严格的界限。重点水源涵养林主要分布在重要河流中上游汇水区，重要湖泊及大中型水库汇水区、雪线附近的森林，干旱、半干旱地区、城镇居民用水的水源地区，易发生山崩、山洪、泥石流地带以及更新十分困难地区。这些区域是水源涵养林体系的重点区域，实行保护性近自然经营，加强天然更新，使之逐步演变成稳定的复合群落；为促进林木生长，对过熟木、病腐木和枯死木等进行卫生择伐、小面积抚育采伐，改善林分结构和卫生条件，提高防护功能。对成过熟林分可实行经营性间伐或更新择伐，严禁大面积皆伐。

二、特种用途林规划设计

（一）母树林（种子林）经营

1. 母树林（种子林）营造

（1）树种选择

改良干形，把选择树干通直作为首选；增强速生性，选择材积生长比别的个体相对高 20% 以上的母树；选育对早期落叶病有免疫力的抗病母树。根据每木调查资料的分析，评比选择优良母树。

生长好：生长势旺盛，是林分中生长较高，较粗的林木。

树形好：树干通直圆满，树冠均匀对称，发育良好，枝下高较低。健康：基本无病虫害，无机械损伤。

伐除不良母树：根据以上选择标准，选留好母树做好标记，其他不良母树全部伐除。伐除枯立木、风折木、病腐木、被压木，以及双叉树、双梢木、折梢木，树干弯曲、木材纹理扭曲、侧枝粗大、长势衰退等形质低劣的母树。

（2）营造方式

新建母树林是母树林的一个重要方面。分布零散、稀少的濒危树种，无力或不可能选优、建立种子园，而需要其增加杂交机会，扩大繁殖推广，则可采集各地优势木种子，营造母树林；国外引进树种需扩大栽培，即便无选优、建立种子园条件，也需尽量收集遗传品质较好的种子，营建母树林；本地造林用种劣于最佳种源区，但最佳种源区无法提供全部造林用种，且无条件从事系统遗传改良工作时，也可从最佳种源区选取一些优良林分或优势木的种子，在本地营建母树林。

新建母树林的主要问题是选择造林地和造林材料，栽植技术也有一些特点。造林地的选择是决定母树林种子产量的关键，应尽量选择能大量结实的地区和林地。这样就需要对气候区、土壤条件、立地进行认真的选择。造林材料的选择是决定遗传改良效果的关键。要依不同树种的情况，仔细分析，慎重选择。对于零星分布、株数稀少的濒危树种，原则上应广泛收集种子，拓宽遗传材料的基因幅度，除品质低劣、病虫感染严重者外，均可收集使用。对于从国外引进的树种，需分别从下述情况考虑：外域种子园的种子，或已在本地建立的种子园的种子，除遗传基础很宽者外，原则上不宜选用。如需选用，每个种子园的种子应视作同一的遗传材料，与其他遗传材料混合使用。因为单独使用种子园的种子，很难避免近交。进口的种子，应当是对应于本区的优良种源区的种子，不宜采用不良种源区的种子。从本地国营建的林分中采种时，要注意该林分的来源以及母树数量。不良种源区或基因基础过窄的，不宜单独使用。因此，在引种情况下，最理想的种植材料，应是最佳种源区的多数优势木的种子或混合种子。对于国内原产的树种，应采集最佳种源区优良林分多数优势木的混合种子。凡无种源研究材料的树种，则应选择本地种源优良林分多数优势木的混合种子。

在生产性苗圃选择超级苗营建母树林，是在其他途径难以实现时的一种可用办法，但应查明种子来源，并按上述阐明的原则，经过分析以后选用，并且不能对其增益值和经济效益期望过高。

（3）营造模式

母树林的营建形式分为改建型和专建型两种类型。在天然林或人工林中选择优良林分，通过疏伐、留优、去劣改建而成的为改建型母树林；利用优良种子培育实生苗，选择优势苗所营建的母树林为专建型母树林。在林木良种生产中，营建型母树林技术简单、投资少、建设快、结实早，能在较短时间内获得数量较多的良种，供应大面积植树造林。目前，改建型母树林已成为林木良种的主要生产途径之一。疏伐，是营建改建型母树林的一项重要技术措施，必须予以足够的重视。

（4）营造技术

就造林技术来看，需注意初植密度。一般来说，从林分结构的角度看，优势木所占比例通常为15% ~ 20%，而在优势木中，能大量结实的通常为20% ~ 30%。要使疏伐后保留的母树是能大量结实的优良木，则疏伐的强度应达90%。因此，在一般情况下，初植密度限度应为最终保留株数的8倍以上。

2. 母树林（种子林）管护

（1）母树林（种子林）管护要点

①及时除草、松土、打营养液，加强灌溉和追肥。

②防治病虫害，一旦发生病虫害，要及时采取生物化学和营林措施（如搂树盘、扩穴）等综合措施抓紧防治。

③管护也不能忽视，做好护林防火工作。

④土壤管理。要获得高产量的种子，没有水、肥做基础是不行的。高产典型的经验说明，搞好墒情管理，足量施肥，可以大幅度提高种子产量，从经济效益衡量，产出远大于投入，是可取的。在当前林木良种不足的情况下，更应重视母树林的水肥管理。

⑤花粉管理。花粉管理是提高母树林种子产量的重要措施之一。特别是在夏季阴雨期常有与传粉期重合的这种情况下，种实产量受到严重影响。采集、处理和贮存花粉，在适当时机实行人工辅助授粉，是一种有重要经济意义的措施。

⑥建立技术档案。在母树林内设置固定标准地，定期进行物候观测种子产量预报，每年重点观察记载嫩枝生长、展叶过程、雌雄花期，测定种子的产量和质量，及时修改技术管理方案。

（2）母树林的经营措施

①伐除劣树，以提高种子的遗传品质。

②分期疏伐至理想的密度，以保证单株间的足够营养空间。

③清除下层灌丛，以便检查和收集种子。

④划清林界，特别是在有污染的情况下更要注意。

⑤采用增产措施。如修枝、施肥、辅助授粉以及 MG 满果粉激素类药物的应用。

⑥采用保护结实的其他措施，如杀菌剂和杀虫剂的应用。为改进母树林的经营，还应加强母树林的档案管理，详细记录所有的经营活动、措施以及物候和种子的产量质量情况。总之，母树林的营建和经营应该像种子园一样走上规范化、标准化道路。

3. 母树林（种子林）抚育

母树林（种子林）需进行抚育采伐和更新采伐。母树林（种子林）依据实验设计和建设规划确定的更新采伐时间和采伐方式与方法实施更新采伐。同时，母树林（种子林）依据实验设计和建设规划实施抚育。

不论是改建型母树林，还是新建母树林，疏伐在母树林经营中都具有关键性意义。一方面，它是遗传改良措施；另一方面，它是调整密度、保持通风透光、增加种实产量的重要步骤。疏伐的对象首先应是形质性状不良的树木、病虫危害的树木，其次是生长性状指标低的树木。这项工作开展的时间应在树木生长性状分化明显，在1/4 ~ 1/2 轮伐期内进行。但若通过试验，早期的生长性状表现与晚期紧密相关时，也可在能判知后期表现的林龄开始进行。在疏伐时，可实行伐去劣株适当照顾间距的原则。结实量应该是疏伐时取舍的重要因素之一，但此项工作常因生长性状与结实量呈矛盾状态而难以实施。完全不结实的、结实极少的应该伐去，但对于能生产一定数量种实的优良木，则应保留。当然，对结实量性状的选择，应在结实数年，能够判明其优劣后进行。

（1）疏伐的依据

一是森林在生长发育过程中，会发生林木分化和自然稀疏现象，通过伐除形质差、生长弱的林木，以确保优势林木的生长。二是通过疏伐来保持母树林最适宜的密度，使母树均匀分布，充分利用生长空间。三是通过疏伐调节林分的光照、温度、湿度，促进微生物活动，增加生物多样性，使母树林的自然环境更适于林木生长。四是在自然选择的基础上，通过疏伐进一步选留优良的母树。五是疏伐可得到一定数量木材，提高森林利用率，增加经济收入。

（2）疏伐的原则和目的

疏伐以"留优去劣，均匀疏伐"为原则。其目的是淘汰低劣个体，使林分主要选择性状的基因型频率得到改善；改善林分的光、热、水、肥等条件，促进母树树体生长发育，实现早实、优质、高产；改善林内卫生状况，防止森林病虫害发生。通过疏伐，改善了林分的遗传品质，促进母树树体发育及结实，使林木树冠随外界环境的变化而出现明显的变化，单株及单位面积的树冠体积随冠幅、冠厚的扩张而相应增大。如楚雄彝族自治州永仁县白马河林场云南松母树林，通过疏伐改造后生产的种子，外形饱满充实，千粒重平均达 16.85g，发芽率平均为 85%。用这样的良种培育的云南松，具有速生、干形好等特性，树高年均生长量超过 1m。与一般品种相比，其材积遗传增益大于 30% 干形，纹理通直，性状遗传稳定，抗逆性强。

（3）疏伐的对象

选留的母树，应具有强壮的根系和优良的遗传性状，生长迅速，树干圆满，树冠发育正常，对病虫害的抵抗力强，木材品质优良，结实多等。因此，疏伐主要是伐除病虫害木、枯立木、风倒木及受机械损伤、发育不正常、树干弯曲、双梢的林木。在不影响郁闭度的原则下，对于生长缓慢、结实量少的林木和非目的树种也应疏伐，但在针阔混交林中，在不妨碍母树结实的情况下，对非目的树种要尽量保留，以利于提高土壤肥力。

（4）疏伐的强度

疏伐强度直接影响母树的生长和种子发育。疏伐强度过小，效果不显著；疏伐强度过大，单位面积上的植株数突然减少过多，对母树的生长不利，其种子产量也会减少。因此，确定林分合理的疏伐强度及间隔尤为重要，应根据林分状况及其生长环境条件进行确定。立地条件好，树龄小，林木生长快，集约经营度高的林分，疏伐强度可大些；反之，疏伐强度可小些。对处于营养生长盛期的母树林，疏伐强度宜使郁闭度在 0.4 左右。改建型母树林一般经 2～4 次疏伐即可定型。所以，疏伐频度应根据疏伐后林分郁闭度增长情况而定，但疏伐间隔期一般不宜超过 3 年。例如，改建林分树龄为 18 年生，郁闭度为 0.7～0.9，平均密度为 2400 株 /hm² 的华山松优良林分母树林，首次疏伐林分的郁闭度应控制在0.4 ~ 0.5，疏伐后每公顷保留约1200株。当林分郁闭度上升到0.7 ~ 0.8时，应及时进行第2次疏伐，使林分郁闭度控制在0.4左右，疏伐后每公顷保留约600株以后再次疏伐，则视母树林树冠发育情况而定。华山松母树林定型后，每公顷约保留母树250株。总之，疏伐后2 ~ 4年，母树间以不会发生相互影响为宜，经2 ~ 3次疏伐，逐步达到计划保留的母树株数。

（5）疏伐应注意的事项

严格按疏伐作业设计进行施工。疏伐前，必须打号标明要伐除的对象。对幼林母树林的疏伐宜早进行，这样有利于母树的树冠形成。对成团分布的优良母树，应保留优良树群。在采伐作业中，要正确掌握树倒的方向，运送疏伐下的木材时也要格外留意，避免损伤保留的母树。疏伐后，要将遗留在母树林内的梢头木、枝梢、病虫害木、风倒木、枯死木等采伐剩余物进行清理。对母树林的疏伐等措施及物候观察、结实情况等应——记录，建立档案。

（二）风景旅游林经营

1. 风景旅游林营造

（1）树种选择

在树种选择配置上，应遵循以下原则：

①因地制宜、适地适树，尽量选择植物演替保留下来的乡土树种。

②符合林种目标原则，即根据不同亚林种选用不同树种，如名胜古迹、革命纪念地林为体现庄严肃穆，应适当配置常绿针叶林。

③生态和景观功能兼顾。

④林分空间配置应体现层次结构性，乔、灌、草搭配疏密有致，突出季相与林相。

⑤速生树种与慢生树种、针叶树种和阔叶树种、喜光阳树种和喜阴湿树种相结合。

（2）营造方式

森林旅游区营造风景林，除贯彻一般造林技术措施外，还应特别注意造林树种选择和草坪草地配置。根据旅游区森林景观的观赏类型，营造观赏美的树种，表现自然的四时季相，给人以简单明快的美感，要注意适地适树的原则。景区、景点植物配置应突出自然、多样。道路、林缘等游人视线主要集中区域，应选择花、果、叶观赏价值高、生长速度快的乔灌木着重绿化、美化。面上绿化时园内所有森林按风景林经营，严禁商品性采伐；绿化方式有封山育林、人工造林、种草等；通过乔、灌、草的合理配置，使各景区形成独自的特色。线上绿化的重点旅游线路应营造护路林和遮阴林；主干道两侧、次干道边、道路转折处等有景可赏的地段应做好绿化、美化；在开阔地段可栽植低矮花灌，并注意留出透视线。点的绿化是对观景点、接待处周围及庭院内进行重点绿化。

（3）营造模式

营造模式应遵循以下原则。

①按原森林经营方案及有关林业规定经营：森林旅游区森林的经营方向是为森林旅游服务的，采取的各种经营措施必须与游览观光及各种旅游功能需要相适应。

②植物景观应以现有森林植被为基础，按景观需要，采取定向培育及卫生伐，结合造林（种草、种花）改造和整形抚育等措施进行设计。

③对生长不良且无景观价值的残次林，或景观单调的成过熟人工林，应将其改造成景观林。

④古树名木严禁采伐或移植。

⑤植物景观布局应突出区系地带性植物群落特色、局部特色和多样性，总体上应合理搭配、相互协调。

2.风景旅游林抚育

（1）卫生抚育

卫生抚育是进行林地卫生清理的措施，主要伐除枯立木、风折木、风倒木、濒死木、火烧木及病虫害感染严重的树木，清除不利于视觉和污染环境的各种物质，以改善林地卫生状况，减少病虫害孳生蔓延。对于大径级有洞的树木，可适当保留，有利于鸟兽栖息，但必须对空洞进行防腐处理。

（2）整形抚育

整形抚育主要是对林木进行整形修枝，并清除影响目的树种生长的次要树种，有碍观瞻的乔灌木、过密林木及枯立木、濒死木等，目的在于提高森林景色。林木整形还包括用揉弯、挠曲、修剪、嫁接、拼合等办法，培育一些形象树、合抱树、连理枝等特殊景观树。

（3）透视抚育

在必要的地方，对生长茂密的林分进行疏伐或整枝，以增加透视度，为观察林内深处或眺望远景创造条件。抚育强度根据林相结构和游览观景需要而定，强度不宜过大，一般控制在30%～40%，可实行短周期、小强度、多次数抚育，以避免引起林相结构剧烈变化。

（4）综合抚育

综合抚育适用于未进行过任何抚育的天然混交风景林，是把卫生抚育、整形抚育、透视抚育结合进行，也包括在局部空地、天窗补栽观赏树木和花灌木，以丰富森林景观。

风景旅游林只允许进行抚育采伐和更新采伐。风景旅游林依据林木的自然成熟进行更新采伐。可以依据森林美学的原理进行景观伐，按照改造或塑造新景观的实际需求进行森林抚育、改造或塑造新的景观，创造自然景观的异质性，维护生物多样性，提高旅游和观赏价值。

（三）自然保护区森林经营

1. 自然保护区森林管护

（1）植被保护

自然保护区是指对有代表性的自然生态系统、珍稀濒危野生动植物物种的天然集中分布区、有特殊意义的自然遗迹等保护对象所在的陆地、陆地水体或者海域，依法划出一定面积予以特殊保护和管理的区域。自然保护区按隶属可分为国家级和地方级（省级、州市级和县级）。

自然保护区可以分为核心区、缓冲区和实验区。核心区是自然保护区内保存完好的、天然状态的生态系统以及珍稀、濒危动植物的集中分布地。核心区禁止任何单位和个人进入；除按规定批准外，不允许进入从事科学研究活动。缓冲区只允许进入从事科学研究观测活动。实验区可以进入从事科学试验、教学实习、参观考察、旅游以及驯化、繁殖珍稀、濒危野生动植物等活动。自然保护区内禁止开展砍伐、放牧、狩猎、捕捞、采药、开垦、烧荒、开矿、采石、挖沙等活动。

（2）森林火警管理

云南省的自然保护区山高坡陡、地势险峻，区内森林植被茂盛，森林火灾防控对于保护区生物多样性保护意义重大。首先，在保护区所在社区加强防火宣传教育工作，落实火灾知识培训，让基层群众都具有一定的防火、扑火能力，提高其森林防护意识。其次，强化森林防火制度建设，推行地方政府负责制、目标管理及承包责任制等。最近，积极在保护区周边的社区构建森林防火阻隔系统，如隔离带、防火林带等，提高保护区的森林火灾防控能力。

（3）林业有害生物监测与防治

自然保护区具有生态系统复杂、生态环境脆弱、物种多样化和生态平衡脆弱等特点。森林有害生物是破坏自然保护区生态系统的主要因素。主要为害方式包括直接为害森林树种或草本植物，传播病害为害森林或破坏森林景观和生态功能。保护区有害生物监测与防治应积极贯彻"预防为主，科学治理，依法监管，强化责任"的林业有害生物防治方针，实现我省自然保护区林业有害生物监测预报工作"全面监测、及时预警、准确预报"的目标；明确保护区的重点监测与预防对象，对有害生物发生的重点监测区域可采用无人机技术、激光雷达技术或线路踏查设置临时标准地，对测报对象和监测对象进行调查、监测和研究，掌握病虫害发生、发展规律，并结合当地气候、食料、天敌等相关因子，应用各种手段，及时准确地预报其发生量、发生期、发生范围、危害程度及发展趋势，提出科学合理的防治措施，指导防治工作的开展。

2. 自然保护区林抚育

自然保护区内若发现因病虫害引起的枯死林木或受害严重的植株，应及时开展抚育间伐和卫生伐，改善林里卫生条件，减少侵染源，有效控制病虫害的发生和蔓延。

总之，自然保护区的经营目标首先是提供生态和社会价值，维护具有生态价值的栖息地及其依赖的生物多样性。自然保护区经营的基本原则是按照森林的自然演替过程和自然扰动进行，禁止在森林保护区进行任何可能改变该地区性质的活动；作为重要的景观特征，保护区可作为森林休闲的背景，并可用于基础研究和应用研究。

（四）森林公园经营

1. 森林公园营造

（1）树种选择

依据《全国森林资源经营管理分区施策导则》中资源经营类型分类方法及标准，结合园区生态环境状况、森林起源、功能与用途和森林旅游开发现状，在维护园区森林整体功能基础上，将园区区划为4个经营区，即生态景观林管理区、封山育林保护区、森林游憩经营区、种子林集约经营区。

①生态景观林管理区：该区广布在园区周边，由具有保持水土、涵养水源生态功能的林分组成，是公园的森林游憩经营区及种子林集约经营区之外的所有人工林，包括灌木林、疏林、未成林、无立木林地及林业其他用地。

②封山育林保护区：该区分布于较偏远及立地条件较差的山地。由天然次生林和天然灌木林组成，生物多样性水平相对较高。

③森林游憩经营区：包括风景林、水库、森林浴场、高尔夫球场及各旅游景点。

④良种基地集约经营区：主要为种子林经营树种。

2. 营造模式

（1）重点保护类模式

该模式包括生态景观林管理区、封山育林保护区。在森林经营过程中应依据生态敏感性等级和生态重要性等级采取不同的经营措施。天然林通过封山育林、林冠下造林、补植珍贵针叶树种等措施，促进林分向混交林方向发展；人工林应进行多次抚育间伐，控制密度，栽针补阔，采针保阔，形成复层混交异龄林。

根据园区的实际状况。划分以下三种类型：①坡度26°以上，土层较薄的陡坡、山顶、岗脊地段上的天然次生林。②坡度16°～25°，土层厚度中等的山腹、山谷地段上的林分。③坡度26°以上，土层较薄的陡坡、山顶、岗脊地段上的天然次生林。

（2）保护经营类模式

该模式只含森林旅游休憩经营区。在生态防护和森林游憩功能的基础上，以获取生态效益和经济效益为主要经营目标。根据生态经济学原理，重点采用生态采伐作业方式，组织进行生态系统经营。适时对森林进行生态择伐和生态疏伐，促进林木生长发育，保护林下植被；经营强度可依次适当加大，经营周期可适当缩短；对过熟的防护林带或护路林带可进行更新改造。根据园区实际状况，划分以下两种类型：①坡度15°以下，地势平坦，土层较厚地段上的人工林。②坡度16°～25°，土层厚度中等的山坡、山谷地段上的人工林分。

（3）集约经营类模式

该模式只含良种基地集约经营区。以经营利用、可持续生产林木良种为主要目标。在森林资源经营管理上采取基地化、集约化经营的模式，不断提高良种生产能力和遗传增益。该区类坡度15°以下，地势平坦，立地条件优越。

3. 营造技术

森林公园森林只允许进行抚育采伐和更新采伐。其经营措施组、措施类型划分在园区森林区划、森林资源经营管理类型分类的基础上，依据林分类型、地类、优势树种（组）、起源及龄组划分森林经营措施组和相应的经营措施类型，共划分出8个森林经营措施组和32个森林经营措施类型。

（1）生态择伐经营措施组

生态择伐是经营生态公益林的一种采伐方式，其对应目前森林经营管理体制的采伐类型为更新择伐。重点保护类型组、保护经营类型组范围内的人工针叶纯林、人工针叶混交林和以人工针叶树组成占5～6成的针阔混交林，龄组为成熟林、过熟林的林分均划定为生态择伐类型。依据林分的实际状况划分6个森林经营措施类型，即思茅松、华山松与云南松、冷杉与云杉林、针叶混交林、针阔混交林、阔叶林。

（2）生态疏伐经营措施组

生态疏伐是经营生态公益林的一种采伐方式，其对应目前森林经营管理体制的采伐类型为透光伐、生长伐。重点保护类型组、保护经营类型组中的人工针叶林、人工针叶混交林和以人工针叶组成占5～6成的针阔混交林，龄级为幼龄林、中龄林、近熟林的林分均划定为生态疏伐型。依据林分的实际状况划分为13个森林经营措施类型，人工中、近熟林包括思茅松、华山松与云南松、冷杉与云杉林、针叶混交林、针阔混交林；人工幼龄林包括落叶松林、黑松与樟子松林、红松与云杉林、针叶混交林、针阔混交林；阔叶人工幼、中、近熟林包括杨柳树林、阔叶林；未成林造林地。

（3）冠下造林经营措施组

将重点保护类型组、保护经营类型组中郁闭度为0.2～0.5的天然林，划定为冠下造林型。只含天然阔叶林1个森林经营措施类型。

（4）更新改造经营措施组

将重点保护类型组、保护经营类型组中的杨树、柳树、护路林、农田防护林、龄组为过熟林的林分，划定为更新改造类型，包括人工杨、柳成过熟林和人工杨树疏林地2个森林经营措施类型。

（5）无林地造林经营措施组

将重点保护类型组、保护经营类型组中的无立木宜林地，划定为无林地造林类型，包括采伐迹地、宜林荒山荒地 2 个森林经营措施类型。

（6）封山育林经营措施组

将重点保护类型组中的人工阔叶林和郁闭度大于 0.6 的天然林（低质低产）划定为封山育林型，包括天然阔叶林、天然灌木林 2 个森林经营措施类型。

（7）经营疏伐经营措施组

将良种基地集约经营区中达到盛果期且超过母树林密度标准（如云南松：300 株 /hm²）的林分和初果期的母树林，划定为经营疏伐类型。以云南松为例，包括盛果期樟子松母树林、初果期云南松母树林 2 个森林经营措施类型。

（8）其他类型经营措施组

将林业用地中的生产辅助用地、林业其他用地等，划定为其他类型，包括林业辅助用地、苗圃地、林业其他用地、国特灌林 4 个森林经营措施类型。

4. 森林公园林木抚育

生态择伐是经营生态公益林的一种采伐方式，其对应目前森林经营管理体制的采伐类型为更新择伐。生态疏伐是经营生态公益林的一种采伐方式，其对应目前森林经营管理体制的采伐类型为透光伐、生长伐。

三、用材林规划设计

（一）一般用材林经营

1. 一般用材林抚育

（1）人工整枝

①整枝对象。对自然整枝不良的树种，应在幼树郁闭后，树干下部出现 2 ~ 3 轮枯死枝或濒死枝时进行人工整枝，或结合抚育采伐同时进行。

②整枝强度。幼龄林整枝后，冠高比不得低于 1：2，中龄林整枝后，冠高比不得低于 1：3。

③整枝技术。整枝应在树液停止流动的季节进行。作业时，切口要平滑，枝桩高 ≤ 0.5cm，严禁劈裂和损伤树皮。

2. 抚育采伐

（1）抚育采伐对象

①中、幼龄林阶段，林木分化明显，出现自然稀疏现象，平均胸径连年生长量开始下降的林分。

②近熟林培育大径材以及需要进行林冠下更新和冠下更新的林木生长受到保留木抑制的林分。

③遭受到火灾、病虫害及风雪等自然灾害轻度危害的林分。

（2）抚育采伐种类

①透光抚育：在幼龄林内进行，对混交林主要是调整林分组成，改善林分结构，伐除影响目

的树种生长的藤本植物、灌木和非目的树种，以及目的树种中部分生长不良的林木。对单纯林主要是调整林分密度，伐除过密的和质量低劣、无培育前途的林木。

②生长抚育：在中龄林至近熟林阶段进行，主要是调整单位面积上的林木株数，伐除过密的、生长不良的和质量低劣的林木。

③卫生抚育：在林分或主要树种（组）达到成熟龄之前的各林龄阶段均可进行，主要是伐除遭受到火灾、病虫害及自然灾害危害、无培育前途的林木。

（3）单纯林的林木分级

Ⅰ级木（优势木）：直径最大，树高最高，树冠上部超出一般林冠层的林木。

Ⅱ级木（亚优势木）：直径、树高仅次于优势木，树冠发育良好的林木。

Ⅲ级木（中等木或中庸木）：直径、树高、树冠在林分中均为中等的林木。

Ⅳ级木（被压木）：树干纤细、树冠窄小或偏冠，只有树冠顶部能进入林冠层的林木。

Ⅴ级木（濒死木或枯立木）：处在林冠层下，完全被压，得不到上方直射光，生长极度衰弱、濒死或已枯死的林木。

（4）混交林的林木分级

优良木：树干圆满通直，天然整枝良好，树冠发育正常，生长旺盛，有培育前途的林木；辅助木：有利于促进优良木天然整枝和形成良好干形的，对土壤有保护和改良作用的，以及伐除后可能出现林窗或林中空地的林木；砍伐木：枯立木、濒死木、病腐木、被压木、弯曲木、多头木、霸王树以及非目的树种和其他妨碍优良木与辅助木生长的林木。

（5）抚育采伐方法

①下层抚育：适用于单纯同龄林。主要是伐除Ⅳ级、Ⅴ级木和部分Ⅲ级木，以及个别发育不良的Ⅰ级、Ⅱ级木。

②上层抚育：适用于林冠下更新的林分。主要是伐除胸径＞12cm的上层林木，以及影响冠下更新幼树生长的林木。

③综合抚育：适用于混交林或复层异龄林，主要是伐除砍伐木。

④机械抚育：适用于植株行距整齐、初植密度大的人工林。在林分内不进行林木分级，机械地隔行或隔株伐除部分林木。

（6）抚育采伐技术要求

①做到留优去劣，留大砍小，密间稀留，控制强度。

②抚育采伐后单位面积株数不低于林分适宜保留株数的下限。

③抚育采伐的蓄积强度（上层抚育除外）≤25%，机械抚育≤50%。

④林分平均胸径不低于伐前林分平均胸径（上层抚育法除外）。

⑤飞播形成的幼林，幼树平均树高＜1m保持自然生长状态，1～2m的保留2000～3000

株 /hm², ≥ 2m 的保留 1500 株 /hm² 以上。

3. 一般用材林主伐

（1）主伐更新对象

林分或优势树种（组）达到主伐年龄的单层同龄林和复层异龄林。

（2）主要树种（组）的主伐年龄

执行《云南省森林资源规划设计调查操作细则》（2013 年修订）和《云南省森林抚育实施细则》（云南省林业厅 2016 年 10 月）规定。

（3）主伐方式

包括皆伐、择伐和二次渐伐三种方式。

皆伐：适用于采伐后水土流失较轻和容易进行人工更新的单层同龄林。

①采用全小班皆伐、块状皆伐或带状皆伐。在地形复杂坡度较大的山坡地，可设计不规则的块状伐区；在地形比较平坦的地段，根据小班面积与形状设计带状或块状伐区。②人工林：坡度 ≤ 5°，伐区面积 ≤ 30hm²；坡度介于 6° ~ 15°，伐区面积 ≤ 20hm²；坡度介于 16° ~ 25°，伐区面积 ≤ 10hm²；坡度 > 25°，不得进行皆伐。③天然林：坡度 ≤ 5°，伐区面积 ≤ 15hm²；坡度介于 6° ~ 15°，伐区面积 ≤ 10hm²；坡度介于 16° ~ 25°，伐区面积 ≤ 5hm²；坡度 > 25°，不得进行皆伐。④在风沙严重区或易引起水土流失的区域，采伐带（块）间要保留相当于皆伐面积的林带（块），待采伐迹地更新成林后，方可采伐保留的林带（块）。⑤对于未划入生态公益林，但生态重要性或生态脆弱性为 1 级、2 级的各类商品林，不得进行皆伐。

择伐：适用于具有天然更新条件和能力的复层异龄林。

①每次择伐的蓄积强度 ≤ 40%，林分郁闭度不小于 0.5。②对伐后容易引起水土流失或林木风倒的林分，每次择伐的蓄积强度 ≤ 30%，林分郁闭度不小于 0.6。③择伐的间隔期不低于 1 个龄级期限。

二次渐伐：适用于天然更新能力强或须进行人工更新，但不宜采用皆伐作业的单层同龄林、中小径木株数不足林分总株数 30% 的异龄林。①第一次采伐的蓄积强度 ≤ 50%，采伐后及时进行冠下人工或人工促进天然更新，待天然更新或人工更新的幼树生长受到保留木抑制时，进行第二次采伐，伐除全部上层林木。②二次渐伐的间隔期不超过 1 个龄级期限。

（二）工业原料林经营

1. 工业原料林营造

（1）树种选择

①选择速生高产，适应性强，生物学特性稳定，病虫害少，干形好，材质优良，商品材经济价值高，在规定的限期内能达到指标的优良树种。

②工业原料林树种选择，以优良乡土树种为主，也可引进在本地确实适生的外地优良树种，

引进外地优良树种，应先造试验林，经鉴定成功后再推广。

（2）造林苗木

①要贯彻自育自用的原则，育足育好所需苗木，尽量不用远途购运的苗木。要积极推广二级育苗和组织培养、塑料大棚培育的优良苗木。

②育苗坚持选用优良林分、母树林、种子园的种子和采穗圃的种条。所选用的种子和种条，都要搞清楚树种名称、生物学特性和适生范围，并进行植物检疫。

③营造工业原料林，必须选用长势旺盛，顶芽饱满，通直健壮，高径比合适，根系发达，无病虫害和机械损伤，达到国家一级标准的苗木。

④苗木出圃前，要做好苗木分级调查，分别做好标记，起苗前要浇足水，起苗时先在苗木两侧 0.15 ～ 0.20m 处开沟，挖出侧根，按照苗木标准留下足够长度的主根和侧根，防止劈裂损伤。不同级别的苗木要分别堆放。针叶树以保持根系完整为原则。

⑤造林苗木要随起随栽，注意保持水分，最好当天起苗当天栽完，如因特殊情况当天栽不完的苗木要及时假植好。杨树苗木要把根部浸泡于水中 1 ～ 3 天，提高苗木含水量，防止因失水而降低成活率。

（3）造林密度

①造林密度应根据立地条件、树种特性、培育目的、成树指标、经营管理水平、间伐作业方式，因地制宜地合理确定最佳密度。在平原地区一般应一次定株，不搞中间利用。

②工业原料林需要适当考虑农民间种的要求，在确定造林密度时，行距宜大，株距宜小，长方形或三角形配置，南部平原地区要略稀一些，北部平原地区可稍密一些。山区针叶树为了及早达到郁闭，初植密度要大一些，大于工业原料林的主要树种造林密度。

③对有培育前途的人工幼龄林的抚育，要按照工业原料林的适宜密度和施工要求，进行间伐或选优定株，并补充必要的措施，达到密度适宜，分布均匀。

（4）造林方法

①工业原料林一律采用植苗造林，选择春、秋两季栽植。春季造林，一般于苗木萌动前，土壤解冻达到栽植深度时立即开始，宜早不宜晚。秋季造林应在树液停止流动，树木开始落叶时栽植，土壤结冻前结束。

②造林前按设计密度划定植树点，挖好植树坑，经检查验收合格后方可栽植。植苗要做到根系舒展，不窝不露，栽正，踩实，纵横成行。提倡适当深栽，桉树要比苗木原土印深栽 0.2 ～ 0.4m，针叶树要比苗木原土印深栽 2 ～ 3cm。

③工业原料林要施足底肥，每株施土杂肥 50kg、磷肥 0.5kg、氮肥 0.5kg 或饼肥 0.5 ～ 1.0kg。要做到随栽植，随浇足水。

④在大面积工业原料林基地内，可划出适当面积，用同树种、同规格、同龄苗木造一块密度

较大的林地，以备补植用苗。林地里如有死亡或损伤的苗木，要适时补植，保证成活率95%以上，力争一株不缺。

2.工业原料林抚育管理

①幼林抚育管理的内容包括松土、除草、浇水、施肥、修枝、防治病虫害等。

②营造工业原料林，在行间提倡间种豆类、花生、小麦、甘薯、瓜菜、药材、牧草等矮秆作物，起到以耕代抚的作用。但必须坚持以林为主，以农促林的原则，间种应离开树木0.5m以外，且不可种在株间。间作物收获后，要把树叶和间种剩余物耕翻地下。林木行间不能间作和不易间作的林地，每年春、秋季要耕翻两次，夏季进行松土锄草，以起到灭草、压青、蓄水的作用。

③根据立地条件和树木特性，制订工业原料林分阶段的生长指标（见附录K），按小班提出管理措施，落实到承包组或经营人，及时浇水、追肥。每年春季树木发芽前浇一次返青水；夏季在树木进入生长旺盛期前的5—6月浇1～2次生长水，同时每株追施化肥0.5kg；秋季在土壤结冻前浇一次封冻水。山区对于不能浇水的林地，要修好水盆，以便在雨季蓄水的同时追肥。

④工业原料林造林后两年内不进行修枝抚育，只剪除影响主干生长的竞争枝。修枝抚育于造林后第三年春季萌芽前或秋季落叶后进行，修枝量不宜大，林分郁闭前保留树冠应占树高的2/3，林分郁闭后保留树冠也应占树高的1/2，以保证林木正常生长。

⑤针叶树造林初植密度比较大，林分郁闭后影响速生丰产的，要及时进行间伐，要按照工业原料林成材要求保留株数确定间伐强度，进行隔株或隔行间伐，或者留优去劣，使保留株数仍分布均匀。间伐作业要严格管理程序，事先由县（市、区）林业局提出作业设计，经州（市）林业局主管工程师签署意见，报省林业厅批准后方可实施。

⑥要及时做好林木病虫害防治工作，保证林木正常生长。要确定专人负责，查清当地林木病虫害种类，摸清发生发展规律，做好预测预报工作，如有发生要及时防治，不得任其蔓延造成危害。林木病虫害防治，要在药物防治的同时，有计划地保留林地附近的古树、大树，或人工设置鸟巢，招引益鸟，培养天敌。

（三）用材林更新

1.人工更新

适用于皆伐迹地、没有天然更新条件和能力的二次渐伐迹地、其他不易天然更新或天然更新与人工促进天然更新无保障的采伐迹地，以及为生产作业提供服务的临时性用地的森林植被的恢复。①更新造林的树种，应根据培育目标、立地条件、树种的生物学特性和生态学特性，因地制宜地确定。②应在大力发展当地优良树种的同时，适当推广应用引种成功的优良树种，积极培育优质、速生、丰产的优良树种、品种和品系。③要充分利用自然环境和条件，注重发展多树种更新，积极营造混交林。④人工更新后连续幼抚3～5年，确保成活成林。

2. 天然更新

适用于择伐迹地、具有天然更新条件和能力的二次渐伐迹地，其他适合于天然更新的采伐迹地。①依靠树种的天然下种能力进行天然更新的，须合理保留母树，结合种子年进行采伐。②依靠目的树种的萌蘖能力进行天然更新的，须在树液停止流动的季节进行采伐，采伐时要尽量降低伐根。③在复层异龄林中进行择伐作业时，须保护好目的树种的幼苗幼树，保证具有足够的数量和均匀地分布。

3. 人工促进天然更新

适用于具有一定的天然更新条件和能力，但完全依靠天然更新又不能达到恢复森林的目的要求，须采取人为的辅助措施，才能够恢复成林的采伐迹地。①对目的树种幼苗幼树的数量不足或分布不均匀，以及具有萌蘖能力的树桩（根）数量不足或分布不均匀的采伐迹地，须进行人工补植造林，确保数量与分布达到采伐迹地更新的标准。②对依靠天然下种更新的采伐迹地，须采取有效防护措施，确保种子的安全、健康与着地。③对依靠萌蘖更新的采伐迹地，须进行人工松土、断根等辅助措施，保证更新质量。

4. 森林更新标准

①采伐后当年或者翌年须完成更新造林，更新面积不小于采伐面积。

②人工更新质量标准：当年成活率应当 ≥ 85%，三年后保存率应当 ≥ 80%，人工促进天然更新、补植、补播后的成活率和保存率应达到人工更新的质量标准。

③天然更新质量标准：每公顷皆伐迹地应当保留健壮目的树种幼树 ≥ 3000 株或者幼苗 ≥ 6000 株，更新均匀度应当 ≥ 60%。天然下种前整地的更新也应达到天然更新的质量标准。

四、生态经济林规划设计

生态经济林的发展需要满足自然发展以及经济规律，根据当地生态环境的问题，实现生态环境的改善，提升人们生活质量，促进可持续发展。将生态建设与经济建设相结合，处理好当前与长远之间的关系，实现社会、经济以及生态效益的全面实现。生态经济林的经营模式，需要根据国家生态环境建设的规定进行，根据本地区的实际情况，全面科学地统筹、集中治理、逐步推进。同时，有机结合生物、农艺以及工程措施，以技术为指导，实现山、林、田等的优良规划，保证粮、果、林等全面发展，调整土地产业结构，实现合理的开发与布局。在生态经济林经营发展中，需要兼顾各方面的利益，保证资源发展与环境建设的有机结合。完善资金投入，强化国家、集体以及个人的投入，保证资金来源渠道的多样化，保证生态经济林经营有充足的资金作为支撑和保障。

（一）生态经济林经营模式

1. 网格化经营模式

网络是指横向的空间结构，可以是一个地段、一个乡的小网络，也可以是一个县、一个省的大网络，无论大小网络，其中必定包含有各种自然条件和各种地类，因而也必定包含有农、林、牧、渔、工各种生产门类，组成总体的社会生产和社会经济。

无论大小网络的经营模式，是指在该网络范围之内，进行以经济林为主体，包括其他生产门类的整体统筹安排，主要是宏观控制。网络经营模式的确立，在具体实施上，大网络采用区划的方法，小网络采用规划的方法。区划是大面的宏观控制，只落实到地段。规划是具体安排，要求落实到具体的地块。

（1）生态经济林区划

生态经济林区划是以经济林为主体内容，与区域生态环境和社会经济发展协调一致，相互促进，共同发展。生态经济林区划涉及自然环境与社会经济条件多种不同性质的要素，是个多元系统。在这个多元系统中，要使各个子系统和各个要素之间协同作用、功能和谐，形成有序的自组织。这个多元系统才能形成稳定的动态结构，才会产生生态经济效益。为达到这一目的，必遵循四个基本规律。

第一，是自然生态规律。陆地生态系统是有明显的空间结构差异，以及周期性的时间差别。空间差异有地带性和垂直性，表现出植物区系和植被带及群落各异，呈现出万态千姿，因而也带来经济林生产种类的适地性。时间差别表现为植物生长繁茂的活跃态与植物枯衰的休眠态，两者周而复始地交替出现，因而带来经济林生产技术的适时性。空间和时间的这种差异是由太阳辐射量和水分量所造成的，是不能违背的，这就是自然生态规律。

第二，是社会经济规律。空间结构的差异，也影响着社会经济结构，加上社会历史原因，表现出生产门类和生产力的不同，就构成了社会经济发展的条件和限制因素，是不能超越和违背的，这就是社会经济规模。

第三，是生态经济规律。社会经济发展要与环境保护协调平衡，在建设的开始也可能会破坏某些局部环境，但强调整体性原则。

第四，是协同性规律。生态经济林区划要将经济林、生态环境、经济条件、人的素质、劳动手段、科学技术水平等多个要素统一组成一个功能系统，形成具有协同作用的组织。

（2）生态经济林规划

生态经济林规划在某个地段内，使山、田、地、水各得其用，相互协调一致。

经济林主要是在中低山、近山、丘陵和岗地。这些土地因有其固定的空间，是多因素的综合体，所以有条件上的差异。因此，必须对土地进行评估。评估的内容主要有可利用性评估、适宜性评估、生产潜力及其潜在危害性的评估。根据评估结果，因地制宜地开发利用。土地是有限资源，是永久性生产资料，要珍惜，要养用结合，绝不许进行掠夺性的利用。

在经广泛的调查研究，搜集各类丰富信息之后，经信息处理，最后提出生态经济林规划设计方案。方案经可行性论证，经批准后，即可实施。

2. 立体经营模式

一个有序的自然植物群落结构，在地面空间从乔木至草本是有结构层次的，在地下空间植物根系和动植物残体及微生物的分布是有级差的，由上向下逐步递减，这是鲜明的空间特点，即立体特征。植物群落的立体结构是自然特征，也是优化的表现。只有这样的自然生态系统，它的自组织能力才会增强，对外的适应能力也会加强。

经济林立体经营是合乎自然规律的。所谓经济林立体经营是指在同一土地上使用具有经济价值的乔木、灌木和草本作物组成多层次的复合的人工林群落，达到合理地利用光能和地力，也即是从外界环境中获取更多的负熵流，形成稳定的生态系统，是一个高产量、高效益的系统。所谓"模式"是指组成林分的树种，作物种类具有优化结构，功能多样，高效益，具有典型意义和在一定范围内的普遍意义，并有与其配套的技术措施。经济林立体经营模式的种类，因依据不同而异。

①按组成林分的结构和层次分类：

A. 乔木——灌木——草本；

B. 乔木——灌木；

C. 乔木——草本；

D. 灌木——草本。

②按经营分类：

A. 经济树木——药材——经济作物；

B. 经济树木——经济作物、蔬菜；

C. 经济树木——茶叶——作物（药材）；

D. 经济树木——牧草——养殖；

E. 经济树木（竹类）——食用菌；

F. 经济树木——养蜂——农作物。

③按地理位置分类：

A. 城郊区：以水果为主，间种经济作物、蔬菜；

B. 远郊区（中等以上城市）：以水果为主，结合经济作物、牧草、绿化苗木、花卉、笋用竹林——食用菌；

C. 农村区：在山区用材林——经济林——农作物；经济林（油料、干果）——香料（灌木、草本）；笋用竹林——食用菌；经济林（干果）——农作物（牧草、草本药材）；

D. 特产区：某些经济林产品的名特优产区，要确保原来的特产进一步提高。

（二）生态经济林经营措施

1. 经济林系统的管理

经济林是人工系统，它的发展方向和速度，提供产品的数量，是强烈地受人为制约的。因此，经济林能否形成稳定的系统，能否高产优质，取决于人对系统的管理水平。

（1）土壤管理

经济林系统内的营养元素，随着初级产品的外运而损失一部分，只有少量落叶和枯枝回到林地。年复年地如此，如果没有外部补充，则系统的生产力就要降低。

为了不让系统的生产力降低，就必供给足够的养分，或说输入负熵流，才能保持系统内营养结构的平衡。因此，林地土壤管理包含三个意思，一是林地土壤耕作，间种作物以耕代抚，未间种的则是夏铲冬挖的耕作措施。二是增施以农家肥为主的肥料。三是防止林地水土流失，通过耕作和施肥，以及水土保持来提高土壤肥力。

（2）树体管理

树体结构是结果的基础，丰产树与低产树必然有其各自相应的树形，树形与遗传性相关，但更重要的是环境和营养，整形修剪更是起决定性的作用。根据不同经济林木的生物特性和栽培管理条件，来决定树体管理的内容和方法。

（3）水土保持

经济林多在坡地，并且又要连年对土壤进行铲挖耕作，容易造成林地的水土流失，带来严重的危害。因此，要特别注意林地的水土保持。

在经济林地造成水土流失的根本原因是地表径流，水的流动带走土壤，形成水土流失。水土流失的程度与地表径流是成正比的，地表径流量制约条件的天体因素是降雨强度，地体因素是坡度、坡长和地面覆盖。可以通过控制地体因素、降低坡度、缩短坡长、增加覆盖，来减少地表径流，防止水土流失。

五、能源林规划设计

近年来，以林木生物质能源为代表的生物质能等可再生能源在全世界都受到了普遍关注，而最初以林业"三剩物"（采伐剩余物，如枝、丫、树梢、树皮、树叶、树根及藤条、灌木等；造材剩余物，如造材截头；加工剩余物，如板皮、板条、木竹截头、锯末、碎单板、木芯、刨花、木块、边角余料等）为原料进行加工已经难以满足林木生物质能生产的需要，以能源林为代表的原料林开始受到重视。

能源林，就是以生产生物质能源为主要培育目的的林分。以利用林木及其果实所含油脂为主，将其转化为生物柴油或其他化工替代产品的能源林称为油料能源林；以利用林木木质为主，将其转化为固体、液体、气体燃料或直接发电的能源林称为木质能源林。生物质能源是石油能源的重要替代，而森林或者林木资源是生物质能源的重要来源。

（一）能源林分散化经营模式

我国人口众多，耕地相对稀少，人均耕地面积较少，因此，从林业的角度寻找开发生物质能的原料是一个适合我国国情的思路，能源林培育是发展林木生物质能源的基础。现有能源林的经营方式大都是集约化一体化经营。林能一体化经营指的是能源林由生物质能生产企业为单一主体进行原料林建设、采收、生产全过程的一体化经营。然而，一体化经营过高的门槛实际上限制了能源林的发展速度。中国现有约 3 亿 hm² 林地，大多集中分布在山区，山区面积占国土面积的近70%，拥有 90% 以上的森林资源，国情和山区的地理状况大大限制了一体化经营的实施力度，提高了一体化经营的成本和门槛。为了加快能源林的发展速度，结合中国的国情，我们倡导在合适的地区进行能源林分散化经营的实践摸索。

1. 能源林分散化经营的适用条件

通过对能源林分散化经营概念以及特点的初步分析，能源林分散化经营的适用条件一般如下。

第一，林地不集中并且比较陡峭，坡度大，不适合机械化经营。能源林建设所利用的林地不集中，而且大部分面积坡度太大，比较陡峭，不适合采用先进的现代机械技术设备进行机械化经营。

第二，能源林的经营管护过程太复杂，需要耗费大量劳动力。有些树种的能源林，经营管护的整体过程相对来讲过于复杂，同时需要大量劳动力不断投入，如液体燃料林。

第三，收获方式非常复杂，且无法机械化经营。能源林收获阶段，如果收获方式非常复杂，不仅需要耗费太多劳力，而且大部分无法机械化经营。

第四，该地区大部分的农户拥有较充分的闲置资金，愿意自主投资能源林。这也是一个非常重要的条件，因为农户没有投资意愿，且不愿出资，再好的能源林经营设想也会泡汤。

2. 分散化经营的具体模式

能源林进行分散化经营，通常体现为公司和农户进行合作事先签署合同，按合同规定数量进行生产的"订单林业"。和自由市场模式的分散化经营不同，根据订单开展分散化经营也是能源林建设可以采取的一种重要模式。订单林业是林业生产根据订单来进行，按照订单的要求合理配置林业资源和生产要素。根据分散化经营的原理和国外"订单林业"成功的经验，我国部分地区发展能源林，可采取一种和发展速生林类似的模式——"公司＋农户"模式。能源林分散化经营的具体模式通常体现为"生物质能公司＋林农"。这种模式简单来说，就是在平等谈判取得共识的前提下，生物质能公司可以通过雇佣承包合营等方式将业务转由许多户林业专业户继续经营。总场按合同提供平价优质苗木、包销能源林产品并深化加工、防疫、技术指导等全方位服务，把分散的林农引向大市场，并加以宏观调控，形成一个整体的利益机制。具体就能源林经营的各个阶段来说，龙头企业和林农的合作可采取如下方式。

①育苗阶段。由龙头企业租赁小规模的一些苗圃性质的林地，本公司抽调技术力量育苗，或

者委托专业的苗木培育公司进行育苗。

②造林和营林管护阶段。龙头企业组织技术力量对广大分散的林农农户进行技术指导，然后由农户在自己取得经营权的林地上造林。在日常管护中，企业针对季节性的能源林经营可能会遇到的技术问题对农户予以集中指导。

③收获阶段。龙头企业抽调相关方面的技术人员和林农组成多组技术小分队，针对加工生物质能的原料要求，由龙头企业派出的专业的技术人员操作相关专业设备，并指挥本分队的林农做一些配合的工作。同时，在这个收获过程中，双方可以面对面共同精确地计量能源林产品的数量，技术人员还可以对不合格的产品予以现场解说和剔除。

（二）能源林营造

1. 树种选择

选择生长快，产量高，可实行短轮伐期作业；易繁殖，且萌芽更新能力强，能形成矮林作业；适应性强，耐瘠薄条件；最好能固氮，改良土壤；能产生高热量，燃烧时不散发有毒气体；除作薪材外，还能提供料、饲料、肥料或其他林副产品的树种。

2. 造林地的选择

能源林轮伐期短，要从林地取走大量的生物质，所以必须选择土层深厚、水肥条件较好的荒坡、河滩地和一些不宜耕作的荒地。

3. 造林密度

能源林造林技术，一般应采取较大的造林密度。造林密度要随经营目的有所差异。如刺槐一般做烧柴可密些，400 ~ 670 株 /hm²，而做木质能源林，砖瓦燃料则可 270 ~ 400 株 /hm²。

4. 整地和选苗

在造林前应实行较细致整地，不采取穴状或水平沟、竹节壕的整地方法。为了在短期内收获较大的生物产量，速生能源林一般需投入较大数量的肥料、农药。能源林在栽植时必须选择良种壮苗，这样砍伐后萌蘖的新条才能量多质高，生长旺盛，枝叶繁茂，生物量大，迅速郁闭，保护地表。

5. 树种配置

能源林的树种配置，应采用多树种混交。乔灌草配合，避免树种单一，要造混交林，起到以林促农，以林促牧，农、林、牧综合发展，对脱贫致富、改善生活有着现实意义。

第八章　森林经营培育

一、天然林培育

（一）天然林培育的目标和意义

天然林是森林资源的重要组成部分，是非常重要的可再生资源，不仅生产大部分林、副产品，而且具有丰富的生物多样性，并提供许多其他的社会、经济、文化和环境效益。大力保护、培育和合理利用天然林资源，是实现森林可持续经营的重要物质保障。针对现有的天然林开展合理的森林经营活动，可以维持、恢复和扩大天然林资源，增加生物多样性保护价值，增强生态和环境服务功能，从根本上遏止生态和环境恶化，增加林产品有效供给，使林业更好地为国民经济和社会的可持续发展服务。

（二）天然林培育的技术

1. 天然林更新培育

应充分利用天然林自然演替和更新能力，以天然更新为主，人工更新或人工促进天然更新为辅。对具备乔木或灌木更新潜力的森林进行封育，禁止或减少人为活动的干扰，依靠强大的自然繁殖或自然更新能力恢复森林；对缺乏母树或幼苗、幼树分布不均的地段，实施人工补植；对有充足种源，因植被覆盖度较大而影响更新的地段，采用人工促进天然更新。

2. 栽针保阔法培育

栽植以云南松、华山松等为主的针叶树，保留天然更新的阔叶树，尤其珍贵阔叶树。随着次生林发展的进程和林况不同，保阔包含三层含义：留阔、引阔、选阔。三者贯穿于恢复森林的全过程。栽针是缩短森林自然（演替）恢复过程的重要手段，保阔是迅速形成或恢复地带性顶级植被的可靠保证。栽针保阔把人工更新和天然更新密切地结合起来，以符合地带性顶级植被类型的发生、发展规律，是使天然林趋于稳定并提高林分质量和生产力的重要途径。

3. 用材林培育

选择的树种既要符合经营目标，又要实现高产、高效和优质。选用生长快、材质好、经济价值高的乡土树种，引进的优良树种须经试验成功后，方可大面积推广。根据立地条件、树种特性和实践经验，确定混交树种和混交规格，充分利用天然幼苗、幼树，培育成针阔混交林或复层异龄林。

4. 天然林经营

加强天然次生林幼、中龄林抚育和低效林改造，逐步调整用材林的树种结构和林分结构，提高林木生长量和林分质量，缩短森林培育周期。在低效林改造时，保留生长健壮的中、小径林木，利用乡土针叶树种在林冠下或林窗、林中空地上进行大苗造林，诱导形成针阔混交林。对岩石裸露，土壤贫瘠的陡坡、山脊和石塘等伐后不易更新，容易引起严重沙化、风蚀的地块，不准进行低效林改造。同时，采用合理的采伐、更新方式和封山育林措施，调整林分结构，改善林分质量，提高林分生长量。通过森林抚育和低强度择伐等经营措施，调整和优化林分树种结构、龄组结构、径级结构和密度结构，逐步诱导形成天然次生林结构，以形成复层异龄针阔混交林，使森林生态系统的结构和功能更加稳定。

5. 天然林利用

采用对环境影响小的森林采伐作业方式，尽量减少对森林资源和环境的破坏，包括林下植被（苔藓、草本植物、灌木和幼树等）、动物栖息地、水资源、森林腐殖质层等，减轻土壤压实和水土流失，减轻保留木的损伤。伐区采伐剩余物清理应考虑对生物多样性的保护和地力的维持，注意保留藤条灌木资源。同时，在采伐作业前，要对保留的母树和关键物种标记出来并加以保护。择伐时每公顷应保留一定数量的母树和大径级老龄林木，并考虑老龄木的树种搭配，使其成为天然更新的种源，也可以为一些野生动物和微生物提供必要的生境，采伐时还要注意保留一定数量的具有袋腐、树洞或巨大树枝的活立木，腐烂程度不同的枯立木和倒木，动植物生存所依赖的关键物种，尽可能保留珍稀、珍贵树种资源。

二、人工林培育

（一）人工林培育的目标和意义

大力发展人工林是世界各国面对天然林和天然次生林日益减少所采取的共同的、长期的林业发展战略，因此人工林在森林资源的可持续发展中发挥着越来越重要的作用。由于人工林所选择的造林树种速生丰产，且经营强度高，与天然林相比，人工林的生产力水平高，人工林虽然面积不大，但在木材总产量中占据较高的比重，因此把大力发展人工林作为解决木材安全的根本措施。

（二）人工林培育技术

1. 科学规划

考虑到造林对当地景观和生物多样性的影响，造林应避免大面积的人工纯林，需要考虑将不同林种、森林类型、林龄、人工林与天然林相结合，合理布局，统筹规划。在经营作业区内使树种的组成、面积配置和分布多样化，合理组成林分结构，如天然林和人工林结合，不同林龄结合，不同树种结合，人工纯林与混交林结合，乡土树种与引进树种结合等。

2. 树种选择

正确的立地分类是关键，根据经营目标和立地分类信息，选择适宜的树种、种源和基因类型，其目的是取得最佳的经济和生态效益。

3. 优质壮苗

重视传统育苗技术，包括裸根苗培育技术、容器苗培育技术、无性繁殖技术等，发展和研究生物制剂和稀土、菌根在育苗技术上的应用，培育优良的苗木，提高苗木质量及其抗病虫害能力。

4. 经营管理

在造林地上保存非林木作物植被，改善生态稳定性，保持地表覆盖和土壤肥力，尽可能采用人工除草方法，最大限度地降低化学除草剂对环境的影响。同时，树种、种源和基因类型必须适合立地条件和经营实践，建立健康、稳定的森林生态系统，尽量减少化学物质对森林的影响，有效推广病虫害的生物防治和综合防治，加强森林的科学管理。

5. 采伐利用

控制采伐的强度和采伐方式，形成合理的林分结构，以维持和长期发挥森林的生态和环境保护功能。同时，注意在采伐利用过程中对环境和土壤的影响，不断调整经营措施和经营策略，实现人工林的可持续发展，充分发挥森林生态和环境效益。

三、大径材培育

（一）大径材培育的目标和意义

大径材通常是指长度为 2m 以上，小头直径为 ≥ 26cm 的木材。根据木材用途，大径材主要可以分为装饰用材、旋切材和建筑用材等。用作胶合板旋切材的树种要求速生、主干通直、边材比例大、无节疤。大径材一般培育的活立木胸径达到 30cm 以上，饱满通直，出材率达到 40% 以上。

目前，在我国的森林资源中，大面积是天然次生林和人工林，大径级木材消耗殆尽。但近年来，建筑、装饰和家具制造等行业对大径级木材的需求越来越大，供需矛盾愈加突出。由于我国大径材资源严重不足，长期以来不得不依赖进口。木材资源的短缺，严重制约了木材加工产业的良性发展。因此，定向培育高产、优质、稳定的人工林已成为世界人工用材林发展的总趋势。

发展培育大径材，主要目标是培育具有特定规格的干材，使之早成材、成好材。加快大径材用材树种资源培育，是转变林业发展理念和林业增长方式的重要举措，是全面提高林地生产力和产出率，提升林业发展质量和效益的根本要求，是优化森林资源结构，增加森林资源储备，增强林业可持续发展能力的战略举措。发展大径材不仅市场前景广阔，而且具有较高的经济效益。加强大径材培育有利于缓解我国当前大径材的供需矛盾，也是我国木材战略储备的重要保障措施之一。

（二）云南省主要大径材树种及培育概况

1. 云南省主要大径材树种

大径材一般木材通直饱满，且能速生丰产，木材小头直径达到 26cm 以上。德国的大径材培育研究发展较早，培育技术较强，提倡密植，保证树干不弯曲，待林分自然稀疏时，及时抚育，砍小留大，大量培育大径材。目前，国内主要培育的大径材是针叶树种以及部分阔叶树种，但规模不大，集约化程度也不高。云南省主要培育杉木、秃杉、云南松、思茅松以及华山松。阔叶树大径材选材一般树干通直、生长迅速，如桦木科的西南桦、桉树等，其主要目的是满足建筑及纸浆造纸和人造板用材的需要。

2. 大径材培育概况

1998 年天然林资源保护工程实施之前，我国的大径材主要来源于天然林。原国家林业局速丰办于 2007 年启动了速丰林工程大径级培育基地试点项目。项目以大径材为目标，以定向培育为手段，采用先进的技术措施，为全国速丰林工程大径级材培育提供示范。

（三）桉树大径材培育技术

加快桉树大径材的培育能够有效缓解我国木材市场资源紧缺的压力。通过应用桉树大径材培育技术，不但能有效提高桉树造林整体经济效益，还可增加森林资源储备量，对我国林业行业发展起到极大的助力。大面积种植桉树能增加我国森林覆盖率，并保护自然生态环境的平衡，充分保障我国林业经济效益、生态效益和社会效益的发展。因此，不断加强对桉树大径材培育技术的研究，不断完善、优化培育技术，推动桉树大径材培育的发展，利国利民。

桉树的生长速度和产量都是经济树种中位居首位的，而对桉树大径材的培育通常也是以人工造林的形式展开的。桉树的品种较多，不同品种之间的差异性也较大，因此在进行人工培育过程中，需根据种植地的实际环境和气候情况来选择合适的品种进行种植，并采用相应的种植技术来保证桉树大径材培育的产量和品质，从而全面提高桉树人工造林的经济效益。除直接营造中大径材定向林分外，对现有中小径级人工林的中大径材改造和珍贵优良树种中大径材人工造林，以及结合当地自然条件如何将遗传、立地、密度三要素有机地结合或集成起来，将是大径级用材林培育和推广技术的发展趋势。

1. 立地选择

培育桉树大径材对种植地的土壤和气候条件要求较高。选择的种植地土壤应具有肥沃、土层深厚、土壤结构疏松和排水良好等特点，同时还要具备光照充足、热量丰富和雨量充沛的气候条件，这样才有利于桉树大径材的培育和生长。

2. 桉树品种选择

桉树品种的选择与最终大径材的品质、植株生长速度及保存率都有着密不可分的关系。因此，在初期选择桉树品种时，应对种植地区的土壤情况、气候等方面全面了解，并以此为依据选择适合当地种植的桉树大径材培育品种。通过选择抗逆性强的优良桉树品种来展开桉树大径材培育种植工作，可有效减少桉树的病虫害发生率，提高桉树大径材培育的品质和产量，将桉树大径材培育的经济效益、生态效益和社会效益充分发挥出来。

3. 控制密度，科学除草施肥

在桉树大径材培育过程中，桉树种植密度会影响到桉树的整体生长效果。桉树种植密度过大时，无法保证林地内所有植株均吸收到光照、水分和养分，则影响桉树大径材的生长质量，因此需合理控制种植密度。另外，为有效提高桉树大径材培育的产量和品质，需加强林地内的除草抚育和施肥管理，为桉树的生长提供良好的环境和条件。除草和松土一般在早春或雨季前后进行，对林地中的杂草进行清理，避免杂草与桉树争夺营养成分，影响桉树的正常成长，通过清理林地内杂草可为桉树幼树提供充足的生长空间。在种植前期需施足基肥，通常选择施用复合肥或桉树专用肥，每株 0.4kg 左右。为保证桉树后续生长的营养供给，还需做好追肥工作，在桉树种植 1 个月之后或植株生长高度达到 1m 后，可开始追肥，每株施用复合肥料 0.25kg 即可，之后每年追肥量则根据桉树的长势不断增加，通过满足桉树生长所需的营养需求来缩短桉树的生长周期，为桉树大径材培育提供保障。

四、风景林培育

随着森林资源开发的深入，在森林资源的开发利用过程中，不断形成以观赏效益为目的，以林场天然林或者人工林为依托，改造林分结构和林相，因地制宜，发掘林场文化底蕴进而发挥森林的效用，实现森林的美学价值、生态保护价值以及社会经济价值的景观林经营方式。景观林是以较高美学价值满足人们审美需求为目标的森林的总称，是森林公园、自然保护区、风景旅游区中自然景观的重要组成部分。

（一）景观林及其经营思想

景观林是一种景观的一种具体形式，它以森林资源为基础，通过人为改造，旨在满足人们审美需求，是集景观美学价值、生态保护价值以及社会经济价值为一体的森林群落总称，是森林公园、自然保护区、风景旅游区、城市森林等自然景观的重要组成部分。景观林是一系列生态系统或不同土地利用方式中的镶嵌体，在这一景观镶嵌体中发生着一系列的生态过程，从内容上分，有生物过程、非生物过程和人文过程；从空间上分，景观中的这些过程可以分为垂直过程和水平过程。景观型林业是通过对各景观区、景观线、景观点等组成元素的分析、阐述，通过多层次的森林生态绿化工程建设，形成景观多样层次丰富的森林景观。景观林以发挥森林的游赏效益为主要目标，满足对森林的多功能需求。景观林是生态公益林的一种，不仅要求良好的景观效益，同时必须兼顾环境服务功能，是风景名胜区发展旅游事业的基础，它迷人的景色和优越的环境为人们游憩、疗养提供了一个理想的自然场所，在改善生态环境、美化景观中发挥着重要的作用。

景观林的经营主要是基于近自然林业的思想。早在 1898 年，德国林学家 K. 盖耶尔就提出了"近自然的林业"理论（close-to-nature forestry），该理论强调森林经营要遵循自然规律，应充分利用自然力调控森林的生长，使森林生态系统向稳定、健康方向演变。其核心理论就是营造近自然的复层、异龄混交林，即在经营中使地区群落的主要本源树种得到明显表现，它不是回归到天然的森林类型，而是尽可能以林分建立、抚育、采伐的方式同潜在的天然森林植被的自然关系相近似，使林分接近生态的自然发生，达到森林群落的生态平衡，并在人工辅助中使天然物质得到恢复。这观点是把森林生态系统的生长发育看作是在一个自然的过程中突出近自然林业理论的天然更新、人工抚育和进展演替的特点，遵循森林原生植被自然分布和天然演替规律，通过人工抚育和保护措施，促进森林的天然更新和自然竞争，加速森林的顶级演替进程，培育与立地相适应的在自然选择下的森林林分结构，实现森林的美学功能。近自然林业思想核心可表达为模仿自然和接近自然的一种森林经营模式。

（二）景观林经营目标

景观林经营的目标主要体现在生态目标、社会目标和经济目标三大目标上。

1. 生态目标

景观林经营的生态目标主要是通过对景观森林的经营，优化森林景观生态结构，提高森林生态功能水平。主要体现在明显提高林分质量，调整林分结构，加快林木生长，增强森林水源涵养、水土保持、增加土壤肥力、吸收 CO_2、减少噪音、改善空气质量的生态防护能力，使森林生态系统的整体功能得到充分发挥，为促进区域经济发展创造良好条件。随着经济的发展，景观林的生态性目标尤为重要。

2. 社会目标

森林是人类社会的巨大宝藏，它蕴涵着巨大的社会价值，对人类社会生存和发展有着重要意义。人类社会的生存和发展包含着人类社会的自然生存、自然发展与社会生存、社会发展两层含义。景观林的经营提高了森林的观赏性，强化了森林游憩功能的发挥，可为社会提供大量的就业机会，促进当地社会经济的发展，特别是生态旅游、人文教育和科学研究的发展。

3. 经济目标

景观林的经营除木质产品生产和非木质产品生产带来的经济效益外，还可以调整产业结构，大力发展第三产业，发掘森林文化，促进森林旅游、森林科学研究的发展，提高景观林经营区人们的就业水平和经济收入。

（三）景观林经营原则

1. 因地制宜，突出特色

森林美学创始人德国林学家沙列希（H. Von Salisch）认为"森林美学是林学的一个分支，在森林经营中应遵循美学原则，只要处理得当，美的森林往往也是经济上最有效的"。在经营中应充分了解林场立地条件和景观林建设中所植树木生长习性和它的生物学特性，充分利用现有的资源，做到适地适树，避免因树木不适立地条件而影响景观林效果，要展现森林景观的林相外貌，富于季相变化，体现森林的自然肌理。

2. 依据现有，整合资源

以不同的林分结构与功能为基础，优化现有林带，在绿化基础上进行美化和生态化，充分发挥其在生态、景观美学等方面的价值。注重各类森林资源的整合和生态景观相互的衔接，在林相改造过程中，充分发挥原有森林资源的条件，通过调整或构建新的景观空间结构，增加景观的异质性和稳定性，创造出优于原有景观系统的经济和生态效益。

3. 科学规划，统筹发展

纵观森林整体，保证景观林经营的整体协调，以景观多样性和可持续发展为前提，合理调整和配置植物群落结构，综合权衡单体美和群体美两个方面，科学规划，既要展现单体植物姿态，又要展现植物群落结构。放眼长远，统筹发展，生态优先，景观为主，经济为辅，发挥以景观林经营森林旅游、人文教育的功能。

（四）景观林营造及提升改造

景观林的发展要着力改善林分、树种、树龄结构，对树种单一的林地进行改造，科学合理配置植物，丰富背景林边际线，优化植物种类，季相结合布局，创造时空各异、季相韵律流畅的优美绿色景观结构，展现生态景观的多姿多彩。

1. 景观林设计的主要内容

景观林的设计主要包括功能区布局、景观格局（空间布局、季相景观）和目标森林群落设计。

按照《全国森林资源经营管理分区施策导则》的要求，以区域为单元进行森林功能区划。要求根据林场肩负的生态、社会、经济责任等实际情况划分森林的功能分区，根据功能区的划分分类经营功能区，更进一步使自然保护区、森林公园景观林区、防风固沙林区、水源涵养林区和商品用材林区等功能区的功能最大化。在此基础上合理规划景观格局和森林群落，达到预想效果与功能。

景观空间格局是指缀块和其他组成单元的类型、数目以及空间分布与配置。空间格局可粗略地描述为随机型、规则型和聚集型。更详细的景观结构特征和空间关系可通过一系列景观指数和空间分析方法加以定量化。季相景观通过对林分结构的改造，以森林的植物习性为基础，发挥生物体之间的相互作用，群落演替，合理搭配森林的林相，呈现出特定效果的景观。

森林群落是指在一定地段上，以乔木和其他木本植物为主，并包括该地段上所有植物、动物、微生物等生物成分所形成的有规律组合，是各种生物及其所在生长环境长时间相互作用的产物，同时在空间和时间上不断发生着变化。目标森林群落设计就是根据经营的目的对森林群落进行人工改造或建设，使其在一定的分布范围内具有一定的物种组成、结构外貌、动态特征且关系密切的森林群落。

2. 景观林的景观要素

景观林作为一种景观，受到诸多因素的影响，如栽植密度、立地条件、林分结构、色彩配置、叶面积指数等。主要从林相整体美学要素和林木单体美学两个角度分解景观要素，如色彩数量、绿色比、主彩色布局、林冠面特征、灰色比例、斑块数目、硬质界面线、主彩色种类、林窗、自由木、林冠形等。

3. 树种选择与配置

（1）选择依据

形态习性（常绿阔叶树种、落叶阔叶树种、常绿针叶树种、落叶针叶树种、棕榈类和竹类等树种）、生长速度、土壤适应性、抗病虫性、树形、叶形及叶色、花形及花色、果形及果色、杀菌能力、滞尘能力、固碳释氧、降温增湿、产地（乡土、外来）。

（2）配置方式

采用渐序营造方法营造多树种、多目标混交林；采用主伴混交类型；采用散生（行内株间）、带状、群状、小群团混交（植生组）的混交手法，营造不同的森林景观效果；为使景观自然优美，种植点采用随机、三角形配置，采用孤植、群植、片植等手法进行美化补植。集中成片配植不同季相的树种，针叶树种与阔叶树种相结合，乔灌草相结合，速生树种与慢生树种相结合，乡土树种与引进树种相结合，经济林与观赏效果相结合，做到三季有花，四季有景，花果飘香，延长旅游旺季时期。

4. 营建方式

（1）人工造林方式

无林地造林、迹地更新、疏林地造林和特殊地块生态复绿（如交通廊道、五采区绿化）等。

（2）现有林分改造方式

补植改造（补植抚育、间伐补植）、封育改造、间伐抚育、树种替换等。

第九章　典型森林经营模式理论与实践

云南地形极为复杂，滇西属高山深谷的横断山脉纵谷区，滇东、滇中和滇南属云贵高原，自然地理分异突出，森林类型多样，在森林经营过程中逐步发展和形成了效果良好和独具特色的森林经营模式。本章节结合国外典型森林经营理论、思想和实践活动，介绍了我国不同历史阶段的森林经营理论、思想和实践的发展变化，并结合具体案例，重点介绍云南省不同森林类型的典型经营模式。

一、同龄永续林经营

（一）思想与目标

同龄林永续经营思想是最早的森林经营思想，以实现森林永续利用为目标。早期的目标更局限于如何通过收获调整，形成理想森林资源林龄结构，保证木材收获量的持续和稳定，直到在理论上形成完整的法正林模型。在此之后，不断充实和补充、完善其内涵，方法也不断改进，逐渐考虑有利于天然更新，有利于提高作业效率，有利于森林稳定等要求，追求森林经营类型在时间和空间上形成合理的结构，实现永续收获和永续作业。

同龄林永续经营的思想和收获调整（经营规划）方法是从欧洲起源并得到早期发展，经日本引进应用发展出广义法正林，适应于小龄组组合，在美国发展为灵活度更高的完全调整林模型，引入我国后，在林场（局）森林经营方案编制实践中实际应用了龄级法，在我国南方集体林区尝试建立广义法正林的中国模式。

森林永续经营技术体系（模式）具体包括：

①以同龄林林分为基本组成单位，以立地条件、目的树种、林分起源、培育目标为依据的组织森林经营类型（作业级）的方法。

②以森林成熟龄确定为依据的森林经营周期（轮期）和龄级期确定方法。

③以不同龄级森林生长发育特点为基础，以龄级法为核心的全经营周期经营技术措施确定方法。

④以皆伐收获为主体，结合森林生长发育、更新特点和需求，合理营林作业法的确定方法。

⑤包括上述内容的规划（方案）编制技术体系。

但是，以法正林模型为基础，在其发展的不同时期，经历了不断实践、研究和完善的过程，表现出不同特点，了解其历史脉络有助于把握森林经营模式适应性改变的方向，不断推动其完善和革新。

（二）早期单纯收获调整方法

1. 区划轮伐法

区划轮伐法是最早出现的森林经理方法，也称简单面积轮伐法。德国从 14 世纪、法国从 16 世纪就开始实行这一方法。

该方法根据皆伐作业的轮伐期或择伐作业的回归年，把森林划分为相应数量的伐区，每年确定一个伐区作为预定采伐地点。调整对象只包括主伐收获，收获调整计算单位是面积，有固定的采伐顺序和采伐地点，沿着预定的伐区顺序进行采伐收获。该方法简单易行，但调整期长达一个轮伐期（择伐林为一个回归年），除用于短伐期粗放经营的能源林和竹林外，其实用价值有限。

2. 材积配分法

把全部林木分成成熟和未成熟两部分。如未成林长到成林需要的时间与成熟林采伐需要的时间相等，则可实现永续利用。

（1）贝克曼法

贝克曼法把全部林分按直径大小划分为成材林和未成材林两部分。然后，把推算未成材木达到成材木所需要的时间作为一个调整期。再根据生长状况把成材林分按生长率等级分为几类，分别按相应的生长率计算经理期内的生长量。合计全部未成材林分的生长量，再加上成材林的现有蓄积量作为经理期的预定收获量，以其年平均值为标准。年伐量贝克曼法是针对择伐和中林作业提出来的，但也适用于皆伐和渐伐作业。其收获调整单位是材积，首先确定近期采伐蓄积量。由于生长量测定困难，实际应用时十分复杂，而且收获量不稳定，已没有实用价值。

（2）胡夫纳格尔法

胡夫纳格尔法把全部林分划分为两部分：林龄在 1/2 轮伐期以上的林分和林龄在 1/2 轮伐期以下的林分。以 1/2 轮伐期为调整期，将第一部分林分的现实蓄积量及其在 1/2 轮伐期的生长量作为调整期的预定采伐量，以其年平均值为标准年伐量。该法适用于龄级分配较均匀、实行皆伐作业的森林。

3. 平分法

18 世纪末，从区划轮伐法中发展演变出平分法，其特点是把轮伐期划分为一定的分期，并要求各分期内收获均衡。其中亨纳特（Hennert）、克瑞斯汀（Kregting）等发表的方法是以初期的材积配分法为基础，哈蒂格（G. L. Hartig）于 1795 年发表了材积平法，科塔（H. Cotta）于 1804 年又把材积平分法和区划轮伐法加以折中，提出面积平分法，其后又进一步把面积平分法和材积平分法折中，发展成折中平分法。洪德斯哈根把它们都称为平分法。

（1）材积平分法

哈蒂格于1795年公布的材积平分法收获调整步骤如下。

①把全林划分为作业级，分别作业级确定轮伐期，龄级期20～30年，按龄级期把轮伐期划分为若干分期。

②以龄级为基础，将森林区划为50hm²左右的分区，若分区内林相不同，可再划分为小班。

③确定分区或小班适合进行采伐的分期。

④以各分区或小班蓄积量及半个分期的生长量作为分区或小班收获量。

⑤分析各分期预定收获量，按各分期收获量相等的要求加以调节。

⑥把分期收获预定量按分期年数分配，作为各分期标准年代量。

材积平分法要求在一个轮伐期内各分期的收获量均等，所以必须查定全林分的蓄积量和生长量，调整对象包括主伐和间伐，调整计划烦琐，且无法避免采伐未成熟林分或积压过熟林分，可能造成经济损失。

（2）面积平分法

面积平分法收获调整的基本步骤如下。

①分别作业级确定轮伐期，再把轮伐期划分为若干分期。

②把森林区划成适当形状和大小（15hm²左右）的林班。

③根据林班年龄和林木状态，同时考虑将来的林分配置，确定各林班采分期。

④合计各分期面积并按各分期面积等于法正分期面积的要求，对部分林分的采伐分期进行调节。

⑤核定第一分期林班现有蓄积量和半个分期的生长量作为林班的收获量，合计各林班收获量，作为分期收获预定量，按分期年数分配的标准年伐量。

⑥不计算第二分期以后林班的材积收获量，每隔一定期间再预定下一分期的采伐面积，并计算采伐蓄积量。

面积平分法通过简单、可靠的面积对各分期进行收获调整，而且仅限于确定第一分期的蓄积收获量。为了使各分期的面积均等，可能出现采伐未成熟林分或保留过熟林分的情况，也会带来经济上的损失。但是，由于计划技术比较简单，在一个轮伐期之后龄级分配达到正常。所以，它于19世纪在德国得到广泛采用，此后也曾在其他国家得到广泛应用。

（3）折中平分法

折中平分法是19世纪初由库塔提出来的，在其后的一个世纪，不断有人对该方法进行补充和修改。其主要步骤如下。

①作业级、轮代期、龄级期和分期等的设置与面积平分法相同。

②将森林区划成林班和小班。

③把林班、小班分配到各分期，并对照法正分期面积对各分期采伐面积进行调节。

④按照材积收获均衡的要求对前 2 ~ 3 个分期的采伐面积进行调节，并以林班、小班为单位确定各分期的采伐地点。

⑤将经过调整的面积采伐量和蓄积收获量，作为一个轮伐期各分期的采伐预定量。折中平分法吸取了材积平分法和面积平分法的优点，要求在实现材积永续收获的同时，也谋求在将来实现法正状态。因此，19 世纪曾在德国广泛应用。

该方法属于平分法的各种收获调整法，一般以一个轮伐期作为经理期，并划分成若干分期，按各分期收获量均衡的要求调整分期收获量；材积平分法要求材积收获的永续，面积平分法期望通过收获面积的均衡永续和规整的林分配置，谋求将来实现法正状态；折中平分法要求两者同时实现。各种平分法都要求确定分期内的采伐地点，计算预定收获量和标准年伐量。

由于平分法适用于单纯同龄林伐区式作业法，很容易把森林当作生产机器。因此，瓦格纳（C. Wagner）认为，平分法在德国的普遍应用是引起林况恶化的重要原因。

（三）经典法正林模型

法正林是在作业级水平上针对同龄林皆伐作业法提出的一个旨在保证实现森林永续利用的最为古典、影响也最为深远的理想同龄林结构模型。长期以来，法正林理论与永续利用原则一起作为森林经营的理论基础发挥着重要作用，并成为现代可持续发展理论、森林可持续经营思想产生和发展的重要思想源泉。现代森林经营理论和技术体系的产生和发展过程正是伴随着法正林理论的产生和发展逐步建立起来的。

法正林，就是能够严格实行永续作业的森林状态，它要求经营单位有最理想的林分结构，即各林分在年龄、组成、地域上的分布、生长量、蓄积量都呈法正状态，保证每年有较稳定的木材收获量，使永续均衡利用森林的原则得到实现。法正林的理论核心，是根据林分的增长量来调节采伐量。

1. 法正林的概念

法正林理论产生于 18 世纪奥地利皇家对森林采伐的规定，约翰·克里斯蒂安·洪德斯哈根（Johann Christian Hundeshagen）等对此进行了补充和完善，后来逐步成为森林收获调整的最基础性理论，是森林结构调整的一个理想导向和目标，森林采伐限额管理制度也源于这一理论。

法正林(Normal forest)就是具备法正状态的森林，即具备能够实现严格永久平衡利用状态的森林，这种森林经营称严正的保续作业，也就是每一年有均等数量的木材收获，平衡的、固定的收获量。

洪德斯哈根是德国 18 世纪著名的林学家，1783 年生于德国中西部城市哈瑙，在迪伦堡林学院学习林学 2 年后毕业成为一名老师。1804 年到 1806 年，他在海德堡从事专门研究，1806 年通过国家考试后，开始担任伯吉斯的林务官，并在这一岗位上工作了 15 年之久。离职后，1821 年，洪德斯哈根成为图宾根大学的一名林业教授，同时兼任富尔达森林研究所所长一职。1824年，他调到吉森森林研究所担任教授、主任。由于健康的原因，1931年，他放弃了一切职务，将余生奉献给了大学教学，同时孜孜不倦地完成了他人生最后一个重要的工作——《森林经理》的编写，直到1934年，他在吉森去世。他的法正林思想正是将数学模型应用在森林经理中，因此他也被称为法正林之父。洪德斯哈根一生为世界林业科学留下多部不朽专著，如1819年出版的《林业科学方法和概念》，1821—1831年，他主编的"百科全书（森林科学卷）"，对推动19世纪森林科学的发展起到了重要作用。

纵观洪德斯哈根著述丰赡的一生，创立法正林理论是他最为人所称道的功绩。1826年，洪德斯哈根在总结前人经验的基础上，在《森林经理科学原理》一书中创立了"法正林"学说，这一针对同龄林经营的永续利用理论的完善，标志着在作业级水平上木材永续利用思想的成熟。之后经C.海耶尔等学者的补充，直到20世纪初才作为森林经理学的理论核心。"法正"也就是"标准"的意思，法正林亦称标准林、理想林。法正林出发点是根据森林永续利用的原则，模拟一个最优的森林结构，用来与现实林进行比较，作为森林调整的理想目标。法正林就是具备法正状态的森林，即具备能够实现严格永久平衡利用状态的森林，这种森林能够"严格地永续作业"，也就是每一年有均等数量的木材收获，具有平衡、固定的收获量。

法正林采用的生长量控制采伐量的理论和原则，是法正林学说理论的核心。从18世纪到今天，大量的实践证明，它是合理和正确的，具有现实意义，其中反映的采育结合、合理经营的观点到今天看来仍不过时。我国实行森林限额采伐制度，是为了持续地最合理地从林地上收获木材资源，通过国家采取宏观调控与微观指标指导相结合的方式，每5年进行一次限额编制，实现森林资源的消长平衡。

2. 法正林条件

法正林必须具备以下四个条件：法正龄级分配、法正林分排列、法正生长量和法正蓄积量，是有利于实现永续利用的理想结构的森林。法正龄级分配，要求具备从幼龄林到成熟林的各龄级林分，而且面积相等；法正林分排列，要求林分的空间配置适宜于伐木运材，有利于森林更新和保护；法正生长量，要求经营单位内各个林分应具备符合其年龄和立地条件的最充分的生长量，使经营单位的法正生长量相当于到达伐期的林分蓄积量；法正蓄积量，即在经营单位内，从幼林到伐期各年龄林分蓄积量的合计，如符合上述三个条件时，则法正蓄积量就是法正生长量乘轮伐期的一半。法正林实质上是一种数学模型，为森林经营模拟出理想的调整目标。法正林理论是以林场为基础，以林班为经营单位，以规模为保证，没有规模的法正林经营是不可想象的，也是不可能实现的。

（1）法正的龄级分配

法正龄级分配实际就是作业级和森林经营类型所有林分的林龄结构，它要求在组成作业级或森林经营类型的全部林分中，具备从第1年或Ⅰ级到期龄第*u*年或轮代期所在龄级所有各年龄（或龄级）的林分，且各年龄或龄级林分的面积均等，如图9-1。

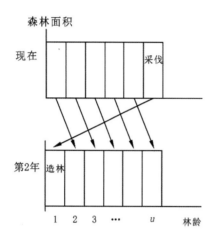

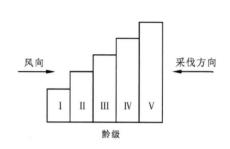

图9-1　法正林龄级分配图　　　　图9-2　法正林各龄级林分面积、蓄积量配置图

（2）法正林分配置

林分的排列有利于森林更新、保护和作业，如图9-2所示，假如风向从左方来，而采伐（皆伐）方向与风向相反（右），这样可以利用风力天然下种，保护幼树，并便于采运木材。

实际上，风倒是欧洲早期山地林区形成多种采伐方式的主要刺激因素，如图9-3所示，采伐方向（皆伐带前进方向）应与经营地区的主风方向相反，这样可以利用风力促进林墙天然下种，扩大种子撒播范围，利用林墙保护幼树，利用倾斜的林冠避免风吹入林内造成风倒，同时也便于采伐、集材和运输。这一原理不断发展成各种伐区配置模式。

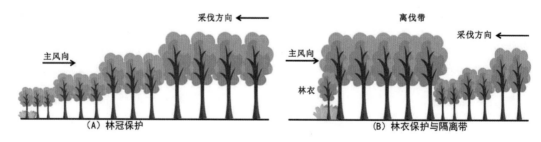

图9-3　法正林林分配置模式示意图

（3）法正蓄积量

法正蓄积量要求经营类型各龄级林分要有与其立地条件和林龄相应的公顷蓄积量，即要有相应的完满疏密度或立木度。当各林龄或龄级林分都达到单位面积标准蓄积量时，各林龄或龄级林分蓄积量之和即为法正蓄积量。

（4）法正生长量

法正生长量要求在森林经营类型内各年龄或龄级的林分都具有符合其年龄和立地条件的最充分的生长量。为此，也要求林分保持完满的疏密度，并得到合理的经营。

3. 法正林模型

（1）法正的龄级分配

理想的林分年龄结构。要求在经营单位内具备1年生至主伐年龄各个年龄的林分，各年龄林分的面积也要相等，以保证后继有林，实现永续利用。法正龄级分配是在法正林诸条件中首要的条件，合理的林龄结构仍然是森林调整的主要目标。

如图9-4所示，若设经营类型的轮伐期为 u，$1 \sim u$ 年的林分面积分别为 A_1，A_2，A_3，$\cdots$，A_{u-1}，A_u，侧有为常 $A_i = A_j = a$，$a = \dfrac{\sum A_i}{u}$ 数。

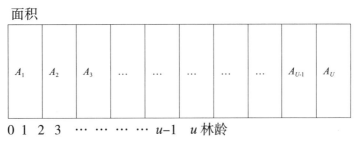

图9-4 法正林龄级分配示意图

（2）法正生长量

各林分与年龄相应的正常生长量。如果满足了以上2个条件，则可以假设各林分每年的生长量相同，分别记为 Z_1，Z_2，Z_3，$\cdots$，Z_{n-1}，Z_n，各林分的蓄积量分别为 m_2，m_1，m_3，$\cdots$，m_{n-1}，m_n。则 $Z_1=m_1$，$Z_2=m_2-m_1$，$Z_3=m_3-m_2$，$Z_4=m_4-m_3$，$\cdots$，$Z_n=m_n-m_{n-1}$。由此可见，各林分的生长量总和等于经营类型的年总生长量（$u \times Z$），也等于最老林分的蓄积量 m_u。每年采伐最老林蓄积量等于各林分与年龄相应的正常蓄积量，以保持永续收获（图9-5）。

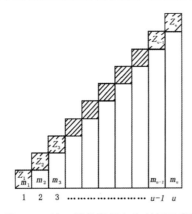

图9-5 法正林蓄积量与生长量示意图

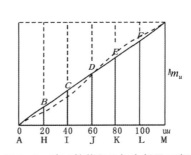

图9-6 法正林蓄积量与生长量示意图

（3）法正蓄积量

各林分与年龄相应的正常蓄积量。从图9-6可知，横轴表示法生长量，假设各龄级平均生长不变，各林分的蓄积量等于生长量之和为法正蓄积量，即法正蓄积量。

$$v_n = \sum m_i \quad\text{............（9-1）}$$

通常，把采伐量与蓄积量之比称为利用率。因此，可以把法正年伐量 E_n 对法正蓄积量 V_n 的百分率称为法正利用率，记为：

$$P = (E_n/V_n) \times 100\% \quad\text{.....................（9-2）}$$

当采用皆伐作业时，

$$E_n = m_u \quad\text{.....................（9-3）}$$

$$V_n = \frac{u}{2} \times m_u \quad\text{.....................（9-4）}$$

$$\text{则 } P = m_u / \left(\frac{u}{2} \times m_u\right) \times 100\% = 200/u \quad\text{...................（9-5）}$$

即法正利用率 P 是与轮伐期成反比的一个常数。

法正林模型是实现永续利用原则的最优状态。但现实森林往往是各式各样的，很少像法正林模式那样分布，由于森林调整（往往是通过采伐或更新）的过程相当缓慢，在导向法正林状态过程中需要几十年的时间，导向过程中还会造成一定的经济损失。特别是树种、龄级比较复杂的天然林，如按照传统观点去追求法正林模式，必然与永续利用原则和经济效益原则发生冲突。由于法正林要求的条件过于苛刻，因此世界上除瑞典等少数国家外，一般很少见到法正林。据了解，我国也很少有法正林分的实例。但应该看到，生长量控制采伐量是法正林的核心，至今仍然指导着我国森林经营管理实践，并将其列入我国的《中华人民共和国森林法》。

（4）法正年伐量

法正林模型要求经营单位的法正年伐量（E_n），即法正利用要等于该经营单位的法正生长量（Z_n）：

$$E_n = Z_n = m_u = u \times z$$

法正林理论认为，在符合法正条件的森林经营单位，如果按照法正年伐量进行收获利用，每年采伐法正最老林分并保证及时更新，可以保持森林经营单位的法正状态，即可保证经营单位实现永续利用。

（四）广义法正林模型

广义法正林（generalized normal forest）是日本名古屋大学铃木太七教授于 1961 年针对日本民有林森林经营的实际提出的概念，证明法正林可以被看作无数个林龄转移矩阵，所有的森林状态可以看成是各龄级要素的林龄空间上的一个点，并可由此点向相应法正状态时林龄空间上一特殊点诱导，从任何林龄状态都可以收敛到一个点。广义法正林是在计算机技术和数学模型技术日益发展的现实条件下，应用数学手段对森林经营理论进行完善和发展的有益尝试，特别对于森林以个人所有为主体的地区，类似于我国南方集体林区的森林资源管理和规划，具有重要的借鉴价值。

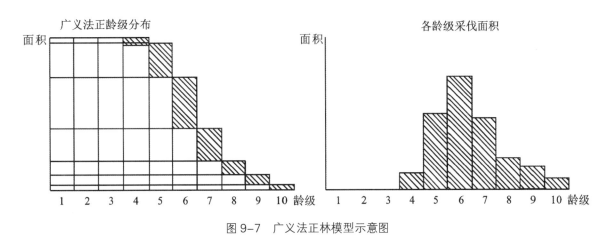

图 9-7　广义法正林模型示意图

广义法正林理论的基础是林龄空间理论，其应用主要是利用减反率法进行木材产量的预测。

在林龄空间理论中，一定范围内经营的森林龄级结构被看作是以各龄级面积为分量的林龄向量，各分期龄级的转移通过林龄转移矩阵来实现。如果各分期的林龄转移矩阵相同的话，整个林龄向量就构成马尔科夫链，具有这种林龄向量的整体称为林龄空间。如果各分期林龄转移矩阵不变时，森林总能从任一状态经稳定矩阵的作用，达到一个稳定的状态，此状态称为广义法正状态。广义法正状态与初始龄级无关，只与林龄转移矩阵有关。

用林龄转移矩阵就可以预估下一分期的采伐量，由于矩阵中的转移概率可以由减反率求出，所以称为减反率法。所谓 j 龄级的减反率 q_j，就是指某分期营造的林分，恰好在 j 龄级时被采伐的概率。

用减反率可以求出采伐率，由 $p_{j,1}$ 和各龄级初始面积 a_j 可利用下式关系。

$$(c_1, c_2, \cdots, c_n)' = (a_1, a_2, \cdots, a_n)' \cdot (p_{1,1}, p_{2,1}, \cdots, p_{n,1})'$$

求出第 i 分期的各龄级采伐面积 c_i，再结合数量化蓄积量表就可求出各龄级的采伐量及总采伐量。

保存率与减反率有如下关系。

$$b_1 = 1, \ b_2 = 1 - q_1, \ \cdots, \ b_n = 1 - q_1 - q_2 - \cdots q_{n-1}$$

用现有总面积和各龄级的保存率，用关系

$$\overline{a_1} = A / \sum_{i=1}^{n} b_i, \overline{a_2} = b_1\overline{a_1}, \overline{a_3} = b_2\overline{a_1}, \cdots, \overline{a_n} = b_n\overline{a_1}$$

可求出广义法正状态时各龄级的面积。由此可以判断各龄级的面积分配是否处于法正状态。广义法正林认为，中幼龄林多，成过熟林少是典型的法正状态。

（五）完全调整林模型

由于法正林要求条件苛刻，任何一片现实林分，如要达到理想的法正结构，要经过几个轮伐期才能达到。而且即使达到法正林状态，也不过是维持生长量与采伐量长期平衡的状态，也不符合扩大再生产的要求。因此，严格追求这种法正林是不切实际的。美国林学家戴维斯、克拉特、鲁斯克纳先后提出完全调整林（fully regulated forest）概念来代替经典的法正林理论。

1. 完全调整林概念

完全调整林是对法正林学说的发展和修正，也是为实现永续利用而提出的一种理想森林结构调整模型，并且将同龄林和异龄林的理想森林结构都纳入完全调整林的范畴。鲁易斯纳指出，完全调整林的定义是每年或定期收获在蓄积量、大小和质量上大体相等的林木。这个定义是对林木而言，如果预期收获目标是野生狩猎动物、游憩、美学价值或其他产品或服务，也可对相应的收获量给出适当的定义，并且对预期收获物的种类、数量、规格、质量等指标制订出具体的目标。戴维斯和克拉特等则认为，完全调整林仍应当要求各直径级或龄级的林木保持适当的比例，能够每年或定期取得数量大致相等、达到期望大小的收获量。这就要求具有各个径级和龄级的林木，并保证有大致相等数量的蓄积量可供每年或定期采伐。克拉特认为，在一定的采伐水平上能保持森林龄级或径级结构稳定的森林，就是完全调整林。

完全调整林的上述概念既适用于同龄林经营，也适用于异龄林经营，它完全继承了法正林理论的基本思想和基本技术指标，但对森林结构的规定更加灵活也更加现实。因此，完全调整林可以概括为，根据实现森林永续利用的要求，针对现实森林资源的特点，通过对森林的不断经营与利用，调整其结构，使之达到满足永续利用要求的秩序，并且在预定的相对稳定的采伐水平上保持森林结构的稳定性，这样的森林便可称为完全调整林。

鲁斯克纳指出，完全调整林是每年

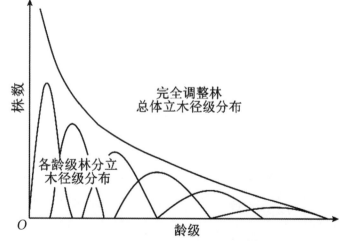

图9-8 完全调整林林分和作业级立木径级结构示意图

或定期收获的蓄积量及其质量大体相等的森林。这个定义是对林木而言，如果定义的收获量包括野生动物、游憩、美学价值和其他林产品，它则适用于所有林产品的一般定义。收获的种类及所希望的蓄积量、大小或质量都可以规定目标。

戴维斯和克拉特等人则提出，完全调整林的基本条件仍是各个直径级或龄级的林木保持适当的比例，能够每年或定期取得数量大致相等，达到期望大小的收获量。这就要求具有各个径级和龄级的林木，并保证有大致相等数量的蓄积量，可供每年或定期采伐。

克拉特推广上述完全调整林的概念，将其定义为"在一定采伐水平上龄级结构保持不变的森林"。总之，现有林经过调整后能达到法正状态的森林，就是完全调整林。

2. 完全调整林模型

虽然一些林学家倾向于为完全调整林规定一个更为灵活和宽泛的概念，但包括戴维斯、克拉特等在内的许多林学家仍然认为，应当对完全调整林的结构特点做出一些具体规定。

①林分和经营单位的林木径级分布应当符合林学和森林生态学的要求，并使其具备高森林稳定性、高森林生长量和高产品质量的要求。为此，在林分水平和经营单位水平上分别提出了林木径级结构模型，如图9-8所示。

②就同龄林而言，经营单位应当具有各林龄面积分配相对均衡的龄级结构。

③各龄级林分都应当具有与其林龄和立地条件相符合的公顷蓄积量和生长量。

$$r = \frac{S_{n+1}}{S_n} \quad\text{................................（9-6）}$$

$$Z_u = Z_n + r(Z_{n+1} - Z_n)\quad\text{................................（9-7）}$$

式中：S_{n+1} 为最大龄级面积；S_n 为次级龄级面积；Z_u 为采伐林分的平均生长量；Z_{n+1} 为最大龄级林分的平均生长量；Z_n 为次级龄级林分的平均生长量。

3. 完全调整林特点

①要求林分及经营单位内的林木株数按径级分布，要符合林学和生态学要求。其实质是要求对森林进行积极经营，及时采取合理的经营措施，使林分保持良好的稳定状态，促进林木生长，保持林分生产力，并取得中间利用。

②要求经营单位的各龄级面积分配均衡，但并不要求严格的空间配置，可根据实际进行合理安排，并强调生产单位的整体合理性。

③没有规定法正蓄积量和法正生长量，但强调林分蓄积量和生长量应与其立地条件和林龄保持相应的一致性。

④完全调整林的森林采伐量不仅包括主伐量，也包括间伐量，但仍以生长量控制采伐量，如图9-9所示。

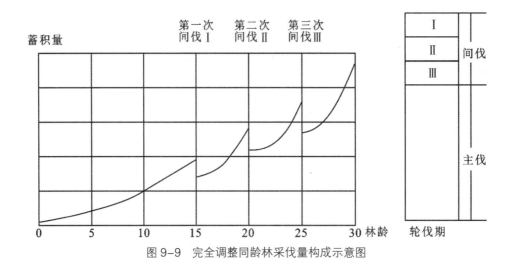

图9-9 完全调整同龄林采伐量构成示意图

（六）龄级法森林结构调整模式

森林收获调整以森林永续利用为指导，以法正龄级分配为原则，根据龄级表分析采伐量与生长量、蓄积量之间的关系，结合森林调整，确定最近一个经理期的采伐面积和采伐蓄积量的方法。此法应用于伐区式皆伐和渐伐作业。它保证适时利用成熟林，同时经营未成熟林，使之不断上升为成熟林，供采伐利用，采伐后随即更新，依次采伐下去，周而复始，永续不断。此法由折中平分法发展起来。

1. 经典龄级法

（1）纯粹龄级法

它预定森林收获的程序是：①根据实际调查材料，将龄级表中所列出的现实龄级分配与法正龄级分配相比较，适当确定最近一个经理期的采伐面积。确定的采伐面积一般应等于或接近于法正采伐面积，但当现实龄级分配不均匀时，则酌情增减。例如未开发的原始林，常是成、过熟林居多，幼、中龄林较少，这时既要及时采伐利用成、过熟林，又应尽量延长现有成熟林资源的采伐年限，以免后继采伐量锐减或中断，但应不使成熟林保留到自然成熟龄而变坏。又如次生林，常是幼、中龄林居多，成熟林较少，甚至没有，这时要做到不提前采伐未成熟林，有时允许在经理期后期采伐一些接近成熟的近熟林。通过采伐与更新，应使现实龄级分配不均匀的情况得到改善。遇到同一经营类型内各林分的立地质量有较大差别时，宜按改位面积计算采伐面积。②根据所确定的采伐面积，选择最近一个经理期所要采伐的林分。采伐对象包括应采伐的老龄林分、林况败坏生长不良急需采伐更新的林分、为作成法正林所应采伐的林木。③测定采伐林木的现有蓄积量及其生长量。由于这些林木将在经理期内陆续采伐完，其生长量属于递减生长量，通常按经理期的一半生长量计算。现有蓄积量加上递减生长量，即为经理期的总采伐量。以经理期的年龄除之，得出平均年伐量，是为标准年伐量。④按既定的采伐方式（见森林作业法），合理划定伐区，规定采伐顺序，据以编制最近一个经理期的采伐方案。以后每隔一定时期进行复查修订。

（2）林分经济法

它预定森林收获的程序是：首先，计算出土地纯收益为最大的成熟龄，以确定轮伐期；应用指率以确定各林分是否成熟；在每个经营类型内划定若干个采伐区，分别在各采伐区确定采伐顺序。其次，按照以下顺序选定最近一个经理期所要采伐的林木：①作业上必须采伐的林木，如为做成采伐区而设置的离伐带。②根据指率，确实成熟的林木（因采伐顺序关系不能采伐者例外）。③为调整采伐顺序而牺牲的林木，例如在成熟林内的未成熟林木。④成熟不明显，可采可留的林木。再次，将上述四种林木加以总计，得出最近一个经理期的采伐面积，并与法正采伐面积进行比较。如果大于法正采伐面积甚多或者在一个经理期后缺少可采林木时，则第四项林木的全部或一部分不列入最近经理期内采伐。最后，对通过现实龄级分配与法正龄级分配的比较进行适当调节而定下来的采伐面积和地点，再进行现有蓄积量及递减生长量测定。二者之和被经理期年数除，即得出平均年伐量。

龄级法主要优点：①为了组织永续利用，针对现实龄级分配，进行森林调整，逐步过渡到法正龄级分配，使森林资源结构渐趋合理。②按照龄级高低顺序安排采伐，做到及时利用高龄林分，经营低龄林分，重视采伐迹地更新，符合经济原则和采育结合原则。③以组织经营类型为其特点，区别不同经营类型，贯彻科学经营。④只编制最近一个经理期的施业方案，定期进行复查修订，比较现实灵活。

2. 龄级法运用

对于一个林场来说，在进行规划之前就应当根据林场的现有经营条件、技术水平、资源结构和当地国民经济对林场林业生产的要求，通过全面分析论证，结合过去林场经营状况，提出本场应当组织哪些经营类型，细致程度如何，大体规模如何。在此原则指导下，结合过去的经验和教训，在充分调查研究的基础上，编制"森林经营类型设计表"。编制森林经营类型设计表要充分反映林业技术最新成果和成功经验，使设计表中的技术具有先进性、可行性和合理性，满足森林经营目标的要求。森林经营类型设计表的内容一般应包括森林经营类型的名称，森林经营类型代码，森林经营类型所要求的立地条件（立地类型、地位级、地位指数、林型），森林经营类型确定的目的树种（指优势树种），森林经营类型的培育目标或材种规格，森林经营类型的主伐年龄，森林经营类型的龄级期年数，森林经营类型各龄级的最低生长指标，森林经营类型的采伐剩余物处理方法和整地方法，森林经营类型的更新促进方法和造林方法，森林经营类型的幼林抚育措施、密度控制和树种控制措施，森林经营类型的成林抚育措施，森林经营类型的作业法。

编制森林经营类型设计表时，除上述根据林场总体情况确定编制哪些经营类型的设计表外，对某一个经营类型就要根据树种、立地条件、林分类型，分析其生长发育规律，确定诸如主伐年龄（轮伐期）、龄级期、生长量指标等技术要素，结合总结过去的经营教训，遵循既科学合理，又切实可行的原则，制订经营类型各林龄阶段的经营措施。

对于经过合理经营的小班，其近期应采取的经营措施可以直接从表中对照小班的林龄相应找到不同林龄林分的经营利用措施。对于未经经营活动或者是一些过去采用了不合理经营措施的小班，要以森林经营类型设计表为依据，结合小班实际情况，针对性地灵活确定合理经营措施。在确定了各小班经营措施的基础上编制森林经营措施类型表，统计各种工作量，为合理安排前半期的年度工作量创造条件。

二、异龄林择伐经营模型

择伐作业的先驱德国林学家盖耶尔主张耐阴树种适宜异龄复层混交林，后来 Moller、Engler、Balsiger、Ammon 等也都积极主张择伐。法国林学家顾尔诺主张集约择伐，他的工作方法称为检查法，就是以一定的林班为检查的单位，进行时间和空间的定期清查并回到同一起点，用两次清查的结果（生长量）作为采伐量，用这种检查的结果来改进异龄林的结构，一切都是实验性的，所以是归纳性的方法。继林学家顾尔诺之后，受林学家顾尔诺检查法的启发，把经营和利用结合起来，不断进行检查。他所用的周期不等于择伐周期（回归年），而是上升一个直径阶所需的年数。我国的异龄林择伐作业法大体经历了粗放径级择伐—采育兼顾伐（采育择伐）—检查法 3 个发展阶段。

（一）径级择伐法

在林业生产过程中，径级择伐是简单、科学、可操作性很强的一种择伐技术方法。一般情况下，根据林分生长状况与择伐周期确定伐除林木的径级。因此，径级择伐也称粗放择伐，在我国东北地区森林经营中曾称为"拔大毛"。它根据工艺成熟的要求规定了采伐起始径级，因而往往造成采伐强度过大，郁闭度减小，影响森林的迅速恢复，水土流失比较严重。此外，由于不分别树种，凡不达径级标准的不进行采伐，较多地保留了非目的树种，影响了伐后的林分质量，因而普遍造成径级择伐林分的衰退。在径级择伐中，我国普遍采用"三砍三留"原则（砍劣留优、砍密留稀、砍小留大）和"四个一起"原则（主干材和枝杈材一起造材、一起集材、一起装车、采伐清场一起进行）搞好中幼龄林抚育间伐问题，避免出现"拔大毛"的现象，减小采伐对林地破坏和未来更新造成的影响。由于径级择伐作业法存在容易造成林分破坏、难以保证更新、采伐后的林相残破等多方面不利因素，已逐渐被淘汰。

在径级择伐中一般采用按择伐径级数确定择伐周期的方法。在该方法中确定的采伐径级数和保留木的生长率是主要参数。现举例说明其计算步骤。

【例 9-1】一个异龄林经营类型，经调查取得现有立木生长到各径级所需要的平均年数见表 9-1。

表9-1　异龄林立木生长到各径级时所需要的时间

径级（cm）	26	28	30	32	34	36
平均年龄（年）	80	83	87	91	96	102

对于上述异龄林经营类型，如果确定采伐径级为30cm以上，则择伐周期为102-87=15（年）；如果确定采伐径级为28cm以上，则择伐周期为102-83=19（年）；如果确定采伐径级为26cm以上，则择伐周期为102-80=22（年）。

显然，上述确定的择伐周期是否合理可行，首先取决于调查数据的代表性；同时，由于在不同立木度和径级结构的异龄林中，立木直径生长过程有很大差异，择伐以后很难保证按期恢复到伐前的立木度的林分基本结构，其技术可靠性较差。

（二）小班经营法

1. 小班经营法的概念

小班经营法是将地域上相邻，并且在立地质量、树种组成、林龄、林况相近的一个或几个调查小班组织起来，形成一个具有相同经营目的、采用相同经营措施的经营单位——经营小班。在经营小班中，根据小班的经营目的、立地条件和林分状况，设计相件相迁现阶段直到采伐的经营捞，每个经营小班都设计一套与其经营目标和小条件相适应的森林作业法。这种按照这个小班设计一套经营措施，并按小班实施经营措施的经营方式称为小班经营法。

小班经营法的核心是按经营小班进行设计和施工，经营小班内的立地、林况等方面的差异要比经营类型小，而且林龄基本一致，结合林分实际情况，更能充分发挥林地生产力，实现集约经营科学管理。因此，小班经营法是比龄级法更为集约的经理方法。

2. 小班经营法的特点

概括起来小班经营法有以下四个方面的特点。

①小班经营法要求区划成固定的经营小班。

②小班经营法的作业法以集约择伐作业法为主，但并不绝对。

③小班经营法要求对经营小班的林地质量、林分现状及其生长量进行详细调查并单独计算采伐量。

④采用小班经营法时，经营技术要素的确定、各项经营措施设计和实施都要落实到具体的经营小班。

3. 龄级法和小班经营法的比较

龄级法和小班经营法各有其特点和适用范围。在森林经理工作中，可以根据实际情况分别对不同对象应用不同方法，特别对于多种森林类型和多个经营目标的单位，应综合应用两种方法，而不应只接受一种方法而排斥另一种方法。

对于龄级法和小班经营法，可以从以下几个方面理解其差异和不同的适用性（表9-2），以便在实际工作中灵活应用。

表9-2 龄级法和小班经营法比较

项目	龄级法	小班经营法
森林经营措施规划设计单位	经营类型（作业级）	经营小班
采伐量计算依据	经营类型总平均生长量	经营小班连年生长量
作业法	以各种伐区式作业法为主	以集约择伐作业法为主
产品类型	各种林产品	珍贵和优质大径材
管理成本	略低	略高
规划设计成本	低	高
技术要求	较低	较高
土地利用程度	不完全	较完全
其他服务功能	较差	较好
适用对象	商品林	特种商品林或特殊公益林

4. 小班经营法的应用

小班经营法适用于经济条件较好，经营水平高，技术力量较强的林区，或者是林场内的个别林种区或个别林分，必须有详细的森林资源调查、立地条件调查成果作为基础，调查很粗放就无法组织经营小班，也无法分析林分生长发育特点和规律，就不可能设计出有针对性的切合实际的经营措施来。

在实际工作中，可以在野外结合小班调查，直接把部分林分划出来，划成固定的经营小班。也可以在二类调查的基础上，通过二类调查成果内业分析，把相邻的一些小班合并或把一个调查小班划定为经营小班，必要时进行一些补充调查和区划。对经营小班的区划要有明显界标，在图上也要单独区划出来。

在我国的森林经营中，小班经营法作为重点林区的森林经营模式，曾得到广泛应用，在主要林区的经营中发挥了重要作用。

（三）检查法

检查法是顾尔诺和毕奥莱等在法国和瑞士等地区创建的天然异龄林集约经营方法，在许多欧洲国家都有研究和应用，在亚洲研究和应用主要是我国和日本。检查法的经营思想是，在天然异龄混交林中，根据森林的结构、生长、功能和经营目标，在经营中边采伐，边检查，边调整，森林的结构逐步达到优化，使森林生态系统健康，并产生高效益。目前，该方法在我国的应用仅限于北京林业大学在吉林汪清林业局金沟岭林场的云冷杉过伐林中，自1987年实施检查法经营方式。检查法是一种高度集约的经营方式，我国森林资源连续清查和其他定期调查都是在此基础上发展起来的。

1. 检查法概述

检查法是一种适用于异龄复层林集约择伐的采伐方式，其经营特点是，在采育林的基础上，以导向近原始林的模式林分为目标，通过对林分生长情况的连续监测，以 5 年为一个回归期，定量控制其采伐量，使之不超过生长量。通过定期择伐或抚育，持续、不间断地调整森林结构（优化径级株数比例、树种组成比例及林分密度等），不断提高林地生产力和林木质量，不断改善林地卫生条件和森林生态环境，充分发挥森林的多种效益。检查法的目标是调整森林结构以形成永续秩序。选择采伐木的方法是：比较现实及标准的径级株数曲线（一般复层异龄混交林的径级 – 株数曲线呈反"J"形），优先伐除老龄、病腐及没有培育前途的林木，采密留稀，保护红松、水曲柳、紫杉等珍贵树种并充分考虑更新情况，使之逐步达到近原始林的结构。其中，将森林结构调整到最适合的定期生长量是实现可持续性的关键。

2. 检查法确定森林采伐量的方法

检查法是指通过定期检查森林的生长量来确定采伐量，检查法的核心思想是采伐量不超过生长量，此约束有利于长期维持林地生产力，以便持续获得木材，检查法计算生长量的公式如下：

$$Z = \frac{M_2 - M_1 + C + D}{a} = \frac{\Delta}{a} \quad\quad (9-8)$$

式中 Z——林分定期平均生长量；

M_2——本次调查全林蓄积量；

M_1——本次调查全林蓄积量；

C——调查间隔期内的采伐量；

D——调查间隔期内的枯损量；

Δ——林分定期总生长量；

a——调查间隔期。

本模型采伐量的控制方法是，当根据采伐强度确定的采伐量不超过生长量时，按采伐强度控制采伐量；当由采伐强度确定的采伐量超过生长量时，按生长量控制采伐量。所以生长量是采伐量的最高限额，在最高限额内，在满足其他约束条件下尽可能多地获取木材收获。

3. 检查法的采伐作业设计

检查法是动态适应性的经营方法，采取较短的经理期或经营周期。及时了解林分状况和生长动态趋势，并适时采取合理的调整措施。初始的经理期一般设定为 5 年，第 2 经理期则根据资源的结构和生长状况逐步调整、优化，目标是找到最佳经营周期，鉴于现实林分情况，采伐强度一般设计在 8% ~ 20%。

径级结构不合理是指根据异龄林径级株数分布呈反"J"形的规律，而分布在反"J"形曲线之外（大于或小于）的分布株数，而不论其径级大小，这一部分林木是否列入采伐视每木调查后，根据绘制反"J"形株数分布图确定。采伐木的选择遵循以下原则：首先伐除老、病、残、径级结构不合理的林木和成熟的林木；保留价值增长快和珍贵树种，如西南桦、滇楠、水青树、铁力木等；保持适当的针阔树种比例，保持林木空间分布均匀合理，避免出现林窗，调整森林的径级结构，使之径级分布趋于合理，有利于各径级林木向更大径级转移。

采伐后在山场造材。原木集材，集材方式采用牛、马托运，集材道利用原有道路，保护林地土壤、环境和更新幼树少受破坏。

4. 检查法做法

在异龄林择伐作业中，定期进行全林每木调查，用直接测定的连年生长量作为决定收获量标准的方法。检查法是法国人顾尔诺（A. Gurnaud）于1863—1875年在Jura村有林中实验的一种方法。他把全林分为6份，每年采伐1份，并慎重选择采伐木。毕奥莱（H. Biolley）当时在瑞士的纳沙泰尔州的Val-de-Travers峡谷的林业局工作。他在那里按照顾尔诺的学说实施，积累了近40年的经验，建成了优美的择伐林。毕奥莱的这种择伐作业，被叫作检查法。该法是作为对法正同龄林的对立面提出来的。由于主要是根据"经验"，所以检查法也叫经验法。

①把森林区划为面积较小的林班。为方便观察和测定，林班面积以12～15hm²为宜。此外，不设作业级，也不必要有作业法和轮伐期。

②测定每个经理期内起测径界以上的全部立木，根据塔里夫材积表求积。经理期的长短，视林木生长情况而定，通常5～7年，长的10年。

③设经理期开始时的蓄积量为M_1，经理期末的蓄积量为M_2，如果此期间内采伐收获的立木材积为C，则此期间（5～10年）的生长量Z可用下式求得：$Z=M_2-M_1+C$。按这样的求算，把这个经理期的生长量作为下一个经理期预定的收获量。但此预定收获量仅作为一种可能性的意见向实施者提出，实施者可以根据具体情况对所提出的收获量进行适当的增减调节。即林分蓄积量的变化过程，从"量"上取决于生长率，从"质"上取决于径级的分配和变动状态。同时，要从施业过程观察幼树发生状况和各林木的生长发育情况。总之，对收获量的增减和调整，取决于施业技术是否合理，而合理的标准则是通过对森林的施业后能形成具有最理想质量的、健全的森林。

毕奥莱把云杉和冷杉混交林划分为3个径阶组，各蓄积量的最优结构为：①小径木（17.5～32.5cm）的蓄积量占20%。②中径木（32.5～52.5cm）的蓄积量占30%。③大径木（52.5cm以上）的蓄积量占50%。即云、冷杉异龄林的蓄积量结构3个径阶组的蓄积量比例为2∶3∶5时，能保持最高的林木生产力。

检查法还要求林分保持一定的基本蓄积量，根据瑞士的条件可分为：高地位级的林分301～400m³，中等地位级的林分201～300 m³，低地位级的林分101～200 m³，极端恶劣的立地条件下的林分100 m³以下。

5.检查法在我国的实际应用

检查法是一种适合于异龄林的集约经营方法。在吉林汪清林业局首次开展的检查法的第1经理期（1987—1992年）实验，通过对择伐林分的径级分布、混交比例、蓄积量结构、生长量、择伐强度等方面进行了系统分析，并比较了这些林分的蓄积生长量、经济效益等，结果表明，检查法是采育择伐的最优形式。

过去林业部曾推行过采育兼顾伐（后来改为采育择伐），而这种方法强度太大往往得不到好的结果。检查法试验证明，只要择伐强度不超过20%，最好在15%左右。每个经理期（5年）内在200m³/hm²的林地上采伐约30m³/hm²（原木15～20m³）是有把握的。完全可以越采越多，越采越好，青山常在，永续利用，与同样条件下的落叶松人工林皆伐方式相比具有一定的优越性。亢新刚等以金沟岭林场的云冷杉针阔混交林为研究对象，分析了该林场在始于1987年的检查法经营下连续14的森林资源调查数据。利用Weibull分布和负指数分布拟合该类型林分的直径结构，并计算了该森林类型的g值，分析了连续14年来检查法经营针阔混交林林分的蓄积量结构。研究结果表明：① Weibull分布与负指数分布均能较好描述过伐林区针阔混交林的直径结构。②该森林类型直径的g值，分布范围在1.20～1.50，平均值为1.30。③经过14年的检查法经营，小径级、中径级林木的蓄积量比重总趋势在下降，大径级林木的比重在上升，蓄积量结构比实验前更加合理。

三、近自然森林经营模式

（一）同龄林转化过渡为异龄林的恒续林经营模式

有学者按材积随时间的变化，将森林可持续经营系统简单分为两种：一种称为轮伐森林经营系统，特征是周期性的皆伐（clear felling）与人工更新（planting）；另外一种称为连续覆盖林业系统，特征是择伐（selective harvesting）和天然更新（natural regeneration），表现为异龄林结构和多树种森林。最古老和最完美的连续覆盖林业系统的例子是在法国、瑞士、斯洛文尼亚和德国，被称为择伐林的森林（plenterselection forest），已经很长的历史。德国现在正在做的工作是，实现由轮伐森林经营系统向连续覆盖林业系统的转变，这种转变模式称为近自然森林经营模式。

连续覆盖林业（恒续林业）的优点可概括为：与皆伐相比，直观影响小得多；增加内部结构与物种的多样性；更大的结构多样性，更有利于野生动植物；对森林生态系统的干扰减少，为更新幼树提供更好的庇护；减少蓄积量增加的费用（假定能成功进行天然更新）；生产大口径、高质量的锯材原木；结构多样性提供抗风的弹性（在林分水平）。连续覆盖林业的缺点可概括为：林分经营更为复杂，需要熟练的技术人员；收获和调整更为困难；由于采伐地块小且分散，增加了采伐费用；由于减少覆盖地表的采伐剩余物，增大对采伐点土壤的损害；取决于天然更新是否划算，不适用于更肥沃立地（杂草竞争）和巨大放牧压力地区；通常林分转型时（特别在不稳定的立地上）要承担风灾的风险，需要时间决定是否成功。

1.近自然森林经营的概念

近自然森林（near nature forest 或 closeto-nature forest）是指以原生森林植被为参照而培育和经营的、主要由乡土树种组成、具有多树种混交、逐步向多层次和异龄结构发展的森林。

近自然森林经营以森林生态系统的稳定性、生物多样性、系统多功能和缓冲能力分析为基础，以整个森林的生命周期为时间设计单元，以目标树的标记和择伐以及天然更新为主要技术特征，以永久性林分覆盖、多功能经营和多品质产品生产为目标的森林经营体系。

近自然森林经营是一种顺应自然的计划和管理森林的模式，它基于从森林自然更新到稳定的顶级群落这样一个完整的森林发育演替过程来计划和设计各项经营活动，优化森林的结构和功能，永续利用与森林相关的各种自然力，不断优化森林经营过程，从而使受到人为干扰的森林逐步恢复近自然状态的一种森林经营模式。

近自然森林经营就是充分利用森林生态系统内部的自然生长发育规律，从森林自然更新到稳定的顶级群落这样一个完整的森林生命过程的时间跨度来计划和设计各项经营活动，优化森林结构和功能，永续充分利用与森林相关的各种自然力，不断优化森林经营过程，从而使生态与经济的需求能最佳结合的一种真正接近自然的森林经营模式。

2.近自然森林经营的原则

（1）珍惜立地潜力和尊重自然力

所谓立地潜力，就是指在现有立地条件下的自然生长力。近自然林业是以充分尊重自然力和在现有生境条件下的天然更新为前提的，是在顺应自然条件下的人工对自然力的一种促进。因此，掌握立地原生植被分布和天然演替规律，是近自然森林经营的基础。顺应自然的森林经营，原则上要避免破坏性的集材、整地和土地改良等作业方式，以保护和维持林地的生产力。

（2）适地适树

近自然森林经营强调根据在立地条件下的原生植被分布规律发现的潜在天然植被类型选择或培育现有立地条件自然适宜生长的乡土树种。近自然森林经营倡导使用乡土树种，但也不完全排除外来树种，但对外来树种的引进十分谨慎。即使是理论上认为适合现有立地条件群落自然演替的外来树种引入，也需要在局部区域范围内进行充分种植试验和群落适应观察，分阶段小心谨慎地进行。因此，在近自然经营下形成自然生态群落的树种应该以本地适生的乡土树种为主，并尽可能提高其比重。

（3）针阔混交和增加阔叶树比重

针阔混交搭配可形成生产力高、结构丰富的稳定森林生态群落。特别是增加阔叶树种，可为立地提供更多的枯枝落叶腐殖质肥料，增强林地肥力。加上近自然林业保护原有天然植被，顺应自然更新，能更好地增加森林生态系统的生物多样性，有利于建立起更加稳定的植被群落，从而能增强森林生态系统自身对病虫害等自然灾害的消化和控制能力，减少病虫害等自然灾害的发生。同时，增加阔叶树种，降低植被群落的油脂含量，将更有利于减少和降低森林火灾的发生。

（4）复层异龄经营

近自然森林经营要求林分结构要由单层同龄纯林转变为复层异龄混交林。近自然森林经营在混交造林的基础上，还要求复层异龄经营。复层林的形成主要通过保护原生天然植被、错落树种混交配置和异龄经营等措施来实现，通过择伐和更新促进初级林分的异龄化，进一步增强林分的复层化。复层异龄经营一方面显著提高了林分的抗风灾能力，有利于森林防护功能的不间断的持续发挥；另一方面也有利于林分内合理的自然竞争，促进目标树木的生长，不同龄级林木的演替生长，增强了木材生产的可持续供给和森林的可持续经营。

（5）单株抚育和择伐利用

单株抚育管理和择伐利用的原则，是与复层异龄经营相一致的经营原则，是促进木材生产的可持续供给和森林可持续经营的具体措施。其意味着持续的抚育管理，且以培育大径级林木为主，使每株树都有自己的成熟采伐时点，都承担着社会效益和经济效益，大大提高了木材经营的质量和森林的综合效益。

（二）近自然森林经营的技术要素

1. 技术要素

德国和中欧国家在经营单位层面和林分层次的近自然经营计划和措施可总结为：

①以乡土树种为主要经营对象，以保持立地生产力，并保证不出现早期生长衰退、暴发性病虫害等不可挽回的灾难。

②理解和利用自然力实现林分天然更新为优先选择。

③以森林完整的生命周期为计划的时间单元，参考不同森林演替阶段的特征制订经营的具体措施。

④参照立地环境、地被指示植物和潜在植被来确定经营目标，以目标林相设计指导调整林分结构的经营处理。

⑤以标记目标树为特征进行单株木抚育管理，目标是在保持森林生态功能的前提下实现高价值成分（目标树）的优化生长。

⑥采用择伐作业，并通过采伐实现林分质量的不断改进。

⑦全局优化为经营的最高目标，尽可能分析各种经营措施的生态和经济后果来保证设计的全局优化，更多地依赖和使用模型、模拟及决策支持系统。

⑧定期对森林的生长和健康状态进行监测和评价，为经营方案调整提供依据。

2. 全周期经营计划

全周期经营（lifecycle management）是以森林的整个生命周期为计划对象，从森林造林建群、幼林管护、抚育调整、主伐利用到再次更新建群的整个森林培育过程来认识森林不同发育阶段特征并规划设计各阶段经营技术和处理安排的整体经营技术，是一种适应森林生态系统经营理念的多功能森林作业法设计技术。

在传统的用材林经营中，针对作业级的森林经理计划是采用基于数量成熟的轮伐期为明确的经营周期指标，实现对森林生长动态进程的整体控制和经济生产计划。但是，森林在数量成熟时点的大部分质量指标并没有成熟，所以轮伐期仅仅表达了森林生态系统中人们希望的木材数量的单向发展进程，而森林经营的历史已经说明，森林作为复杂的生态系统在这个数量指标上是难于重复实现的，这也是轮伐期林业难于实现可持续发展目标的一个根源。为此，需要重新选择有效的参考体系和技术指标。生命周期经营计划就是同时考虑森林的数量和质量指标在整个森林生长周期内的发展变化情况，以林分优势高所代表的垂直结构为依据而作出的阶段划分和相应的经营作业或收获的整体框架设计。把森林从人工造林或自然更新建群到生长发育末期这个森林生命周期划分为 6 个林分垂直层次结构类型，针对各个层次制定相应的抚育作业技术要点，从而保证抚育作业针对每一株林木、每一个阶段的生态关系和生长需要。这种淡化了林分年龄并回避了轮伐期等固定时间规定而突出结构特征的经营作业计划具有提高抚育的林学效果，减少不必要的操作和提高作业经济效益的优势。

森林经营类型确定：多功能森林经营方向确立。

目标结构：混交异龄复层恒续林结构。

目标林相和目标产品：混交异龄复层恒续林结构，大径材全周期森林经营模式分为林分建群阶段、竞争生长阶段、质量选择阶段、近自然森林阶段（生长抚育阶段）和恒续林阶段 5 个阶段（图9-10）。

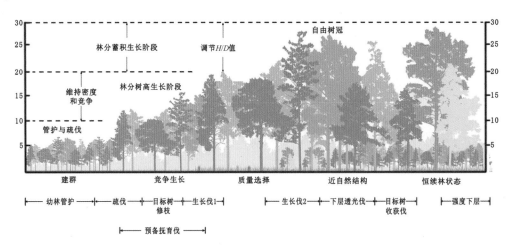

图 9-10　全周期森林经营五阶段示意图

营林作业法：目标树作业体系

①森林建群阶段：即人工林造林到郁闭或天然林先锋群落发生和更新的阶段。

②竞争生长阶段：即所有林木个体在互利互助的竞争关系下开始高生长而导致主林层高度快

速增长的阶段。

③质量选择阶段：林木个体竞争关系转化为相互排斥为主，林木出现显著分化，优势木和被压木可以明显地被识别出来，典型的耐阴（顶极）群落树种出现大量天然更新。

④近自然森林阶段：树高差异变化表现出停止趋势，部分天然更新起源的耐阴树种个体进入主林层，林分表现出先锋树种和顶极群落树种交替（混交）的特征，直到部分林木达到目标直径的状态，这一阶段正是近自然经营的目标森林状态。

⑤恒续林阶段：当森林中的优势木满足成熟标准时（出现达到目标直径的林木）这个阶段就开始了，是主要由耐阴树种组成的顶级群落阶段，主林层树种结构相对稳定，达到目标直径的林木生长量开始下降，部分林木死亡产生随机的林隙下大量天然更新。

各个阶段的树种构成和以优势木平均高表达林分垂直结构是整体生命周期经营计划中可描述、观测和可控制的变量，通过模仿自然干扰机制的干扰树采伐和林下补植更新是实现从林分现状到森林发展类型目标的可操作的技术指标，并根据演替参考体系和林分树种构成、层次结构和径级分布等3个控制指标来制做以林分垂直结构为标志的整体经营计划表。

（三）结构化森林经营方法

自20世纪80年代以来，森林可持续经营的思想逐渐形成，其理论探索和研究成为热点。如何科学地经营，保护和培育森林资源，实现森林可持续经营是当前林学界面临的一项重大课题。我国学者惠刚盈等依据系统的结构决定系统功能的原理，提出了基于林分空间结构优化的森林经营方法。

该方法强调森林空间结构对森林生态系统功能充分发挥的重要性，通过改善和维护森林的空间结构，达到森林可持续经营的目标。

1.结构化森林经营技术的理论基础与经营原则

结构化森林经营是空间结构优化的森林经营方法的简称，其具有完整的理论与技术体系，包括理论基础、经营原则、调查方法、林分状态分析和结构调整以及经营效果评价等。系统的结构决定系统的功能，结构的可解析性及健康森林的结构特征是结构化森林经营的理论基础。结构化森林经营认为，认识森林的有效途径是正确地表达和解析森林的空间结构，创建或维护最佳的森林空间结构才能获得健康稳定的森林。因此，结构化森林经营遵循以原始林为楷模、连续覆盖及生态有益性的原则，同时，经营时主要针对顶级树种和主要伴生树种的中大径木的空间结构进行调节。

2.结构化森林经营的理念和原则

（1）遵循以原始林为楷模的原则

尽量以同地段未经人为干扰或经过轻微干扰已得到恢复的天然林为模式。这种天然林空间结构经历了千百万年的自然选择、演替，林木之间的空间关系复杂多样，高度共存共荣、协调发展，其生态效益远远高于其他类型林分。因此，可将这种天然林空间结构作为同地段其他类型林分的经营方向。

（2）遵循连续覆盖的原则

尽量减少对森林的干扰，只有在林分郁闭度不小于0.7的情况下才进行经营采伐，否则应对其进行封育和补植；禁止皆伐，达到目标直径的采用单株采伐；保持林冠的连续覆盖，相邻大径木不能同时采伐，按1倍树高原则确定下一株最近的相邻采伐木。

（3）遵循生态有益性的原则

禁止采伐稀有或濒危树种，保护林分树种的多样性，以乡土树种为主，选用生态适宜种，增加树种混交，保护并促进林分天然更新。

（4）遵循针对顶极种和主要伴生种的中大径木进行竞争调节的经营原则

大多数天然林树种众多，关系错综复杂，想在所经营林分内保证所有林木都具有竞争优势是不可能的。因此，经营时以调节林分内顶极树种和主要伴生树种的中大径木的空间结构为主，保持建群树种的生长优势并减少其竞争压力，促进建群树种的健康生长。

3. 结构化森林经营技术要点

（1）数据调查与分析方法

与传统森林经营方法一样，在应用结构化森林经营技术对森林进行经营时，也要对林分状态特征进行调查与分析，调查内容除传统森林经营调查的内容，如树种、胸径、树高、冠幅、更新、林木健康状况及经营历史等项目外，还增加了林分空间结构参数的调查，包括用于描述林木水平分布格局的角尺度，反映树种多样性与种间隔离程度的混交度以及体现林木竞争态势的大小比数等。可根据现实林分所处的地形特征以及人力、物力等条件选择灵活多样的调查方法，主要方法有大样地法、样方法和无样地抽样调查等三种。

与传统森林经营方法不同，结构化森林经营在分析林分状态特征时，运用林分自然度来划分现实林分的经营类型。从树种组成、林分结构、树种多样性、林分活力和干扰程度等5个方面选择14个指标，采用层次分析法和熵权法相结合的方法进行计算；采用定性与定量的方法将林分自然度等级分为7个等级，将计算结果与之比对，从而确定林分的经营类型。从林分空间特征和非空间特征两个方面选择10个指标，计算林分迫切性指数，判断林分经营迫切性等级，并判定林分是否需要经营，为什么要经营，调整哪些不合理的林分指标能够使林分向健康、稳定的方向发展。

（2）结构化森林经营结构调整技术

①保留木和采伐木确定技术。结构化森林经营在经营设计时，首先要明确林分中的培育保留林木和可采伐对象，对林分中的稀有种、濒危种和散布其中的古树要全部保留，对病腐木、断梢木及特别弯曲的林木进行采伐，此外，对达到自然成熟（目标直径）的林木也要进行采伐利用，最后针对顶级树种和主要伴生树种的中大径木进行结构调整。

②林木的分布格局调整技术。当林木分布格局为团状分布时，则林分中角尺度值为 1.00 或 0.75 的结构单元中聚集分布在参照树同侧的最近相邻木为潜在的调整对象，采伐木选择时要综合考虑竞争关系、多样性和树种混交等因素。当林木分布格局为均匀分布时，则林分中角尺度值为 0 或 0.25 的结构单元中均匀分布在参照周围的最近相邻木为潜在调整对象，同样在进行调整时要综合考虑目标树与其他相邻木的竞争关系、树种混交以及多样性等因素。

③树种隔离程度调整技术。调整树种隔离程度，将混交度值为 0 或 0.25 的结构单元中的最近相邻木作为潜在调整对象，考虑林木的分布格局和竞争关系，伐除与参照树为同种的相邻木，减小相同树种对资源的竞争。

④竞争关系调整技术。在经营中，调节树种竞争关系主要是针对顶级树种或主要伴生树种的中大径木来进行调整，因为对林分中所有的林木进行调节是不可能的，也是不必要的。调整时应以减少目标树的竞争压力为原则，使保留木处于优势地位或不受到挤压威胁，即对于大小比数为 1.00 或 0.75 的结构单元，将比较指标大于参照树的最近相邻木作为潜在调整对象，使调整后的大小比数不大于 0.25。

（3）结构化森林经营效果评价

结构化森林经营注重林分状态特征分析，通过分析林分状态而确定林分的经营方向，因此，结构化森林经营效果评价也必然建立在林分状态特征的评价之上。通过对经营前后林分空间利用程度、物种多样性、建群种的竞争态势以及林分组成等方面指标的变化来评价经营效果。而传统的森林经营效果评价以功能评价为主，主要采用产量对比法或投入产出分析法，但由于林业生产周期长、见效慢，导致运用功能评价的方法具有一定的滞后性，不能掌握经营活动对森林各项指标的影响，从而不能在经营过程中及时调整经营措施，如果在经营过程中采取的措施不当，往往会造成事与愿违的结果。

四、生态系统经营模式

以 18 世纪工业革命为背景形成的传统林业与科学，是以木材生产的永续利用理论和法正林学说作为技术反映。从哲学上看，当时机械论的分析方法和机械唯物主义在科学和哲学中占主导地位。所谓"只见树木，不见森林""只见木材，不见生态"是最好的写照，这时的森林经营理论是一种形而上学的简化论，是一种"实物中心观"的反映。到 20 世纪中叶后，科学技术有了突飞猛进的发展，特别是电子技术、通信技术和生物工程的发展尤为显著。系统科学作为当代科学和社会进步的产物，标志着由"分析时代"走向"综合时代"的转变，体现为"以实物为中心"过渡到以"系统为中心"，以"分解和分析"为特征过渡到以"整体、综合"为特征。从林业来看，所谓"既见树木，又见森林""既见木材，又见生态"的森林资源整体论，森林资源的整体管理，以及森林资源整体效益的协调，正成为当代林业发展的主流。近半个世纪以来，林业经营理论有了很大的发展与变化。先后产生了森林永续经营、分类经营、森林资源资产化经营、森林可持续经营及森林生态系统经营等森林经营理论。

森林生态系统经营最早是美国提出的，是森林资源经营的一条生态途径。它试图维持森林生态系统复杂的过程、路径及相互依赖关系，并长期保持它们的良好功能，从而为短期压力提供恢复能力，为长期变化提供适应性。

森林生态系统的经营，其核心是追求人与自然的协调统一，因此，它实际上也是森林可持续经营的一条途径。到了21世纪初，提出了森林生态系统经营的理论。森林生态系统经营是目前世界林业发展的方向。

（一）森林生态系统经营的概念

在实践森林可持续经营的途径方面，美国与加拿大提出了森林生态系统经营（forest ecosystem management）这一全新概念。1992年，美国林务局正式宣布采用生态系统经营模式，这是美国国有林立自创立以来的最大改革，即认为要在景观水平上长期保持森林健康和生产力，那就是森林生态系统经营最初的雏形。这时，它只在于提出框架，处于实验阶段，未有成熟的理论及技术体系，也没有一个公认的明确的定义。

尽管森林生态系统近几年才受到普遍关注与采用，但这一概念的提出并不是初次的。早在20世纪20年代，美国林学家及野生物学家、土地伦理学的创立者Leopold就认为，应该把土地作为一个"完整有机体"来管理，并保持其所有的组分协调有序。也即在满足人类生存需要的同时，维持生态系统的完整性。他的这一土地伦理观点，已经初具了森林生态系统经营的合理内核。到20世纪70年代，国际社会对全球生态环境问题表现出普遍关注。1970年，政策分析家Goldwell著文倡导以生态系统作为公共土地政策的基础。同年，"生态系统经营"一词开始出现在环境组织的出版物中。在当时的背景下，生态系统经营仅局限于单纯的环境保护主张，不可能促成传统的森林经营思想的转变。到20世纪80年代，世界环境仍不断恶化，且新一代的环境问题面临更大的政治、经济、社会甚至文化的复杂性，人们不得不摒弃单纯的保护与发展观，可持续发展很快成为世界各国的共识。在这一背景下，人们深刻认识到森林对于维持地球及人类生活质量方面的主要生命支持作用，并反思传统森林永续收获经营在资源利用与保护之间不能达成适当平衡的局限。到20世纪80年代后期，森林经营的一条生态系统途径——森林生态系统经营，受到许多学者、政府、森林经营者及其他人的支持。它把人类对森林产品与服务上的需要，以及对环境质量和生态系统健康的长期保护需要综合为一体，形成森林经营历史上一次重大转变。

（二）森林生态系统经营的实质

森林生态系统经营优先考虑的是森林状态，包括林木的层次结构、动植物的种类、林分年龄、林木的生长、更新、演替及自适应机制。一方面，它承认自然的过程和机制；另一方面，它又确认人工模拟生态系统过程。

在生态领域，有效的森林经营必然强调健康的森林生态系统和持久的土地生产力；强调土地是基本资源，它应当维持森林资源的生产力，而不过于强调施肥；强调对地表残留木的保护；对病虫害的防治则强调生物措施和注意长期效果；在造林方面强调物质、能量间的良性循环；此外，应注意木材以外的其他目标，如游憩、珍稀动物的保护与栖息等。在经济学领域，首先要从改变森林价值观开始。必须承认，由于全球性的环境问题，突出了森林的生态效益和社会效益。应当从人的行为角度来研究人类生态学与生态经济学，以协调生态与经济、环境与发展的矛盾。作为决策科学要考虑森林的最优配置、长期生产力和非市场价值因素，按森林生态系统经营应特别突出环境保护价值。在社会和政治领域，必须考虑林业是一项社会问题，林业的社会化程度越高，越说明林业已成为社会学应用的一个分支。现在，解决林业和森林经营问题，不仅要有技术和经济的可行性，而且要考虑社会和政治的可接受性。为此，必须有效地沟通森林与人类的关系，分析社会公众的意向和林业所扮演的社会角色，强调社会广泛参与林业活动，并在林业决策上反映社会的要求，强调按森林生态系统经营绝不意味着纯粹的自然保护主义。同样，也不是排斥木材生产。正像 Wood（1994）所指出的"生态系统经营是综合生态、经济、社会原理，以保持景观生态的可持续性，自然资源的多样性，以及生产力经营的生物和物理系统"。

（三）森林生态系统经营的意义

森林生态系统管理，是森林资源经营的一条生态途径。它试图维持森林生态系统复杂的过程、路径及相互依赖关系，并长期地保持森林健康和功能完好，从而为短期压力或干扰提供自调节机制和恢复能力，为长期变化提供适应性的森林可持续经营与森林生态系统管理。在保护生物学领域，生态系统管理被定义为：在复杂的社会政治与价值框架下，朝着长期保护生态系统完整性整体目标的生态关系的科学知识的整合。生物学家们多倾向于以生物保护为中心，认为维持生态完整性优先于所有其他目标（如为人类提供物质和服务），并将维持生态系统稳定性定为最终的整体目标。美国生态学会生态系统管理特别委员会的定义为：在深刻理解维持生态系统组成、结构和功能所必需的生态相互作用的基础上，基于明确的驱动目标，通过政策、协议和实践来履行，通过监测和研究来创造适应性的管理手段。美国林务局的定义为：为了维持和改善环境质量，以最好地满足现在和未来的需要，对生态、经济和社会因素的整合，认为生态系统经营意味着"生产期望的资源价值、使用、产品和服务，并维持生态系统多样性和生产力的方法"。对于林业或森林资源的管理而言，在其中纳入生态系统管理的内容，是将森林视为生态系统来加以经营和管理，无疑在理论和实践意义上均具有划时代的重要意义。

从世界林业发展史来看，森林资源管理大体经历四个阶段：单纯采伐利用阶段、永续利用阶段、森林多效益永续利用阶段和森林生态系统管理阶段。上述四个发展阶段，体现了森林资源管理理念的进步。从发展总体上看，森林生态系统管理作为一种新的自然资源管理理念和思路，其研究和应用领域越来越广。生态系统管理的概念在 20 世纪 30 年代至 50 年代最先产生于自然生态系统的保护研究中，在保护生物学领域得到了很大程度的重视。到了 1992 年，美国农业部林务局（USDA Fret Service）宣布将生态系统管理的概念应用于国有林管理中。此后在美国至少有 18 个联邦政府机构和众多州立机构采用了生态系统经营。加拿大、澳大利亚、俄罗斯和土耳其等国家也开始采用生态系统管理。20 世纪 90 年代后期，森林生态系统管理的概念被引入我国，且受到越来越广泛的重视，促使传统的森林资源管理转向森林的可持续经营，以保障林业的可持续发展。从森林经营理论的发展历程可以看到，每一次新的林业经营理论的产生都是人类对自然生态系统理解和认识的升华。从森林与人类的原始和谐相处、森林的过度利用、森林的保护恢复到森林的可持续发展的历史演变过程表明，人类对森林的认识是一个实践、认识、再实践、再认识的逐步深化过程。森林经营理念也走过了从单纯追求木材生产经济效益、永续利用森林、培育接近自然状态的森林到森林可持续经营的历程。

（四）不同目标森林生态系统

目标在森林生态系统与社会经济系统的结合点上对森林生态系统实施恰当的经营措施。森林的利用目标具有多样性，按照森林的利用目标可把森林划分为公益林，如防护林、水源涵养林、固沙林、水土保持林、城市林业等；商品林，如用材林、能源林、经济林等；生物多样性自然保护区。由于它们具有不同利用目标，其森林生态系统呈现不同特征，这些不同特征是对其实施经营的基础。从而提出两类具体森林生态系统经营模式。

1. 公益林生态系统经营

公益林或称生态林，是一个对社会相对封闭的能流物流循环系统。建立生态林可使其所处的地段较多地受到自然环境因子调节，使调节者（林分）更好地生存，使林分以外的生命（包括人类、农作物、动物等）更好地生存，把非生物环境改变为生物所需的环境——生态环境。在经营中需要投入较多的要素（资本输入、劳动力输入等），进行生物积累以启动系统的发生，最终可能有少量的输出（如择伐一部分木材）。有效的森林经营必须强调森林生态系统的健康和森林生产力的持久，森林生产力的持久应尽量减少过多施用化肥和化学药品对系统干扰，并依靠系统自身调节能力来解决地力衰竭和系统中非目的环节的削减。此时人类应适当利用系统中一些链环取得经济利用，而不是对森林生态系统主体（林木）过度利用，也不是对重要环节过度利用。应当强调对生态系统主体或关键环节的利用应在系统可恢复能力之内。

2. 商品林生态系统经营

对森林生态系统而言，当森林开发强度＞森林生态系统恢复力时，则森林生态系统退化；当森林开发强度＜森林生态系统恢复力时，则森林生态系统平衡。森林为人类传统利用的是木材，林木是森林生态系统的主体，当林木接近自然成熟时其同化效率较低，取得经济效益可能性较低，此时获取系统中成林木材不会影响系统本身。若林木在工艺成熟时被利用，其同化效率较高，经济效益较好，此时从系统中获取木材对系统损害较大。

用材林应强调地表残留物的保护，目的树种经营的同时应强调伴生木及灌木丛的生长与保护，伴生木及灌木丛可能大量同化能流和物质，并截留一部分能量或自由能量，这部分自由能量起到改良土壤，保证土地生产力持久发挥作用。伴生木或灌木丛生长周期应知于目的树种。在此类林分中，森林昆虫可能会消耗一部分能量，但人工培育的商品林由于它构不成一个完整意义上的森林生态系统，这时实施人工防治显得很有意义。而有完整森林生态系统的森林（主要指生态林）则无需甚至应当禁用人工防治法。若无伴生木或灌木丛短期经营目的，商品林也可能取得较大木材蓄积量，但不能持续。林地上林木都作为目标林木经营，皆伐、择伐或渐伐都未强调地表残留物的保护，而只强调从系统中取得木材方式不同，从而不能为其更新创造一个微生态环境，它们都是源源不断地从系统中取得经济收益，最终导致系统衰退。人们应将森林的单一利用改变为多样性利用，调节生态系统内部结构和功能，特别是输入和输出的平衡，以实现社会所期望的森林生态系统。

（五）森林生态系统优化模式

1. 优化模式的提出

林业首先是一项公益性事业，森林生态系统的多功能效益远远超过了其本身提供给社会的直接产品价值，没有森林生态效益保证就谈不上其他效益的合理实现。王兵等（2005）根据江西大岗山地区森林生态系统现状分析，基于大岗山社情、林情，提出应改变传统以木材生产获得经济效益为主的模式，对其采取"三大效益兼顾，生态效益优先"的优化管理模式。

该优化模式是通过对现有森林资源结构进行合理调整，建立用材林体系、生态公益林体系、经济林和能源林体系，并采用"仿自然经营技术体系"对森林生态系统进行管理，不断地提高和维持生态系统完整性、健康性、稳定性，充分发挥其生态效益（涵水、保土、维持生物多样性和促进森林演替等），以提高森林生态系统整体质量，从而获得更好的经济效益（林木产品等）和社会效益（就业、旅游等），实现三大效益的优化统一，达到林业可持续发展的目的。该模式在实施过程中积极争取群众参与规划管理，充分体现"人类—自然—社会"之间的共存共容，并遵循生态优先的原则；因地制宜，有效利用资源的原则；近期规划与远期规划相结合，以远期为主的原则。

2. 优化模式下的森林生态系统管理

在优化模式的指导下，充分利用大岗山森林生态站在该区开展的研究成果，并以森林生态学和景观生态学原理为基础，正确理解树木、动物等生态学特征以及它们所维系的森林生态系统的功能，采取"仿自然经营技术体系"，合理开展经营管理活动，实现森林生态系统的可持续发展。

①生态系统健康性的维持。一是借鉴农业上的免耕法思路进行仿自然经营，注意保护林地土壤及植被、动物、森林小生境等，从而保持森林生态系统物质循环、能量流动的协调和平衡，促进有利的演替和更新，逐步增加森林的自然度，更好地维护森林生态系统景观水平上的观赏性。

二是在森林经营过程中，注意对珍稀、濒危和受威胁的森林动植物资源进行调查和保护，不断提高生物多样性"基因库"，采取天然更新或低密度造林法，大力营造针、阔混交林，以利于形成复层、异龄、混交的森林结构，增加生物多样性和森林的稳定性。三是严格执行省、市下达的采伐量，利用生态系统的负反馈机制控制火灾的发生，积极采取生物措施防治森林病虫害。

②多种形式的经营。一是坚持生态第一的原则，使森林经营的出发点和归宿点符合生态建设，努力做到三大效益的统一，责、权、利的统一。二是配合"北苗南繁"建设项目建立优良种苗和速生丰产用材林基地，积极尝试"农—林—果""农—林—药"等复合经营形式，并不断探索产品的深加工，积极发展胶合板、纤维板、造纸等多种经营加工，提高木材的经营效益，同时又增加群众的经济收入。

③群众的参与性管理。一是加强公众的参与性管理和协作意识，树立对大岗山森林生态系统综合管理的理念，使群众自觉地参与管林、造林、护林等，并以可持续发展为战略目标，争取当地政府及管理部门的支持，加强宏观管理，保证林业计划的顺利实施。二是充分发挥大岗山森林生态站的功能，积极开展定位研究并建立长期跟踪档案体系，随时掌握森林生态系统的变化动态，为该区的森林生态系统管理提供科学的理论依据。

（六）森林生态系统的结构调整

1. 非空间结构调整

（1）林种结构调整

森林具有生态、经济和社会效益，由于其所处的地理位置不同及对森林的主导功能要求不同，而将森林划分成不同的类别，即林种。森林林种结构是指一个森林经营管理单位内林种组成、面积、蓄积量及其比例关系。森林分类经营将森林分成商品林和生态公益林两种类别。而将《中华人民共和国森林法》中划定的五大林种：用材林、经济林和能源林划入商品林，防护林特种用途林划入生态公益林。商品林是以生产木材、竹材、薪材、干鲜果品和其他工业原料为主要经营目的的森林、林木、林地；生态公益林是以保护和改善人类生存环境、维持生态平衡、保存种质资源、科学实验、森林旅游、国土保安等需要为主要经营目的的森林、林木、林地。

防护林：以防护为主要目的的森林、林木和灌木丛，包括水源涵养林，水土保持林，防风固沙林，农田、牧场防护林，护岸林，护路林等。

用材林：以生产木材为主要目的的森林和林木，包括以生产竹材为主要目的的竹林。

经济林：以生产果品、食用油料、饮料、调料、工业原料和药材等为主要目的的林木。

能源林：以生产燃料为主要目的的林木。

特种用途林：以国防、环境保护、科学实验等为主要目的的森林和林木，包括国防林、实验林、母树林、环境保护林、风景林、名胜古迹和革命纪念林、自然保护区的森林。

森林类别不同、林种不同，其森林经营与管理技术措施不同，在区域经济可持续发展和生态环境保护中所发挥的作用也不同。要根据森林资源所处的地理位置，及其社会经济可持续发展对森林生态环境的具体要求，按照区域土地利用规划、生态功能区建设规划和林业区划等区域宏观决策所确定的发展目标，提出森林经营管理单位理想林种结构指标及调整方案。

在以木材生产为主导任务时期，只注意经济效益，在林种划分上忽视森林分布的地理位置的特点和森林生态的要求，将用材林的比重确定过大，有些把应当划为防护林的森林，确定为用材林，导致林种结构不尽合理，用材林多，防护林少。20世纪八九十年代，我国森林经营逐渐向木材生产与生态建设并重转变，加速了森林资源的培育，特别是在20世纪末21世纪初，林业六大重点工程的建设，以生态建设为中心的林业发展战略的实施，使我国林种结构有了很大变化。

（2）树种结构调整

发挥森林的生态效益，不仅需要森林覆盖率达到一定数量和具有一定林种结构，同时还需要提高森林质量，要具有与立地条件相适应的树种结构。树种结构是指在一个森林经营管理单位或林分中树种的组成、数量及其彼此之间的关系。就一个森林经营管理单位林业局或林场来说，应该保持合理的针叶林、阔叶林，以及针阔混交林比例关系和合理的空间地域分布，应提高阔叶林、混交林，尤其乡土树种的比例。就林分而言，树种结构一般包括乔木树种和灌木树种，实际工作中以乔木树种为主。从发挥森林的水土保持等功能的角度，还应考虑林下的草本和地被物，即乔灌草结构的调整。树种的多样性是林分健康、稳定的重要特征。理想的树种结构是对环境资源的最大利用和适应，可借助于树种的共生互补作用生产出最多的物质和多样的功能产品。

张煜星（2006）根据1950—2003年的6次森林资源清查资料，对中国树种的结构化进行了分析。我国针阔叶树种结构，1950—1962年和1972—1976年的两次调查由于当时调查条件的局限性，优势树种面积各占同期森林面积的58.96%和64.3%。从1977—1981年的第二次森林资源清查起，优势树种组成的林分面积占森林面积比提高到80%以上。从森林组成针阔比的变化看，在20世纪70年代之前，针叶林所占比例较高，面积比重达72.9%，蓄积量比重达77.09%；20世纪80年代后期到2003年，针、阔叶林面积比接近1∶1，即各占森林面积的50%；针叶林蓄积量仍占优势，但比重减少，从77%急剧下降到57%，之后比重下降速度变缓慢，到2003年下降到54%。可见，1977—1981年也许就是森林采伐消耗较大的时期，而且针叶树的采伐消耗尤为严重。从针、阔叶优势树种的构成看，在50多年的林业生产经营中，我国森林的优势树种组成也发生了明显的变化，一些过去面积和蓄积量占优势的树种经过几十年的采伐利用，其面积和蓄积量严重减少，甚至几乎被采伐殆尽。

在树种结构调整过程中，应遵循4个原则：可持续发展的原则；生物多样性原则；森林分类经营的原则；因地制宜、适地适树适品种的原则。5个结合：针叶树与阔叶树相结合；用材树种与防护树种相结合；速生树种与非速生树种相结合；普通树种与珍贵树种相结合；外来树种与乡土树种相结合。总的来说，要注意长短结合，多树种、多林种结合维护和提高林地地力，大幅度提高森林的生态功能和产业功能，切实提高森林群落的稳定性、抗逆性和生物多样性，形成可持续发展的良性循环。

（3）年龄结构调整

年龄结构的最小单位是林分。林分内年龄基本上一致的是同龄林。我国规定，林分内年龄相差 2 个龄级以上的属于异龄林。同龄林和异龄林年龄结构有着不同的内涵。就同龄林分来说，年龄结构是指在一个森林经营类型内不同年龄阶段林分面积、蓄积量构成及其比例关系；就异龄林分而言，年龄结构是指一个林分内不同年龄阶段的林木直径及其株数分布。同龄林和异龄林理想的年龄结构是不一样的。按照法正林要求，同龄林理想的年龄结构是在一个森林经营类型内，从 1 年生林分到轮伐期（u）的林分均有，且各龄级的面积相等林分成熟时采伐（皆伐）。同龄林一个林分不能构成一个永续利用的时间序列，只有多个不同的林分组织在一起，形成一个森林经营类型才有可能实现。谬拉于 1913 年指出，森林生态系统持续稳定的前提条件是使新陈代谢过程不断地保持平衡和畅通，这只有在树木年龄参差不齐的林分（异龄林）才能实现。异龄林的最佳年龄结构，至今还缺乏深入的系统研究。根据经验，异龄林的年龄（t）与林分株数（N）应符合以下要求。

$$N = C_1 e^{-C_2 t} \quad\cdots\cdots\cdots\cdots\cdots（9\text{-}9）$$

式中：C_1，C_2 为模型参数；e 为自然常数。

讨论异龄林的年龄结构，应考虑以下几个方面的因素。

除通常的用时间尺度衡量的树木年龄外，掌握各树种所达到的发育阶段（幼林中年、成熟、衰老）也是很重要的。林木个体发育阶段的持续时间，则因各树种和立地条件而异。

①林木的外形（树冠、树皮、树枝）能反映其年龄、遗传所决定的个体发育阶段以及环境的影响等状况和特征。

②森林生态系统经营所要求的年龄多样性与树种多样性的关系。由于同龄林和异龄林结构特点的不同，理想的年龄结构也不同。对同龄林来说，一个林分不可能构成一个永续利用的时间序列，必须要多个林分在一起组成一个森林经营单位，在这个森林经营单位中，从幼龄林到成熟林各个年龄阶段的林分都要有，且要尽可能面积相等；而对异龄林来说，一个林分就可以构成一个永续利用的时间序列，其理想的年龄结构就是要保持不同年龄阶段的林木都要有，林分林木株数按径级分布呈典型的倒"J"形分布。

③直径结构调整。直径结构调整主要是针对林分而言，同龄林和异龄林有着不同的林分直径结构特点。典型的同龄林林分直径结构分布常呈正态分布，但在中幼龄时期，林分小径级林木株数多，林分直径结构常呈左偏正态分布，且分布曲线的峰度值、峭度值很高；随着林分年龄的增加，林分直径结构逐渐向典型正态分布发展，即具有林分平均直径的林木株数最多小径级和大径级林木株数较少，且分布曲线的峰度和峭度值减小；林分年龄继续增加，其直径结构又变为右偏正态

分布。在由左偏正态分布向典型正态分布，再又变为右偏正态分布的过程中，林分单位面积的总株数减少，曲线的峰度减小，即曲线变得平缓。典型的异龄林林分直径结构分布呈倒"J"形分布，即负指数分布。

$$N = Ke^{-aD} \quad\quad\quad\quad\quad\quad （9-10）$$

式中：N 为单位面积的立木株数；e 为自然常数；D 为林分平均直径；K 为相对立木密度，抽象地表示胸径为零径级的立木株数系数，实际可以是最小径级的单位面积立木株数；a 为连续径级立木株数呈对数减少的比率，也是分布直线的斜率。

迈耶尔的研究表明，一般来说 K 值较高时，a 值也较高，表明在异龄林分中小林木密度较高，分布曲线较陡，立木株数随径级增大而衰减的速度快；K 值较低时，a 值也较小，分布曲线较平缓，立木株数衰减率低。

在自然状态下，林分直径结构调整是靠自身的调节功能来实现的，即林木分化和自然稀疏。林木分化和自然稀疏是森林在生长发育过程中，在一定营养与空间条件下，林木之间相互关系的表现，是森林适应环境条件，调节单位面积最多株数的自然现象。但通过自然稀疏调节的林分密度，仅是森林在该立地条件下，在该发育阶段所能"容纳"的最大密度，而不是最适密度。直径结构调整的主要措施是抚育间伐，抚育间伐就是以人工稀疏代替自然稀疏，通过抚育间伐达到调整林分结构、降低密度、改变林分生长环境的目的。

2. 空间结构调整

森林结构除了林种、树种、径级、树高、年龄、面积结构等非空间结构内容，还包括森林空间结构。森林空间结构包括水平结构和垂直结构。水平结构为森林植物在林地上的分布状态和格局。不同植物都有自己特有的分布格局和镶嵌特性。分布格局有随机分布、聚集分布和均匀分布。垂直结构是森林植物地面上同化器官（枝、叶等）在空中的排列成层现象。在发育完整的森林中，一般可分为乔木、灌木、草本等层次，乔木层是森林中最主要的层次。由于空间尺度不同，森林空间结构可分为景观水平和林分水平。无论是哪一个尺度，都存在结构与功能的关系。森林的空间结构决定森林的功能。森林经营活动，如采伐等影响森林的空间结构，从而影响森林功能的发挥。科学的森林经营应当建立在空间结构与功能的关系基础上，通过空间结构优化经营导向合理的空间结构，以便充分发挥森林的功能，森林空间结构研究是空间结构调整的基础。因此，森林空间结构分析与优化经营研究，对科学经营森林有重要意义。

国外从 20 世纪 80 年代就开始研究森林空间结构优化经营模型。在景观水平上，研究较多的是物种多样性保护最大覆盖模型、皆伐与道路优化配置模型等；在林分水平上，空间优化经营模型的研究还比较少见。国内在森林景观空间结构、格局等研究方面，也开展了一些卓有成效的研究，但大多还是基于森林空间结构参数的静态和动态的研究方面，真正将森林景观空间结构分析结果用于森林资源管理、森林景观规划以及森林景观空间结构优化调整的案例还很少见。随着人类对森林结构和功能的认识不断深入，人们认为，森林的主要功能不仅仅是提供木材，更是维护整个生态系统的健康和稳定。健康的森林不仅有很高的林分生产力，而且有很高的景观多样性、生物多样性以及生态功能等，而这一目标的实现是森林可持续经营。森林可持续经营注重森林景观多样性保护，森林景观经营已受到人们重视，尤其生态公益林经营方面。森林景观分析与评价的内容已成为森林经营方案编制的重要内容，森林经营方案编制中越来越多地关注森林景观规划与空间结构优化调整等内容。因此，这方面的研究也将越来越多。林分空间结构是指林木在林地上的分布格局，以及它的属性在空间上的排列方式，也就是林木之间树种、大小、分布等空间关系。林分空间结构决定了树木之间的竞争优势及其空间生态位，在很大程度上决定了林分的稳定性、发展的可能性和经营空间的大小；同时，也影响林下植被、土壤、微生物、林内环境及其生态功能等。林木空间分布会随森林演替阶段而发生变化，可从林木空间分布推断其生态过程。林分空间结构分析是林分空间结构优化调整的基础。林分空间结构包括树种混交、竞争和林木分布格局等3个方面。在生态学研究中，常用方差/均方比、集块性指标、Cassie指标等空间结构参数来描述林木分布格局，但这些空间结构参数都是与距离无关的参数；与距离有关的分布格局参数主要包括聚块样方方差分析、最近邻体分析（mearestneighbor analysis）和Ripley's K（d）函数。惠刚盈等以参照树与其周围4株最近相邻木为基本结构单元，构造了基于4株最近相邻木的林分空间结构参数：混交度、角尺度、大小比数，借以分析林木混交、分布格局及其竞争关系，并进行了广泛的验证和应用。汤孟平等（2004）在空间结构分析的基础上，提出了林分择伐空间结构优化的建模方法，并建立了林分择伐空间结构优化模型；而胡艳波等（2006）在林分空间结构分析的基础上，提出了有模式（目标）林分和无模式（目标）林分的空间结构优化调整方法。

尽管林分空间结构参数的研究已十分广泛，但多数研究把林分空间结构参数用于描述林分空间结构状况或进行不同参数的比较。事实上，研究林分空间结构的最终目的是在森林经营中，采取合理经营措施调整林分结构，使之趋于理想状态，以充分发挥森林的多种功能。因此，如何科学合理地利用采伐来优化林分的空间结构，一直是森林经营者努力研究的问题，而基于空间结构分析的经营方案的优化设计是目前国际上森林经营研究的一个重要方向。

五、多功能森林经营模式

德国林学家哥塔把"木材培育"一词延伸为"森林建设"，把森林永续利用扩大到森林能为人类提供一切需要，并提倡营造混交林。19世纪初，洪德斯哈根创立了"法正林"学说。鉴于土地纯收益理论给德国森林经营带来的不利影响，1867年，洪德斯哈根又提出了森林效益永续经营理论，该理论认为经营国有林不能逃避对公众利益应尽的义务，必须兼顾持久地满足人们对木材和其他林产品的需要，以及森林在其他方面的服务目标。继他之后，恩特雷斯于1905年又提出了森林多效益问题，进一步发展了森林效益永续经营理论。该理论奠定了现代林业经营基础，并在第二次世界大战以前对世界各国林业经营的指导思想产生了重大的影响。

1888 年，波尔格瓦提出了森林纯收益理论，认为森林比林分大，森林经营应当追求森林总体效益最大，而不是林分最高收益。1905 年，恩特雷斯又进一步发展了森林效益经营理论，指出森林对于改善气候、水分、土壤和防止自然灾害，以及在卫生、伦理方面对人类的健康都有影响。第二次世界大战以后，德国著名林学家蒂特利希提出了著名的林业政策效益论，首次对森林与其他经济和社会状况的关系作了系统的阐述。20 世纪 50 年代，德国根据林业政策效益论和森林效益永续经营理论，确定了林业为木材生产和社会效益服务的双重战略目标。以后，德国又出现了两种截然不同的理论：一是以木材生产为首带动其他效益发展的船迹理论。二是和谐化理论（又称协同论），成为森林多功能理论的基础。20 世纪 60 年代，德国开始推行森林效益理论和森林多功能理论，进入森林多效益经营阶段。当时，森林多功能理论被许多国家所接受。1975 年，德国公布了《联邦保护和发展森林法》，正式确定了木材生产、自然保护和游憩三大效益一体化的林业发展战略。

（一）多功能森林经营的概念

森林具有十分复杂的系统结构，以多种方式和多种机制影响着陆地上的气象、水文、土壤、化学、生物等过程，并由此生成了对人类有益的多种功能，同时具有多种功能，是森林相对于农田、草地等矮小和短生长期植被的最突出特征，是一种自然禀赋，但能否充分发挥却与人类的正确认识和科学利用相关。

森林具有多种功能，《联合国千年生态系统评估报告》将其分为供给、调节、文化和支持等四大类。多功能林业就是在林业的发展规划、恢复和培育、经营和利用等过程中，从局地、区域、国家到全球的角度，在容许依据社会经济和自然条件正确选择的一个或多个主导功能利用并且不危及其他生态系统的条件下，合理保护、不断提升和持续利用客观存在的林木和林地的生态、经济和社会等所有功能，以最大限度地持久满足不断增加的林业多种功能需求，使林业对生态、社会和经济建设发展的整体效益达到持续最优。

多功能林业的目标是在相同的时间和空间上发挥森林的这些效用，这即意味着放弃通过人为手段和计划大规模控制和干预自然的轮伐期林业经营体系，而转向以生态系统为对象的近自然经营道路。多功能森林经营就是以在林分水平上同时实现森林的供给、调节、文化、支持等四大类功能中的两个或以上功能的森林经营方式。

1.森林的功能

森林是自然界最丰富、最稳定和最完善的碳贮库、基因库、资源库、蓄水库和能源库，具有调节气候、涵养水源、保持水土、防风固沙、改良土壤、减少污染等多种功能，对改善生态环境，维护生态平衡，保护人类生存发展的"基本环境"起着决定性和不可替代的作用。

德国是全球公认的现代林业理念和科学经营体系的发祥地，其近自然森林经营思想被我国和世界其他许多国家广泛认同并用于指导林业实践。以培育和利用多功能森林为目标的近自然森林经营理论认为，森林具有供给、调节、文化和支持等多种功能。

原国家林业局局长贾治邦指出，森林具有"五大功能"，即巨大的生态功能、经济功能、固碳功能、保健功能和美化功能。张会儒认为，森林具有生态、经济、社会、文化等多种功能，但这些功能之间关系非常复杂，有时甚至还相互矛盾。因此，只有科学认识森林的多种功能才能科学经营好森林和发挥好森林的多种效益。

2. 多功能森林

多功能森林是这样一种森林，在这里，人们以林地为基础，经营森林生态系统，生产一系列的产品组合。这种生产关注的是对林地及其生态系统的经营管理。

多功能森林的本质特点，就是追求近自然化的，但又非纯自然形成的森林生态系统，按照自然规律，人工促进森林生态系统的发育，生产出所需要的木材及其他多种产出。"模仿自然法则，加速发育进程"是其管理秘诀，模仿自然的内涵很多，主要是利用自然力、关注乡土树种、异龄、混交、复层等。1992年里约环发大会以后，现代的多功能森林模式已经在向永久性森林演变。

永久性森林，就是一种异龄、混交、复层、近自然的多功能森林。森林生态系统里的成熟立木和其他非林木产品不断产出，林下幼树不断生长，而森林生态系统永存。这种"人工天然林"或"天然人工林"，也要保留腐朽木，保持食物链，但它不再被主伐利用，而是实行弱干扰式的择伐。多功能森林经营最典型的是欧洲森林。多功能森林也存在不同的经营强度，从弱到强依次是：天然林—粗放经营的森林—集约经营的森林（含部分速生丰产林）。

3. 多功能森林经营

关于多功能森林经营，专家们提出了多种观点。侯元兆等认为，把握多功能森林的经营，必须充分理解三个关系：①正确认识和规划森林的生态与经济功能的关系。理论上，每一处森林、每一株树木都是多功能的。实际上，森林经营规划的目标只能是突出某一项或几项功能。②正确认识森林经营和采伐的关系。在森林生长的不同阶段，都需要进行某些类型的抚育伐，如间伐、清理伐、卫生伐和透光伐等。③正确认识人力与自然力的关系。人类在森林经营中一定要注意利用自然力，走近自然育林的路线，人力和自然力相结合，促进森林发育。

王彦辉等认为，森林的多种功能组成与人类的需求可能有很多不一致，需在综合考虑自然环境和人类需求的基础上进行更符合自然规律及人类需要的合理调控。但具体调控模式与当地当时的社会经济和自然环境条件紧密相关，并非绝对一致，然而调控的基本原则应是相同的。即以可持续地满足国家和人民对森林多种功能的需求为最高目标，在考虑森林主导功能的条件下，通过科学规划和合理经营，持续提升、维持和充分利用每块土地、每个经营单位、每个区域的森林所有功能，使林业对社会经济发展的整体效益达到持续最优。

张会儒等指出，多功能森林经营是在充分发挥森林主导功能的前提下，通过科学规划和合理经营，同时发挥森林的其他功能，使森林的整体效益得到优化，其对象主要是"多功能森林"；它既不同于现在的分类经营，也不同于以往的多种经营，而是追求森林整体效益持续最佳的多种功能的管理。多功能森林经营强调林业经营三大效益一体化经营，强调生产、生物、景观和人文的多样性目标。陈永富等提出，多功能森林经营是指为实现森林多种功能而实施的各种活动的总称。森林的多种功能经营目前有两种理解。第一种理解是：在一定区域内不同地块的森林，按其主导功能进行经营，最终实现区域森林的多种功能。第二种理解是：同一块森林，通过经营实现其两种以上的功能，我们称之为多功能森林。

张德成等提出，多功能森林经营是指管理一定面积的森林，使其能够提供野生动物保护、木材及非木材产品生产、休闲、美学、湿地保护、历史或科学价值等功能中的两种或以上。以上观点的共同之处是，都认为在森林经营实践中应充分考虑森林的各种功能，通过不同的抚育和经营措施，最大化地实现森林的多种功能。关于多功能森林经营定义，目前还没有一个统一认同的说法。综上所述，我们认为，多功能森林经营是以营建多功能森林为目标，采取有效而可持续的经营技术和综合措施，充分发挥森林的生态、经济、社会、文化等多种功能，实现森林功能最大化的一种森林经营方式。

（二）多功能经营的核心思想和基本原理

人工林多功能经营的核心思想是：发现和利用人工林生态系统生长发育的自然力、人工力和它们的交互作用机理，并促成这两种力量的合力机制到森林对象的生长动态过程中，以更快、更好地实现经营目标。基本原理是：参考自然对象来划分森林的近自然程度，并根据近自然度的序列来设计不同经营强度的森林作业法，实现全局优化的森林经营。

多功能人工林经营的理论体系总体上包括了善待森林的认识论基础，从整体出发，观察森林，视其为永续的、多种多样功能并存的、生机勃勃的森林生态系统的多功能经营思想。把生态与经济要求结合起来培育"近自然森林"的具体目标，发现和利用"自然—人工合力"的经营学原理，尝试和促成森林自反应能力和抚育性森林经营利用的核心技术。

多功能人工林经营实用模式的出发点是改善森林植被群落，优化各森林类型的林分结构，增加森林生态系统的完整性、稳定性和生物多样性，促进植被群落从量到质的转变。实用模式的目标是：①提高森林生态系统的多样性水平，促使植被类型向高效稳定的近自然森林生态系统发展。②保护并利用林下天然更新的植被和植被群落。③有利于土壤的发育，并方便于近自然森林经营措施的实施。实现以上目标要在经营的过程中遵循以下 3 个近自然的基本原理。

1. 经营森林的生物结构合理性原则

森林是由树木为主体所组成的地表生物群落，具有丰富的物种，复杂的结构，多种多样的功能森林与所在空间的生物和非生物环境有机地结合在一起，构成完整的生态系统。在人工林的经营过程中需保持森林关键树种构成和基本生物多样性水平。

2. 利用自然自动力原则

经营中强调对林下天然更新的保护和促进森林自稀疏作用的利用等措施，表述了近自然经营中的第二个原则，即"利用自然自动力"，期望通过充分利用自然力来减少人力、物力和财力投入，更符合与自然和谐发展的要求。

3. 促进森林反应能力原则

每个经营措施是有效的并能实现预期的目标，特别是在自然力不足时，适度的人为促进能够起到很好的效果。如在缺少有效天然更新能力的人工林林下补植乡土树种苗木，能够快速促进森林正向演替发展的速度。

（三）人工林多功能经营的六大原则

多功能人工林经营设计的过程中需要遵守以下原则。

1. 速生高产性原则

在确保所经营的林地生态功能有所增强并能得到持久维持的基础上，优化速生性人工造林树种的选择和培育环节，积极探索推广速生性树种经营模式，以提高经济效益，维持区域内森林产出与生态安全和人口增长水平的适应关系。

2. 维护地力原则

林地剩余物的清理采集作业要尽可能地就地处理，以加速林木和其他生物残体的自然枯死和分解进程，从而提高森林生态系统物质能量循环的速度，避免使用化肥和化学除虫剂，而是要通过树种选择和组合等措施努力开发利用森林的自养能力，保持和促进林地土壤肥力不断提高。

3. 混交性原则

尽可能设计和经营混交林分，利用树种的不同特性实现人工林多种功能和价值的目标，使森林保持向健康和稳定的方向发展。经营措施顺应自然演替过程，促进森林群落的正向演替，实现人为促进方向与自然进程的有机结合。

4. 长期性原则

在森林生命周期尺度上考虑长期森林经营目标，可通过设计和组织多个短周期经营模式，实现从速生树种向地带型顶级群落树种的导向经营，并在经营过程中注意保护所有乡土植物、动物、微生物和其他遗传变异的动植物类型，以维护物种多样性。

5. 利用个体差异原则

在林分中对林木进行目标树、干扰树、特别目标树和一般林木的分类选择和标记，尽可能利用和强化林木个体间的差异，以充分利用林地空间和养分、水分资源，使部分目标树生长发育向着高品位、大径级方向发展，通过提高林木的径级水平和提高森林活立木蓄积量来提高森林的生产力、稳定性和生态服务功能。

6. 保护性原则

多功能人工林作业模式不涉及以完全自然保护为目标的经营管理，所有经营模式均具有生产功能，但需要在上述生态促进和生态友好的经营方式下执行。各种作业措施，包括抚育间伐、道路建设等要尽量保护林地土壤和其他类型生物，在作业中也要尽量保护固定林地和林地的自然环境，以确保对林分监测和评价的客观性。以上 6 个原则具有相互依赖和层级控制的关系，即人工林经营需要追求高产性，但是必须满足对地力的维护，能促进土壤肥力持续发育，并以保证林地土壤不退化为底线。对地力维护的基本途径是利用树种的交互作用，通过利用不同属性的树种来开发森林的自肥能力来实现。这些目标不能只针对森林某个发育阶段设计，而需要在森林经营的完整周期尺度上考虑和设计。在所有经营时点上，利用个体差异来促进优势个体发展都是获得全局最优的基本操作。而包括了保护特殊林木到保护特殊生境的自然保护措施，也是获得全局优化结果的基本需求。

（四）多功能森林经营的两个体系

1. 小块林地立木水平的多功能经营

第一个体系的多功能森林经营是对一小片林地内的森林进行多用途管理，每小片林地（最小至小班）提供多种功能，并且使森林所有者的效用最大化，或者立木的收益最大化。这一体系在本质上是小片林地的多产品综合产出问题。这与联合国倡导的多用途林的定义相符。联合国粮农组织（FAO）将多用途林定义为"用于木材产品的生产、水土保持、生物多样性保存和提供社会文化服务的任何一种组合的森林。在那里任何单独的一项用途都不能视为明显地比其他用途更重要。根据 FAO 统计，2005 年，全球多用途林面积达到森林总面积的 34.6%。

这个体系的多功能林业不是一个新概念，早在 19 世纪，德国著名森林经理学家 F. Judeich 把森林纯收获分为狭义和广义两种，狭义的是指木材的收获量和经济效益，广义的还包括森林的防护功能、美化效果等社会效益。可见，当时就认识到森林的多产品产出问题。1898 年，德国林学家 Karl Gaer 针对大面积同龄纯林的病虫危害、地力衰退、生长力下降及其他严重危害，提出评价异龄林持续性的法正异龄林的恒续林经营思想；瑞士林学家 H.Bollev 把它付诸异龄林持续性的评价活动中，并创造了森林经理检查法。1922 年，Moller 提出恒续林经营法则，指出要使森林所有成分（乔木、鸟类、哺乳动物、昆虫、蚯蚓、微生物等）均处于均衡状态，营造复层混交林，以低强度择伐取代皆伐，在针叶纯林中引种阔叶树和下木。Moller 认为，只有恒续林经营能够满足森林美学要求，恒续林是完全独特的，能与森林美学要求一致的森林经营方法，恒续林能创造有价值、美的作品。此时产生的森林择伐理论为森林多功能经营提供了基本的方法。可以说，这一时期多功能林业的理论探讨已经进入萌芽阶段。

当前已经难以考证哪一片森林是最早进行多功能经营的森林了。在 19 世纪末，德国采用高强度的平分采伐法经营森林，使一些国有林场难以为继，出现了如树种单调、大面积同龄状态、过分依赖人工更新、森林对各种危害的抵抗力减小、土地退化、林分生长量减退等问题。研究人员在私有林中发现一些貌似天然林的复层异龄混交人工林分，树木生长旺盛，生态效益较好，经调查才知私有林主采取选树择伐的方式经营。这引起了林业管理部门的关注，进而加以研究总结，总结出近自然森林经营方法，并且在国有林中推广，发展为近自然林业。

经过近百年的发展，全球遍布多功能经营的森林。根据 FAO 的统计，到 2005 年，除了德国的近自然森林，全世界有 106 个国家对森林进行多功能经营；多功能森林经营面积占各国森林面积的比例不同，其中日本为 100%，加拿大为 86.7%，澳大利亚为 77.6%，美国为 68.1%，巴西为 44.8%，瑞典为 14.5% 。近年来，一些国家和国际组织也在积极推行多功能森林经营方法，如 FAO 在热带森林行动计划框架下促成喀麦隆林业部门的彻底改革，开展多功能森林的各种试点。一些国际组织在巴西的热带雨林地区也开展了多功能森林经营的研究。在 2010 年召开的第 23 届国际林联大会上，国际林业研究中心主办了主题为"热带商品林的多功能森林经营"的分会，各国专家根据对巴西、加纳等热带人工林经营的研究，讨论了多功能经营方式，经营潜力评估，碳、木材、生物多样性的关系，多功能森林监测体系以及多功能森林经营面临的问题。

2. 区域水平森林总体的多功能经营

第二个体系的多功能森林经营是对较大面积的森林进行多功能经营，在森林总体的水平上实现多功能。Panayotou 等（1992）将多功能森林经营定义为：基于如下森林资源和服务的承认及其平衡稳定的理念下管理林地系统：木材生产、非木材产品生产（植物和动物）、环境和生物服务、休闲和美学效益（包括生态旅游）、混农林业。不是所有的效益都囊括在一小片林地中，林地的效益允许有一定差异，比如生产木材可以作为主要功能，不需要在同一时间和同一地点都发挥多种功能。Nasi（2008）所认识的多功能森林经营是每片森林均具有主要功能，在不影响主要功能的情况下不排除其他功能，具有不同主要用途的森林在空间上合理布局。在小片森林中采取主导利用管理，即林地均具有主要的用途。

这个体系的多功能森林经营也不是一个新的概念，美国实行的林业管理思想就是这个体系。1897 年，美国林务局关于森林保护的"组织法案"（Organic Act）中就规定了森林经营的目的是木材生产和保护水源功能。1905 年，恩德雷斯在《林业政策》中又提出了森林多效益问题的"森林的福利效应"，即森林对气候、水分、土壤和防止自然灾害的影响，以及在卫生和伦理方面对人类健康影响方面的福利效益，进一步发展了森林多效益永续经营理论，在二次大战前对世界各国林业经营指导思想产生了重大影响。1960 年在美国西雅图召开的第五届世界林业大会，其主题就是森林多目标利用。美国国会于 1960 年通过的"国有林多用途持续生产法案"（Multiple Use Sustained Yield Act）体现了美国国有林经营的理念，即满足不同相关利益人的多种需求，实际上是属于第二个多功能林业的理论体系。

1992 年召开的联合国环发大会，明确提出森林可持续经营概念和思想，实际上包括了森林多功能经营思想。在《关于森林问题的原则声明》中明确指出，森林资源和林地应以可持续的方式管理，以满足当代人和子孙后代在社会、经济、生态、文化和精神方面的需要。这些需要包括森林产品和服务功能，如木材和木材产品、水、食物、饲料、药材、燃料、住所、就业、游憩、野生动物生境、景观多样性、碳的汇和库以及其他森林产品。实际上，森林的可持续经营是森林多功能经营理念在时间维度上的拓展，国际社会制定的一系列森林可持续经营指标都包括多种森林功能。

当前，许多国际林业热点问题的解决都能落实到森林多功能经营上。打击非法木材交易的实质是木材产品和生态效益乃至社会效益的平衡问题。森林认证主要目的是推进森林多功能经营过程。林业应对气候变化问题，主要是森林碳汇和木材采伐之间的权衡，城市林业的兴起主要是解决生态产品与文化需求之间的关系。林业生物质能源的研究与实践更是需要森林在提供传统产品和生态服务之外满足人类的能源需求。可见，第二个体系的森林多功能经营内容之多、范围之广，已经成为当前全球林业发展的理念和方向；相比之下，其具体的措施略显匮乏。

3. 两个体系的区别

对比小块林地立木水平和区域水平森林总体这两个多功能森林经营体系，二者目标一致，都是以发挥森林多功能为目标，小片的多功能森林的加总就形成了区域的森林多功能。一些国家把森林区分为公益林和商品林进行经营的同时，往往还有多用途林，此时第二个体系包括了第一个体系，但二者也存在许多差异。

首先，研究对象——森林的尺度不同。James A. Stevens（2002）认为，前者是针对森林经营的最小单位，即小班，一般属于单一立地的森林类型；而后者针对的地域更大。第一个体系关注一个林班或者在小班林地内具有统一的经营手段和方法，作为一个单位进行经营；而区域多功能经营则研究范围较大，可以是流域、林场、县甚至是全国或全球，其经营手段和方法多样。

其次，研究的技术要点不同。前者侧重于森林经营技术的层次，着重研究森林经营方案编制，关注时间上的安排，从空间上则主要是采伐木的选取、林窗形态、产品与服务评估等方面，其技术难点主要是木材、生物多样性、碳等之间的替代性问题；而后者侧重于林业的规划设计层次其关键是将各种不同主导利用的森林在空间上合理布局，从空间上关注各林种的布局，从时间上注重多种效益的动态发展，以及获得公众支持、满足公众需求。

再次，决策主体和制度体系存在一定差异。前者的经营决策者一般是森林的基层管理者，通常是根据林场的经营目标进行方案编制，并经过政府管理部门批准后，进行生产经营实践，属于微观管理层级，经营者在经营方法上具有较大的自主权；后者的决策主体是政府管理部门，属于宏观管理层次，通过制定规划、政策、法律法规、标准，并经过相关部门批准通过后执行。因此，对前者的研究多是出自专家的论文，而后者多出自政府的报告。

最后，森林景观效果有一定差异。前者形成的木材与生态环境兼用型森林往往是复层、异龄混交林；而后者形成的多功能森林往往是对小片林地的主导利用，总体上功能多。这主要是因为一些专家认为，对小片林地的主导利用能够使林地利用更有效率，技术上更简单，成本更低。使那些分开的小片林地或者是人工同龄纯林，或者是封禁的杂木林，在大的区域景观范围内呈现斑块镶嵌结构。

两个体系孰是孰非，理论界争论了 100 年。第一个体系得到更多的公众和生态学家的支持，而经济学家则更加青睐于第二个体系，主张对小片林地的主导利用。但不管是哪种体系，森林多功能经营的决策都必须首先确定最小块林地的使用目的，并且根据目的来制订相关的管理计划，从现有的各国实践及理论研究来看，小片森林的多功能经营存在更加突出的问题，热点和难点亦集中于此。

六、云南省森林经营试点经营模式

（一）人工思茅松纯林近自然森林经营模式

1. 模式名称

人工思茅松纯林近自然森林经营模式。

2. 适用对象

适用对象主要是人工思茅松林、中龄林阶段的生态公益林。

3. 经营目标

该模式的主要经营目标为以防护效益为主的兼用林。

4. 目标林分

针阔混交林。目的树种包括思茅松、香樟树、冬樱花和旱冬瓜等。思茅松目标直径为 50cm 以上，阔叶树目标直径为 45cm 以上，目标蓄积量在 $320m^3/hm^2$ 以上。提升水源涵养功效和生态互补，促进天然更新，调整树种结构，达到林分健康稳定，实现林分的近自然生长。

5. 全周期经营措施表或主要经营措施

（1）林下更新层形成期

对人工思茅松进行综合抚育，伐除灾害木、不良树木，进行清理、修枝，保留和促进目的树种天然更新。

（2）树种结构调整期

对思茅松进行疏伐，逐步调整树种结构，采伐株数强度控制在 26.6% ~ 29.3%，采伐蓄积强度控制在 14.7% ~ 31.5%，将郁闭度控制在 0.6 以上。对下层天然更新的幼树（苗）进行培育和保护。在林中间隙选择适应性强的香樟树、冬樱花、旱冬瓜等乡土珍贵乔木树种进行补植。

6. 示范林

在万掌山营林区凉水箐山作业区设置人工思茅松纯林近自然森林经营模式 $10.00hm^2$。

图 9-11　人工思茅松纯林近自然森林经营模式作业前（大洛槽作业区）

图 9-12　人工思茅松纯林近自然森林经营模式作业后（大洛槽作业区）

（二）天然思茅松针阔混交林培育模式

1. 模式名称

天然思茅松针阔混交林培育模式。

2. 适用对象

适用于天然思茅松纯林、中龄林阶段的生态公益林。

3. 经营目标

培育针阔混交林，优化林分结构，提升生态功能和效益。

4. 目标林分

思茅松—阔叶混交林。目的树种包括思茅松、西南桦、旱冬瓜等。目标林分针叶树和阔叶树，蓄积量比例为 6 ：4。

5. 全周期经营措施表或主要经营措施

（1）林下更新层形成期

对天然思茅松进行综合抚育，伐除灾害木、不良树木，进行清理、修枝，保留和促进天然更新的幼树（苗）生长。

（2）结构调整期

对上层思茅松进行疏伐，逐步调整树种结构，采伐株数强度控制在 26.8% ~ 28.6%，采伐蓄积强度控制在 20% 以内，将郁闭度控制在 0.6 以上。对下层天然更新的幼树（苗）进行培育和保护。在林中间隙选择适应性强的西南桦、旱冬瓜等乡土珍贵乔木树种进行补植。

6. 示范林

在思茅区云仙乡团山村（三木营林区老野猪箐作业区）设置天然思茅松纯林针阔混交林培育模式示范林 10.00hm²，该林分为天然思茅松纯林，为生态公益林，龄组为中龄林。该模式 2023 年度试点面积为 340.00hm²。

图 9-13 天然思茅松纯林针阔混交林培育模式抚育前（三木营林区老野猪箐作业区）

图 9-14 天然思茅松纯林针阔混交林培育模式抚育后（三木营林区老野猪箐作业区）

（三）天然思茅松用材林大径材培育经营模式

1.模式名称

天然思茅松用材林大径材培育经营模式。

2.适用对象

该模式适用对象为天然思茅松用材林、中龄林阶段林分。

3.经营目标

主导功能为大径材生产，兼顾林地森林生态效益发挥。

4.目标林分

思茅松—阔叶异龄混交林。目的树种包括思茅松、西南桦和木荷等。上层思茅松目标树株数密度为 150 ～ 300 株 /hm²，树龄为 50 年以上，胸径为 40cm 以上，目标蓄积量为 200m³ 以上。阔叶树（西南桦、木荷等）进入主林层后，目标树株数 100 ～ 150 株 /hm²，胸径为 30cm 以上，目标蓄积量为 150 ～ 200m³/hm²。经单株木择伐作业经营，促进潜在目标树（西南桦、木荷）更新生长，形成思茅松—阔叶异龄混交林。

5.全周期经营措施表或主要经营措施

（1）介入状态：林下更新层形成期

①对思茅松用材林进行综合抚育，按照留优去劣的原则伐除非目的树种、干型不良木及霸王木等，并进行林下清场及部分林木修枝，上层保留木郁闭度保持在 0.5 ～ 0.6，并注意保留天然的幼树（苗）。

②林冠下补植阔叶树（西南桦、木荷等）900 ～ 1000 株 /hm²，栽后 5 年内采用带或穴状适度开展割灌除草 3 ～ 5 次，注重保留天然更新的阔叶目的树种。

③更新层达到 10 年生后，进行第一次透光伐或生长伐，郁闭度控制在 0.5 ～ 0.6（生长伐强度控制在伐前林木蓄积量的 25% 以内，伐后确定上层木目标树 200 ～ 300 株 /hm²），并进行必要的修枝作业，抚育后阔叶树幼树上及侧方有 1.5m 以上的生长空间。

当下层更新幼树生长再受到抑制时，再次对上层林木进行透光伐或生长伐，伐后上层郁闭度不低于 0.6。

（2）竞争生长阶段：结构调整期

①下层更新林木树龄 20 年以上，进入快速生长阶段。当下层林木生长受到抑制时，对上层进行透光伐 2 ～ 3 次，改善光照条件，增加营养空间，伐后上层郁闭度不低于 0.6。

②对更新层林木进行疏伐，逐步调整树种结构，阔叶树种不低于 6 成。

（3）质量选择阶段：上层木择伐期

①下层更新林木树龄 30 年以上，进入径向生长阶段，逐步进入主林层，形成以阔叶树为主的复层异龄林。

②对部分胸径达到 35cm 的林木进行择伐，强度不超过前期目标树的 35%，间隔期小于 5 年。

③确定先期更新层目标树 100 ～ 150 株 /hm²，对更新林木进行疏伐，密度 450 ～ 650 株 /hm²。

（4）收获阶段：主林层择伐期

①主林层达到培育目标采取持续单株木择伐。

②择伐后对下层以天然更新为主，辅助人工促进西南桦、木荷等目的树种更新，实现思茅松—阔叶树恒续覆盖。

6.示范林

在万掌山营林区大洛槽作业区，设置天然思茅松纯林大径材培育经营模式 10.00hm² 示范林。

图 9-15　天然思茅松纯林大径材培育经营模式作业前（大洛槽作业区）

图 9-16　天然思茅松纯林大径材培育经营模式作业后（大洛槽作业区）

（四）思茅松大径级目标树择伐经营模式

1. 模式名称

思茅松大径级目标树择伐经营模式。

2. 适用对象

该模式适用对象为立地条件较好且有培育大径材前途的思茅松人工商品林。林分立地类型为阳坡中厚层赤红壤，优势树种为思茅松。

3. 经营目标

主导功能为培育思茅松无节大径材。

4. 目标林分

思茅松纯林。目的树种为思茅松。思茅松目标树经营周期为 50 年，胸径达到 40cm 以上，目标树株数密度在 270 ～ 300 株 /hm²，目标蓄积量在 250 ～ 350 m³/hm²。保持合理密度，降低干扰树竞争影响，促进目标树高生长和良好干形的形成，经修枝和生长伐释放空间培育优质无节大径材。

5. 全周期经营措施表或主要经营措施

（1）建群阶段：利用修枝割灌和抚育间伐以释放营养空间

在该模式造林的 1 ～ 3 年生时，补植、砍杂、除草、抚育；5 年生时卫生伐 1 次，定株定干；7 ～ 8 年生时，林分平均胸径达目标平均胸径的 1/10，开展目标树选择，清除全林枯枝，对标识的目标树适当修枝，修枝高度为 1.5 ～ 2.0m；10 年生时，清除非目的树种，留优去劣，去除干扰树释放营养空间。同时，要提高修枝质量，修枝不能平切，不能中切，不能撕破树皮。

（2）竞争生长阶段：分批次间伐干扰树

在树龄 20 年时，进入快速生长阶段。分 3 次抚育，根据立地条件不同，每次抚育采伐量强度为 2% ～ 20%，抚育间伐株数强度为 10% ～ 30%。

该经营模式将林木分为目标树和干扰树。目标树是指位于主林层，生活力旺盛，干形通直，无损伤和病虫害痕迹，而且能够应对各种干扰并长期保持竞争力的林木。林木光合作用主要发生在冠长中上部，冠长下部几乎不发生光合作用。当邻木的树高高于目标树冠长的中上部时，邻木就会对目标树的光合作用产生影响，进而影响目标树生长，此时邻木即为采伐木。目标树选择标准：①优势木或亚优势木，无病虫害，无枯损，以反映林木健康状况。② $0.4 \leq$ 树高胸径比（H/D）≤ 0.8。③胸径大小位于前 70%。④树冠偏斜度 $P < 1$（$P = \dfrac{|CR_E - CR_W| + |CR_N - CR_S|}{CR}$），式中的 CR_E、CR_W、CR_N、CR_S 和 CR 分别为林木东、西、北、南冠幅半径和平均冠幅半径。

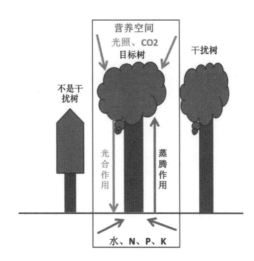

图 9-17 思茅松大径级目标树经营模式原理图

（3）收获阶段：择伐收获

待目标树达到了目标胸径或完成规划目标，开始对目标树择伐收获。对于同龄林，因面积较大需要分年度采伐更新的林分，应从核心部位逐渐向外延采伐，以减少对更新幼树的破坏。

6. 示范林

位于卫国林业局二林场山后箐作业区、三林场麻木河作业区和三工段作业区，面积 1962.2hm²，为思茅松中幼龄人工商品林。该示范林建设受到中央公益性科研院所基金项目"南亚松和思茅松种质资源收集、保存及引种"（编号：RITFYWZX2011-10）等项目资助。经营组织形式为国有林场和徐建民教授共同经营。现有蓄积量 9.3 ～ 123.3m³/hm²，平均株数 550 ～ 1665 株 /hm²，平均胸径 6.2 ～ 18.1cm，平均树高 4.1 ～ 15.9m，林分郁闭度 0.7 ～ 0.8。优势树种为思茅松。

图 9-18 思茅松大径级目标树择伐经营模式示范林抚育前　9-19 思茅松大径级目标树择伐经营模式示范林抚育后

（五）思茅松人工商品用材林集约化经营模式

1. 模式名称

思茅松人工商品用材林集约化经营模式。

2. 适用对象

适用对象为立地条件较好的思茅松人工商品用材林。林分立地类型为阳坡中厚层赤红壤。树种为思茅松。

3. 经营目标

主导功能为思茅松林地单位面积的木材高效产出。

4. 目标林分

思茅松人工纯林。目的树种为思茅松。思茅松人工商品用材林集约化经营周期为 20 年，目标树株数密度预计在 540 ~ 1380 株 /hm²，目标蓄积量预计在 200 ~ 300 m³/hm²。提高思茅松人工商品林单位面积的木材高效产出，推进思茅松人工商品林集约化经营科学化、集约化和专业化，实现单位面积经济效益的提高。

5. 全周期经营措施表或主要经营措施

（1）介入阶段：割灌修枝

在林龄 3 ~ 10 年，伐除林下灌木和杂草，并根据林木生长情况，逐渐伐除生长弱势的林木，每次采伐株数强度小于 10%，并对长势较好的林木进行修枝抚育。

（2）集约化经营形成阶段：去劣留优，优化结构

该模式 10 年后开始实施抚育间伐，按照去劣留优和营造均匀分布原则，采伐木为干扰树、被压树、平顶树、断尖树和分叉树；保留木为品质好、长势旺的林木，将保留木的聚集分布格局改变为均匀分布格局。每次采伐蓄积强度为 25% 以下，采伐株数强度为 30% 以下。

（3）收获阶段：在公顷蓄积生长量下降时收获木材

林分的公顷蓄积生长量不是一直增长的，而是随着时间的增长，林分的公顷蓄积生长量先增长后下降。立地条件越好，公顷蓄积生长量最大值越大。该模式采用多阶段收获木材的方式，降低有限生长空间对林分公顷蓄积生长量的限制，以保证林分内单位面积的蓄积产出量都是最大的。待达到目标林分后，公顷蓄积生长量又出现下降趋势，皆伐收获木材，并注意水土保持，及时造林更新进行下一轮经营。

6. 示范林

该模式经营的林分位于普洱市卫国林业局一林场小正兴管护站独令河、三林场四十二管护站顺本河和服务站管护站民主棚，面积为 13.33hm²。

图 9-20　思茅松人工商品用材林集约化经营模式示范林抚育前

图 9-21　思茅松人工商品用材林集约化经营模式示范林抚育后

（六）云南松人工商品用材林非均匀密度抚育经营模式

1. 模式名称

云南松人工商品用材林非均匀密度抚育经营模式。

2. 适用对象

该模式适用对象为各种立地条件的云南松人工商品林。

3. 经营目标

主导功能为云南松大、中、小径级木材。

4. 目标林分

云南松人工商品林。该模式为目标大、中、小径级木材混合培育。从第 5 年开始持续产出小径级木材，第 11 年开始持续产出中径级木材，第 35 年开始产出大径级木材。通过非均匀密度抚育的方式不断降低林分密度，从 2505 株 /hm² 逐渐调整到 1670 株 /hm²。此后采用目标树经营方式，培育周期 35 年，最终大径级林木株数密度在 150 ~ 270 株 /hm²，目标蓄积量在 300 ~ 450 m³/hm²。

5. 全周期经营措施表或主要经营措施

（1）林木优选阶段：割灌修枝、去劣留优

在幼龄林阶段，要伐除林下灌木和杂草，并根据林木生长情况，逐渐伐除生长弱势的部分林木，并对长势较好的林木进行修枝抚育。

（2）非均匀抚育阶段：分期间伐降低林木间竞争

在林龄 5 ~ 10 年时，第一次抚育产出小径级木材；在林龄 10 ~ 20 年时，开展 1 ~ 2 次抚育间伐，产出中小径级木材。抚育间伐次数根据林木生长状况确定，采伐株数强度控制在 30% 左右。

（3）收获阶段：产出大径级木材

进入近熟林以后，采用目标树经营方式，不断进行择伐，产出中径级木材，林木株数密度保留在 150 ~ 270 株 /hm²。待目标树胸径达到 28cm 以上时进行主伐利用，收获大径材。

6. 示范林

该模式示范林位于宜良县国有禄丰村林场和宜良县国有花园林场。

图 9-22　云南松非均匀密度林分抚育与未抚育对照林分（禄丰村林场）

图 9-23 非均匀密度人工幼龄林抚育（禄丰村林场）

图 9-24 非均匀密度人工幼龄林抚育（花园林场）

（七）云南松优良母树林经营模式

1. 模式名称

云南松优良母树林经营模式。

2. 适用对象

云南松近熟林，林分中有大量培育前途的云南松优良母树。

3. 经营目标

主导功能为云南松母树林采种，保障林木良种供应，保护林木种质资源。

4. 目标林分

云南松母树林干形通直、结实正常、无病虫害。目标林分为 900 株 /hm^2。

5. 主要经营措施

（1）质量选择阶段

保留云南松树龄 30 年以上，干形通直圆满、适应性强、抗病虫害能力良好、抗逆性较强、结实性良好的母树。其他林木逐步进行疏伐，郁闭度不低于 0.4。

（2）收获阶段

①近成熟林阶段，采集云南松优质种子。

②进入过熟林后，主伐云南松大径材母树。

6. 示范林

云南松良种基地示范林位于宜良县国有禄丰村林场尖山营林区，面积为 10.00hm²。

图 9-25 林地抚育经营施工作业　　　　　　图 9-26 林地抚育经营后

（八）天然云南松林下干巴菌保育促繁模式

1. 模式名称

天然云南松林下干巴菌保育促繁模式。

2. 适用对象

适宜生长野生干巴菌的天然云南松商品林纯林、云南松和华山松、栎类、桤木等混交林林分。

3. 经营目标

主导功能为发展林下经济兼顾生态保护。

4. 目标林分

"林—菌"复合发展。通过单株木择伐，修枝割灌作业经营，林分郁闭度调整为 0.4 ~ 0.5。形成适宜野生干巴菌—云南松共生纯林或云南松和华山松、栎类、桤木等混交林。通过干巴菌人工保育促繁作业，林下资源得到有效保护。

5. 全周期经营措施表或主要经营措施

（1）介入状态：林分空间调整期

①在干巴菌保育促繁的前一年 11 月至次年 1 月对云南松林进行综合抚育，按照留优去劣的原则伐除非目的树种、枯立木、濒死木、病虫害木和生长不良的林木等，云南松保留木郁闭度保持在 0.4 ~ 0.5，并注意保留天然的幼树（苗）。同时，对采伐剩余物和清除的灌木、杂草进行归堆，及时清除，既不影响干巴菌的生长，同时防止森林火灾的发生。

②每年的 2—3 月对林冠下茂密杂灌进行割除或枝条修除，改善林分的通风透光条件，以促进干巴菌的繁殖生长。注意保留天然更新的云南松幼树（苗）。

（2）生长阶段：人工保育促繁期

①枯落物及腐殖质调整。通过人工清理林分枯落物及腐殖质，厚度控制在 2 ~ 4cm 为宜，清表土杂草。

②掘塘或挖沟。根据菌塘周边是否有共生云南松以及菌塘是否有适当坡度进行掘塘或挖沟处理，沟宽 0.1 ~ 0.3m，深 0.15 ~ 0.50m，长度根据实际情况而定，开挖菌沟（塘）面积控制在小班面积 10% 以内。

③留种。每 20m 或每个菌塘每年至少留 1 个开伞的成熟子实体，由其产生成熟的孢子繁殖后代。同时，要将预留菌种区域的地表枯枝落叶扒开，使孢子有机会直接落入土中，待成熟的干巴菌孢子完全散落之后再将枯枝落叶重新覆盖，产生新的菌塘，实现干巴菌的自我繁殖。

④湿度调控。空气湿度保持在 65% 左右最有利于干巴菌的生长发育，因此，可以对菌塘实施温度和湿度调控。如在林地土壤比较干的地方，在离菌塘 50cm 的周围进行浇水，保持土壤含水量在 22% 左右，以利于干巴菌的生长发育。

⑤罩棚遮阴。进入 6 月后，随着雨水增多，干巴菌菌丝自然浸染，在沟塘边长出子实体后，在子实体上方用松枝搭成小棚进行遮挡，调整光照和温湿度，小棚温度在 12 ~ 22℃，湿度在 80% 左右。

（3）收获阶段：成熟采收期

①贴地面切割采收，用力适度，避免整株拔起。

②清除罩棚遮阴的松枝，不破坏菌沟、塘的微环境及原有的共生关系。

6. 示范林

位于宜良县禄丰村国有林场尖山营林区，面积为 13.33hm²，云南松林。

图 9-27　常规经营的天然云南松林　　　　图 9-28　保育促繁经营的天然云南松林

图 9-29　干巴菌保育促繁模式（云南松林下）

（九）天然云南松林下牛肝菌保育促繁模式

1. 模式名称

天然云南松林下牛肝菌保育促繁模式。

2. 适用对象

适宜生长牛肝菌的天然云南松纯林及云南松混交林。

3. 经营目标

主导功能为发展林下经济兼顾生态保护。

4. 目标林分

"林—菌—游"复合发展。通过单株木择伐，修枝割灌作业经营，促进云南松更新生长，林分郁闭度调整到 0.4 ~ 0.5，形成适宜牛肝菌—云南松共生纯林或云南松和华山松、栎类、桤木等混交林。通过牛肝菌人工保育促繁作业，林下资源得到有效保护。

5. 全周期经营措施表或主要经营措施

（1）介入状态：林分空间调整期

①在牛肝菌保育促繁的前一年 11 月至次年 1 月对云南松林进行综合抚育，按照留优去劣的原

则伐除非目的树种、枯立木、濒死木、病虫害木和生长不良的林木等，云南松保留木郁闭度保持在 0.4 ~ 0.5，并注意保留天然的幼树（苗）。同时，对采伐剩余物和清除的灌木、杂草进行归堆，及时清除，既不影响牛肝菌的生长，同时防止森林火灾的发生。

②每年的 2—3 月对林冠下茂密杂灌进行割除或枝条修除，改善林分的通风透光条件，以促进牛肝菌的繁殖生长。注意保留天然更新的云南松幼树（苗）。

（2）生长阶段：人工保育促繁期

①枯落物及腐殖质调整。通过人工清理林分枯落物及腐殖质，厚度控制在 2 ~ 4cm 为宜，清表土杂草。

②湿度调控。空气湿度保持在 65% 左右最有利于牛肝菌的生长发育，因此，可以对菌塘实施温度和湿度调控，保持土壤含水量在 22% 左右，以利于牛肝菌的生长发育。

（3）收获阶段：成熟采收期

采摘时保留一定数量的牛肝菌子实体，不破坏微环境及原有的共生关系。

6. 示范林

位于红河州石屏县国营龙朋林场竹园营林区，面积为 12.40hm²。

图 9-30　常规经营的天然云南松林

图 9-31　野生菌保育促繁模式的天然云南松林

图 9-32　野生菌保育促繁模式的见手青

图 9-33　野生菌保育促繁模式的牛肝菌

（十）针阔混交景观游憩林改培模式

1. 模式名称

针阔混交景观游憩林改培模式。

2. 适用对象

适用于适合森林康养、森林游憩开发利用区域的云南松林。

3. 经营目标

将龙韵养生谷现有的云南松林，通过抚育采伐，补植补造，调整树种组成，培育健康、稳定、结构合理的针阔混交林，提升林分的异质性和景观质量，提高石屏县龙朋国有林场的森林康养品质。

4. 目标林分

目标林相为针阔混交林，增强观花、观叶、观果以及采摘体验的景观游憩功能。

5. 全周期经营措施表或主要经营措施

（1）现有林改造

对云南松林进行抚育间伐，云南松保留木郁闭度保持在 0.4 ~ 0.5。同时，对采伐剩余物和清除的灌木、杂草进行归堆，及时清除。

（2）景观林质量提升

选取红枫、银杏、蓝花楹、冬樱花等景观树种进行补植补造。补植密度 450 ~ 900 株 /hm²。

6. 示范林

位于红河州石屏县国营龙朋林场竹园林区龙韵养生谷，示范林面积为 10.80hm²。

图 9-34　针阔混交景观游憩林改培（冬樱花）

图 9-35　龙韵养生谷

（十一）人工湿加松幼龄林林蔬经营模式

1. 模式名称

人工湿加松幼龄林林蔬经营模式。

2. 适用对象

适用于人工湿加松幼龄林。

3. 经营目标

主导功能为合理地利用林下空间，带动周边农户收入，增加土壤肥力，促进湿加松的生长，探索出确保林分健康、稳定的条件，种植出更多蔬菜，以耕代抚，节省割灌除草、浇水施肥等幼树抚育费用。

4. 目标林分

采取林农复合经营措施，提高经济效益，兼顾生态功能。林分公顷株数平均为1575株，胸径和树高显著增长。

5. 全周期经营措施表或主要经营措施

人工湿加松幼龄林林蔬经营模式是在苗木间距有限范围内，合理套种蔬菜，在管理农作物的同时，省去割灌除草、施肥、浇水等抚育方式，节省生长抚育费用，促进湿加松健康、快速生长。

表9-3　人工湿加松幼龄林林蔬经营模式成效监测数据对比

监测序号	样地类型	树种组成	抚育方式	胸径增长（cm）	增长率（%）	树高增长（m）	增长率（%）	郁闭度增长
02-A	对照样地	10湿加松	割灌除草	1.2	1.50	0.4	0.50	0.1
02-B	监测样地	10湿加松	林下种植蔬菜	5.0	6.25	2.5	2.50	0.2

6. 示范林

位于红河州石屏县国营龙朋林场脚白亩营林区，面积为10.13hm²，人工湿加松林。经营组织形式为国有林场经营。

图9-36　对照样地

图9-37　监测样地

图9-38 湿加松林下套种萝卜

图9-39 林下情况

图9-40 间距情况

七、森林多功能经营类型和全周期森林作业法设计

森林经营类型是自然特征和经营目标基本一致，但地域空间上不一定相连的林分（小班）的集合。本设计主要根据森林的起源（人工林、天然林）和反应经营目标的管理类型（公益林、商品林）来划分经营类型，并设计相应的全周期森林作业法和具体地段的林分作业措施。森林质量精准提升的抚育经营设计主要就是从反应自然特征、经营目标和社会需求的多功能经营类型设计，表达这些目标要求和限制到整体经营过程和一致性技术要求的全周期森林经营作业法（二级作业法）设计，针对具体林分特征和状况把全周期作业法落实到具体森林地段的林分作业法（三级作业法）设计，以及针对林分现状和问题的各项抚育措施设计。

（一）以现代多功能近自然林业理念和技术为基础

1. 以多功能森林经营为指导

多功能森林经营是时代发展对林业的基本要求，其基本特征是通过科学的经营来发挥森林的环境和生态支撑、物质生产和景观文化服务等多种功能。我们把多功能森林经营简要地定义为：在林分层次或小班水平上，以同时实现森林的生产供给功能、生态调节功能、文化服务功能和基础支持功能这4类功能中任意2个或2个以上功能为经营目标的森林经营方式。多功能森林经营的精准性科学价值在于把森林经营管理的目标设置在了解具体林分或小班的详细水平上，在这个尺度上认识和利用森林生态系统发育过程中人与自然的协同机制，通过积极的经营来加强森林原有的服务功能，或是在森林功能退化或消失的地方修复或创造出新的森林服务功能。普洱市森林质量精准提升工作要贯彻"以提升森林生态系统的健康水平、抗逆能力和生长活力之根本途径来提升森林的物质生产和生态文化支持功能的多功能森林经营"的发展理念和指导思想，并落实到多功能经营的小班计划和设计中。

2. 以近自然森林经营技术为实现途径

近自然森林经营技术的简要定义是，充分利用自然和人工的力量作用于森林生态系统的生长发育过程，形成经营的合力来培育森林的专门技术。近自然森林经营是一种寻求森林自然发育趋势与人工处理力量结合而形成经营合力来导引森林生态系统不断进步的现代森林经营方式，是以森林生态系统的稳定性、多样性和多功能性的分析为基础，以整个森林的生命周期为时间设计单元，充分利用与森林相关的各种自然力，结合人工经营处理的能动力来优化森林组成结构和生长发育过程的精细化林业技术模式。普洱市森林质量精准提升项目选择的所有示范森林都将落实森林的群落生境、发育阶段、林层结构、树种关系、个体差异等五个近自然经营技术指标与树种配合、抚育采伐类型、促进措施等经营力量协同对应的近自然技术体系设计和应用，以践行"人与自然和谐共生"的现代林业优化发展。

3. 以全周期经营为思考和设计尺度

全周期经营是以树木和森林的整个生命周期为计划对象，从造林建群、幼林管护、抚育调整、主伐利用到再次更新的整个培育过程来认识森林不同发育阶段特征，并规划设计各阶段经营技术和处理安排的整体经营技术，是一种适应新型森林生态系统经营理念的林学概念并需要落实到森林作业法设计中的核心技术。普洱市森林质量精准提升项目将通过包含"全周期经营过程设计"的两级作业法设计技术、在林分层次设置目标直径、在林木层次选择目标树等个体差异化处理，表达出全周期经营的精准技术处理。全周期经营的重要性在于让一部分优秀林木具有完整生命周期的充分生长过程，让森林生态系统具有完整充盈的发育过程，体现出尊重自然和保护自然的现代森林经营技术特征。

（二）典型经营类型和技术模式

1.思茅松人工林小面积皆伐作业法

以生产功能主导兼顾生态公益服务功能的思茅松人工商品林经营类型，其对应的二级作业法名称为思茅松人工林小面积皆伐作业法。该作业法的主要改进要点是：

①增加 2 次蓄积生长抚育伐，重点改善优势木的生长空间，同时为改善林分生态伴生状况的天然更新创造条件。

②延长轮伐期到 40 ~ 45 年，使林分经历蓄积量快速增加阶段，以获得更多优质商品材。

③控制皆伐作业面积在环境影响可接受的范围内，一个连续皆伐作业面的面积视坡度和地形地貌等控制在 2 ~ 5hm²，整个经营类型的森林分两次皆伐完成。通常是保留一个伐区后再皆伐下一个伐区，待第一次伐区完成再造林更新后（通常为 3 年）再伐除保留的伐区。由于集中连片面积规模或地形地貌等的限制难于均匀划分伐区的地段，可在第一次皆伐的区间保留林分隔离带，保留带的宽度在 1.5 ~ 2.0 倍林分高度（平均高）范围内。

思茅松人工商品林经营类型的目标林相为：主林层为大径材思茅松，次林层有伴生性天然更新的阔叶树，阔叶树种包括普文楠、西南桦、旱冬瓜、木荷、石楠、香樟等；思茅松纯林的目标蓄积量为每公顷 350m³ 以上，培育周期为 40 ~ 45 年。

其全周期森林经营计划如表 9-4 所示。

表 9-4　思茅松人工林小面积皆伐作业法全周期培育过程表

发育时期	林分特征	林龄范围	主要经营措施
①森林建群期	造林 / 促进更新 / 林分郁闭成林	1 ~ 6 年	新造林地管护，割除对影响幼苗生长的灌木和草本，成活率不足时要进行补植； 必要时执行间株定株的抚育； 保护林地避免人畜干扰和破坏
②树高速生长期	林木个体竞争推动树高快速生长，幼龄林向杆材林发展，形成高郁闭林分，高径比增加	6 ~ 15 年	注意保护林地不受人为干扰； 在 6 ~ 7 年视情况执行间株定株抚育； 在 12 ~ 15 年执行一次去劣留优、去小留大的疏伐抚育
③竞争选择期	林木竞争加剧并恶化，优势木、劣势木差异显著，主林层部分劣势木活力退化到濒死状态，林下目标树直径生长阶段，中期时公顷蓄积量超过 200m³	15 ~ 25 年间	在 18 ~ 20 年进行以优势木为对象的目标树单株抚育伐；选择标记高品质目标树，密度在 225 株 /hm² 左右，每株目标树伐除 1 ~ 2 株干扰树，但需要保持对目标树的适度竞争林木，使其持续处于竞争推动高生长的状态，同时针对目标树修枝； 注意保留林中枯立木和枯倒木； 清理采伐剩余物沿等高线集中堆积，有条件时执行加速落物分解的辅助处理； 在 25 ~ 26 年视竞争情况执行第一次生长伐，每株目标树伐除影响其生长的 1 ~ 4 株干扰树，原则是使目标树有自由树冠； 保护和促进天然更新的阔叶树种生长

续表 9-4

发育时期	林分特征	林龄范围	主要经营措施
④材积生长期	林分进入直径速生期、开始有效材积的速生阶段，高生长开始进入减缓时期，林下有大量天然更新幼树出现，中期时每公顷活立木蓄积量超过 300m³	25～40年	本阶段执行 2 次针对目标树的生长伐； 在 30～32 年针对目标树种执行第二次生长伐，继续使目标树具有自由生长空间的树冠，当目标间形成竞争时，通过采伐收获来淘汰相对弱的一株目标树，控制保留目标树的冠高比始终大于 1/4； 在 37～38 年执行第三次生长伐，目标树密度降低到 110 株 /hm² 左右
⑤森林成熟	优势木的树高生长进入缓慢或停滞期，优势木胸径＞40cm，其结实质量和数量达到最好的水平，林分中天然更新的伴生性阔叶树进入主林层，林分每公顷活立木蓄积量超过 350m³	40～50年	在 41～43 年执行小面积皆伐作业的第一次采伐，皆伐作业面积视情况控制在 2～5hm²，间隔相同面积林分后皆伐下一个伐区； 伐区内注意保留每公顷 15～30 株母树及林中天然更新的高质量阔叶树； 第一次皆伐伐区实现更新后，可执行第二次皆伐作业，伐除保留块或带的所有林木，同样要注意保留每公顷 15～30 株母树及林中天然更新的高质量阔叶树，及时造林更新伐区

表 9-4 所示的思茅松人工商品林经营类型的全周期作业法适用的对象为思茅松人工林经营，以培育生产功能为主，兼顾生态调节和环境保护功能的思茅松纯林经营类型。需要说明的是这个二级作业法在落实到具体小班或林分的三级作业法设计时，由于具体环境条件或细节目标功能要求的差异，会在目标林分结构和抚育作业类型等方面有所调整，并由于可能的立地条件差异在抚育作业的时间和次数设计上可以有所不同，但是全周期技术过程的整体安排是一致的。

2. 思茅松—阔叶天然混交林目标树择伐作业法

以生态公益服务功能主导兼顾生产功能的天然公益林经营类型，其对应的二级作业法名称为思茅松—阔叶天然混交林目标树择伐作业法。

天然公益林经营类型的目标林相为：思茅松阔叶异龄混交林，阔叶树种包括普文楠、西南桦、旱冬瓜、木荷、山桂花和榄仁，思茅松与阔叶组成比例为 6：4 或 5：5；思茅松目标直径为 50cm+，阔叶树目标直径为 45cm+，目标蓄积量在每公顷 320m³ 以上。

其全周期森林经营计划如表 9-5 所示。

表 9-5 思茅松—阔叶天然混交林目标树择伐作业法全周期培育过程表

发展阶段	林分特征	优势高范围	主要经营措施
①森林建群阶段	造林 / 幼林形成 / 林分建群阶段	＜5m	对影响幼苗生长的灌木、大草本割除，成活率不足时要进行补植； 必要时执行间株定株的抚育； 保护林地避免人畜干扰和破坏
②竞争生长阶段	个体竞争推动树高快速生长阶段。幼龄林至杆材林的郁闭林分	5～15m	注意保护林地不受人为干扰； 及早执行一次去劣留优、去小留大的疏伐抚育，改善林分质量； 保护天然普文楠、西南桦、旱冬瓜、木荷、山桂花、榄仁等生态目标树

续表 9-5

发展阶段	林分特征	优势高范围	主要经营措施
③质量选择阶段	林木竞争加剧并恶化，优势木、劣势木差异显著，主林层部分劣势木活力退化到濒死状态，林下目标树直径生长阶段	15 ~ 22m	初期执行目标树抚育，选择标记高品质目标树，密度在 150 株 / hm² 左右，每株目标树伐除 1 ~ 2 株干扰树； 对针叶目标树修枝，阔叶目标树整枝作业； 清理采伐剩余物沿等高线集中堆积，有条件时执行加速落物分解的辅助处理； 后期执行生长伐，每株目标树伐除影响其生长的 1 ~ 4 株干扰树，原则是使目标树有自由树冠； 保护和促进阔叶混交树种生长；补植普文楠、西南桦、木荷等阔叶树，设置围栏
④森林近自然阶段	目标树直径速生、林分蓄积量快速增加阶段	22 ~ 27m	对目标树进一步选优和标记，密度在 100 株 / hm² 左右； 针对目标树伐除干扰树，形成自由树冠； 同时执行改善更新层优质幼树生长条件的透光抚育，保护和促进天然更新
⑤恒续林阶段	达到目标直径，阔叶树进入主林层，培育第二代目标树	> 27m	达到目标直径的目标树可根据市场需求进行择伐利用，同时为天然更新创造条件； 人工促进天然更新的阔叶树； 培育第二代阔叶目标树，密度在 80 株 / hm² 左右，维护和保持生态服务功能； 继续透光伐，伐除影响天然更新幼树中第二代目标树生长的劣质木和病腐木； 保护古树和优良个体

表 9-5 所示的天然公益林经营类型的全周期作业法适用的对象为公益林区的天然林经营，以生态调节和环境保护功能为主，兼顾培育生产功能的混交林经营类型。需要说明的是这个二级作业法在落实到具体小班或林分的三级作业法设计时，由于具体环境条件或细节目标功能要求的差异，会在目标林分结构和抚育作业类型等方面有所调整，并由于可能的立地条件差异在抚育作业的时间和次数设计上有所不同，但是全周期技术过程的整体安排是一致的。

3. 思茅松—阔叶人工混交林目标树择伐作业法

以生态公益服务功能主导兼顾生产功能的天然公益林经营类型，其对应的二级作业法名称为思茅松—阔叶人工混交林目标树择伐作业法。

人工公益林经营类型的目标林相为：思茅松阔叶异龄混交林，阔叶树种包括香樟、冬樱花、旱冬瓜、清香木和石楠，思茅松与阔叶组成比例为 6 : 4 或 5 : 5；思茅松目标直径为 50cm+，阔叶树目标直径为 45cm+，目标蓄积量在每公顷 380m³ 以上。

其全周期森林经营计划如表 9-6 所示。

表 9-6 所示的人工公益林经营类型的全周期作业法适用的对象为思茅镇莲花村老陆箐公益林区的人工林经营，是以培育生态调节和环境保护功能为主，兼顾培育生产功能的针—阔混交林经营类型。需要说明的是这个二级作业法在落实到具体小班或林分的三级作业法设计时，由于具体环境条件或细节目标功能要求的差异，会在目标林分结构和抚育作业类型等方面有所调整，并由于可能的立地条件差异在抚育作业的时间和次数设计上可以有所不同，但是技术过程的整体安排

是一致的。

表9-6 思茅松—阔叶人工混交林目标树择伐作业法全周期培育过程表

发展阶段	林分特征	优势高范围	主要经营措施
①森林建群阶段	造林/幼林形成/林分建群阶段	<5m	对影响幼苗生长的灌木、大草本割除，成活率不足时要进行补植； 必要时执行间株定株的抚育； 保护林地避免人畜干扰和破坏
②竞争生长阶段	个体竞争推动树高快速生长阶段。幼龄林至杆材林的郁闭林分	5~15m	注意保护林地不受人为干扰； 及早执行一次去劣留优、去小留大的疏伐抚育，改善林分质量； 保护天然香樟、冬樱花、旱冬瓜、清香木、石楠等生态目标树
③质量选择阶段	林木竞争加剧并恶化，优势木、劣势木差异显著，主林层部分劣势木活力退化到濒死状态，林下目标树直径生长阶段	15~24m	初期执行目标树抚育，针对思茅松和阔叶树选择标记高品质目标树，密度在150株/hm²左右，每株目标树伐除1~2株干扰树； 对针叶目标树修枝，阔叶目标树整枝作业； 清理采伐剩余物沿等高线集中堆积，有条件时执行加速落物分解的辅助处理； 后期执行第一次生长伐，每株目标树伐除影响其生长的1~4株干扰树，原则是使目标树有自由树冠； 保护和促进阔叶混交树种生长，补植香樟、冬樱花、旱冬瓜等阔叶树，设置围栏
④森林近自然阶段	目标树直径速生、林分蓄积量快速增加阶段	24~30m	对目标树进一步选优和标记，密度在100株/hm²左右； 针对目标树伐除干扰树，形成自由树冠； 同时执行改善更新层优质幼树生长条件的透光抚育，保护和促进天然更新
⑤恒续林阶段	达到目标直径，阔叶树进入主林层，培育第二代目标树	>30m	达到目标直径的思茅松（ZB>50cm）可根据市场需求进行择伐利用，同时为天然更新创造条件； 在更新不足的林隙内人工低密度补植硬阔叶目的树种幼苗； 培育第二代阔叶目标树，密度在100~200株/hm²，维护和保持生态服务功能； 继续透光伐，伐除影响天然更新幼树中第二代目标树生长的劣质木和病腐木； 保护古树和优良个体

4. 思茅松人工林小面积皆伐作业法

以生产功能主导兼顾生态公益服务功能的思茅松人工商品林经营类型，其对应的二级作业法名称为思茅松人工林小面积皆伐作业法[①]。该作业法的主要改进要点是：

①增加2次蓄积生长抚育伐，重点改善优势木的生长空间，同时为改善林分生态伴生物种状况及天然更新创造条件。

②延长轮伐期为40~45年，使林分经历蓄积量快速增加阶段，以获得更多优质商品材。

③控制皆伐作业面积在环境影响可接受的范围内，一个连续皆伐作业面的面积视坡度和地形地貌等情况控制在2~5hm²（加上对山脊和沟谷地带的保护措施，使经营区森林生态系统的整体格局保持稳定），整个经营类型的森林分两次皆伐完成。通常是保留一个伐区后再皆伐下一个伐区，待第一次伐区完成再造林更新后（通常为3年）再伐除保留的伐区。由于集中连片面积规模或地

---

① 这里给出的"思茅松人工林小面积皆伐作业法"是概念设计，不能代替实践操作水平的本经营类型的作业技术指南。

形地貌等的限制难于均匀划分伐区的地段，可在第一次皆伐的区间保留林分隔离带，保留带的宽度在 1.5 ~ 2.0 倍林分高度（平均高）范围内。

思茅松人工商品林经营类型的目标林相为：主林层为大径材思茅松，次林层有伴生性天然更新的阔叶树，阔叶树种包括普文楠、西南桦、旱冬瓜、木荷、山桂花和榄仁等；思茅松纯林的目标蓄积量为每公顷 350m³ 以上，培育周期为 40 ~ 45 年。

其全周期森林经营计划如表 9-7 所示。

表 9-7　思茅松人工林小面积皆伐作业法全周期培育过程表

发育时期	林分特征	林龄范围	主要经营措施
①森林建群期	造林 / 促进更新 / 林分郁闭成林	1 ~ 6 年	新造林地管护，割除影响幼苗生长的灌木和草本，成活率不足时要进行补植； 必要时执行间株定株的抚育； 保护林地避免人畜干扰和破坏
②树高速生长期	林木个体竞争推动树高快速生长，幼龄林向杆材林发展，形成高郁闭林分，高径比增加	6 ~ 15 年	注意保护林地不受人为干扰； 在 6 ~ 7 年视情况执行间株定株抚育； 在 12 ~ 15 年执行一次去劣留优、去小留大的疏伐抚育
③竞争选择期	林木竞争加剧并恶化，优势木、劣势木差异显著，主林层部分劣势木活力退化到濒死状态，林下目标树直径生长阶段，中期时公顷蓄积量超过 200m³	15 ~ 25 年	在 18 ~ 20 年进行以优势木为对象的目标树单株抚育伐；选择标记高品质目标树，密度在 225 株 /hm² 左右，每株目标树伐除 1 ~ 2 株干扰树，但需要保持对目标树的适度竞争林木，使其持续处于竞争推动高生长的状态，同时针对目标树修枝； 注意保留林中立木和枯倒木； 清理采伐剩余物沿等高线集中堆积，有条件时执行加速枯落物分解的辅助处理； 在 25 ~ 26 年视竞争情况执行第一次生长伐，每株目标树伐除影响其生长的 1 ~ 4 株干扰树，原则是使目标树有自由树冠； 保护和促进天然更新的阔叶树种生长
④材积生长期	林分进入直径速生期、开始有效材积的速生阶段，高生长开始进入减缓时期，林下有大量天然更新幼树出现，中期时每公顷活立木蓄积量超过 300m³	25 ~ 40 年	本阶段执行 2 次针对目标树的生长伐； 在 30 ~ 32 年针对目标树种执行第二次生长伐，继续使目标树具有自由生长空间的树冠，当目标树间形成竞争时，通过采伐收获来淘汰相对弱的一株目标树，控制保留目标树的冠高比始终大于 1/4； 在 37 ~ 38 年执行第三次生长伐，目标树密度降低到 110 株 /hm² 左右
⑤森林成熟	优势木的树高生长进入缓慢或停滞期，优势木胸径＞ 40cm，其结实质量和数量达到最好的水平，林分中天然更新的伴生性阔叶树进入主林层，林分每公顷活立木蓄积量超过 350m³	40 ~ 50 年	在 41 ~ 43 年执行小面积皆伐作业的第一次采伐，皆伐作业面积视情况控制在 2 ~ 5 hm²，间隔相同面积林分后皆伐下一个伐区； 伐区内注意保留每公顷 15 ~ 30 株母树及林中天然更新的高质量阔叶树； 第一次皆伐伐区实现更新后，可执行第二次皆伐作业，伐除保留块或带的所有林木，同样要注意保留每公顷 15 ~ 30 株母树及林中天然更新的高质量阔叶树，及时造林更新伐区

表9-7所示的思茅松人工商品林经营类型的全周期作业法适用的对象为卫国林业局二林场的场部后山、丫口寨、正兴丫口和三林场老黄坟的思茅松人工商品林，是以培育生产功能为主，兼顾生态调节和环境保护功能的思茅松纯林经营类型。需要说明的是这个二级作业法在落实到具体小班或林分的三级作业法设计时，由于具体环境条件或细节目标功能要求的差异，会在目标林分结构和抚育作业类型等方面有所调整，并由于可能的立地条件差异在抚育作业的时间和次数设计上可以有所不同，但是全周期技术过程的整体安排是一致的。

5.思茅松天然林小面积皆伐作业法

以生产功能主导兼顾生态公益服务功能的思茅松天然商品林经营类型，其对应的二级作业法名称为思茅松天然林小面积皆伐作业法[①]。该作业法的改进要点是：

①增加2次蓄积生长抚育伐，重点改善优势木的生长空间，同时为改善林分生态伴生状况的天然更新创造条件。

②延长轮伐期，使林分经历蓄积量快速增加阶段，以获得更多优质商品材。

③控制皆伐作业面积在环境影响可接受的范围内，一个连续皆伐作业面的面积视坡度和地形地貌等情况控制在 2 ~ 5hm^2（加上对山脊和沟谷地带的保护措施，使经营区森林生态系统的整体格局保持稳定），整个经营类型的森林分两次皆伐完成。通常是保留一个伐区后再皆伐下一个伐区，待第一次伐区完成再造林更新后（通常为3年）再伐除保留的伐区。由于集中连片面积规模或地形地貌等的限制难于均匀划分伐区的地段，可在第一次皆伐的区间保留林分隔离带，保留带的宽度在 1.5 ~ 2.0 倍林分高度（平均高）范围内。

思茅松天然商品林经营类型的目标林相为：主林层为大径材思茅松，次林层有伴生性天然更新的阔叶树，重点保护培育香樟、普文楠、西南桦、旱冬瓜、木荷、山桂花和榄仁等高价值阔叶树作为伴生种；思茅松纯林的目标蓄积量为 350m^3/hm^2 以上，培育周期为 50 ~ 55 年。

其全周期森林经营计划如表9-8所示。

---

① 这里给出的"思茅松天然商品林小面积皆伐作业法"是概念设计，不能代替实践操作水平的本经营类型的作业技术指南。

表9-8　思茅松天然林小面积皆伐作业法全周期培育过程表

发育时期	林分特征	林龄范围	主要经营措施
①森林建群期	幼林形成／林分建群阶段	1～15年	割除对影响幼苗生长的灌木和草本，成活率不足时要进注意人工保护和促进； 必要时执行间株定株的抚育； 保护林地，避免人畜干扰和破坏
②树高速生长期	林木个体竞争推动树高快速生长，幼龄林向杆材林发展，形成高郁闭林分，高径比增加	15～25年	注意保护林地不受人为干扰； 在15～16年视情况执行间株定株抚育； 在22～25年执行一次去劣留优、去小留大的疏伐抚育
③竞争选择期	林木竞争加剧并恶化，优势木、劣势木差异显著，主林层部分劣势木活力退化到濒死状态，目标树直径生长阶段，中期时蓄积量超过200m³/hm²	25～35年	在28～30年进行以优势木为对象的目标树单株抚育伐；选择标记高品质目标树，结合林分密度确定目标树密度为225株/hm²左右，每株目标树伐除1～2株干扰树，但需要保持对目标树的适度竞争林木，使其持续处于竞争推动高生长的状态，同时针对目标树修枝； 注意保留林中枯立木和枯倒木； 清理采伐剩余物沿等高线集中堆积，有条件时执行加速枯落物分解的辅助处理； 在35～36年视竞争情况执行第一次生长伐，每株目标树伐除影响其生长的1～3株干扰树，原则是使目标树有自由树冠； 保护和促进天然更新的阔叶树种生长
④材积生长期	林分进入直径速生期、开始有效材积的速生阶段，高生长开始进入减缓时期，林下有大量天然更新幼树出现，中期时活立木蓄积量超过300m³/hm²	35～50年	本阶段执行2次针对目标树的生长伐； 在40～42年针对目标树种执行第二次生长伐，继续使目标树具有自由生长空间的树冠，当目标树间形成竞争时，通过采伐收获来淘汰相对弱的一株目标树，控制保留目标树的冠高比始终大于1/4； 在47～48年执行第三次生长伐，目标树密度视初始密度情况降低到110株/hm²左右
⑤森林成熟	优势木的树高生长进入缓慢或停滞期，优势木胸径＞40cm，其结实质量和数量达到最好的水平，林分中天然更新的伴生性阔叶树进入主林层，林分活立木蓄积量超过350m³/hm²	50～60年	在51～53年执行小面积皆伐作业的第一次采伐，皆伐作业面积控制在2～5hm²，间隔相同面积林分后皆伐下一个伐区； 伐区内注意保留每公顷15～30株母树和保护林中天然更新的高质量阔叶树； 第一次皆伐伐区实现更新后，执行第二次皆伐作业，伐除保留块的所有林木，同样要注意保留每公顷15～30株母树和保护林中天然更新的高质量阔叶树，及时造林更新伐区

　　表9-8所示的思茅松天然商品林经营类型的全周期作业法适用的对象为卫国林业局三林场马鹿塘箐的思茅松天然商品林，是以培育生产功能为主，兼顾生态调节和环境保护功能的思茅松纯林经营类型。需要说明的是这个二级作业法在落实到具体小班或林分的三级作业法设计时，由于具体环境条件或细节目标功能要求的差异，会在目标林分结构和抚育作业类型等方面有所调整，并由于可能的立地条件差异在抚育作业的时间和次数设计上可以有所不同，但是全周期技术过程的整体安排是一致的。

第十章　森林经营方案监测与评价

森林经营方案的监测与评价是一个新的管理工具，旨在森林经营方案编制的过程中设计相应的计划监测项目，在森林经营方案实施的过程中开展监测，通过监测结果来评估经营方案的经营目标是否完成，为森林经营管理提供反馈。目前，我国对森林资源监测体系、森林可持续经营标准与指标建立的研究较多，主要是监测各地理范围森林资源状况及变化趋势，而森林经营方案的监测和评价主要是研究国家、区域及森林经营单位水平森林可持续经营的状况及取得的进展。由于森林经营方案是地方及森林经营单位水平促进森林可持续经营的重要工具，涉及森林资源的培育、保护和森林产品与服务的可持续生产，其作用和影响特殊，但当前针对森林经营方案的监测研究较少，对于森林经营方案的监测与评价没有提出一套完整的方法体系。因此，基于森林经营方案开展相应的监测与评价研究具有重要的意义。

一、森林经营监测与评价的目的和对象

本研究通过对国内外森林经营方案监测与评价体系进行研究分析，结合系统论和适应性管理理论，提出一套适合我国林业可持续发展的森林经营方案监测与评价体系框架。同时，以云南云景林业开发有限公司为例，验证森林经营方案监测与评价体系在具体的森林经营单位实施的可行性和可操作性，为以后的森林经营管理和森林经营方案的修订提供参考和依据。

森林经营效果监测是现代森林经营管理的重要手段。为了掌握森林更新、森林抚育、森林采伐利用等森林经营措施的实施情况，森林经营效果监测与评价以森林经营效果动态变化为主要研究对象，具体包括森林经营活动和森林经营措施所引起的森林生态系统组成和森林结构的变化，以及对水源涵养、生物多样性保护、林地生产力森林健康状况等产生的影响；对森林生长量、蓄积量、枯损量、森林结构、森林更新森林健康、森林土壤、物种多样性、森林水土保持能力等指标分别调查取样，进行持续跟踪调查。许多研究表明，构建经营单位级的森林经营效果综合监测与评价指标体系、探索森林经营的具体实施方法并在经营单位进行运用，可为该经营单位掌握森

林可持续经营状况提供一个重要的技术支撑体系。在构建森林经营效果综合监测评价指标体系时，整个框架体系应该尽量结合经营单位实际的森林经营管理状况和监测现状部分指标实施方法可以灵活变通，以此为基础保证监测体系的适应性、经济性、合理性和可操作性。

总之，森林效果综合监测与评价体系对森林资源经营管理具有积极的促进作用，对于推动林区或林场的可持续经营管理具有重要的现实意义。

二、森林经营监测意义

（一）理论意义

通过查阅国内外森林经营方案监测与评价的文献和资料，总结出森林经营方案监测与评价的释义、区别和联系，介绍了森林经营方案的监测类型，在理论上丰富了森林经营方案监测与评价系统的内容。由于我国对经营单位水平上的森林经营方案监测与评价的研究还相对缺乏，本研究在此方面作出了一定的探索，一定程度上可以丰富经营单位水平上的森林经营方案监测与评价体系的研究，为广大研究森林经营方案编制和评估森林经营方案实施效果的学者提供参考依据。

（二）实践意义

本文以云南云景林业开发有限公司为实例，进行了具体的分析和应用，给云南云景林业开发有限公司的经营管理提供了有参考价值的森林经营方案监测与评价体系，也为更多的森林经营单位经营管理森林资源提供借鉴，提高森林经营水平，促进森林的可持续经营。

三、森林经营监测的与评价的主要内容

（一）森林结构变化

森林结构大致可以分为组成结构、空间结构、年龄结构和营养结构等。森林结构变化则是指森林植被的构成及其状态的变化情况和变化趋势。

1. 组成结构

森林资源组成结构狭义是指森林群落中森林植物种类的多少；广义还包括森林生态系统中的其他成分，除植物之外，还包括动物、微生物及其环境因子。在天然林中，群落结构的复杂程度与组成群落的植物种类数量之间存在着密切联系，在单位面积林地上植物种类越丰富，表明对环境资源的利用程度越高，生物生产量越多，生物稳定性越强。

2. 空间结构

森林资源空间结构包括水平结构和垂直结构。水平结构是指森林植物在林地上的分布状态和格局，具体表现为随机分布、聚集分布和均匀分布等不同类型。聚集分布是森林植物水平分布的主要格局，而人工林和沙漠中灌木的分布更近似于均匀分布，垂直结构是森林植物地面上同化器官（枝、叶等）在空中排列成层的现象，发育完整的森林一般可分为乔木、灌木、草本和苔藓地衣4个层次，每个层次又可按高度划分为几个亚层，乔木层是森林中最主要的层次。

3. 年龄结构

森林资源时间结构是指不同林龄的树种所形成的比例关系，通常将不超过一个龄级的森林称为同龄林。按照其自身的发育过程又可分为幼龄林、中龄林、近熟林、成熟林和过熟林等阶段；而将超过一个龄级的森林称为异龄林。

4. 营养结构

森林资源营养结构是指在组成森林生态系统的各成分之间，通过取食过程而形成一种相互依赖、相互制约的营养级结构。一个完整的森林生态系统由初级生产者、消费者、分解者和非生物的环境所组成，绿色植物将其固定的太阳能以有机物净积累的形式，通过食物链由绿色植物、草食动物、肉食动物等依次由一个营养级向另一个营养级传递，有机体越接近食物链的开端可利用的能量就越大，并随着营养级依次减少，从而构成生态系统生物量金字塔或能量金字塔。

（二）林木生长量变化

林分生长量、林分蓄积量、林木单株材质和规格是森林经营效果监测与评价必须考虑的指标，这些林分生长因子的变化反映着林分内林木对空间与资源的有效利用情况。一个好的森林经营方式可以提高林木生长速率，进而提高林地利用率，不同森林经营方式会对林分生长因子产生不同的影响。

采用标准地法对林分生长因子进行调查，以此来监测森林生长的变化。在调查小班内建立 $25.82m \times 25.82m$ 固定标准地，调查记录所有乔木（灌木）数量、胸径（或地径）株数、树高、冠幅、林龄、天然更新等因子数据。为了更好地监测森林生长变化的过程和幅度，通常在作业前调查一次，抚育完成后进行复查，将两次调查数据进行整理，据此计算相关因子的变化量。

此外，还可以通过立地指数及生物标准量来监测森林生长的变化：通常在作业小班或类似立地林分中踏查，选定 3～5 株优势木，按照一定标准确定小班立地指数，再依据健康森林标准生物量模型计算相应的理论生物量，通过与现实生物量比较来间接监测森林生长的变化情况。

（三）森林更新变化

森林进行主伐以后，为了保证木材不断供给和森林生态功能持续发挥，在砍伐迹地上借助自然力或人力迅速恢复森林植被，通常将这一过程称为森林更新。在实际作业中，更新活动不仅发生在伐后，在伐前和伐中都有可能出于不同的目的进行更新。更新方式有天然更新、人工更新、天然更新和人工更新相结合等多种方式可供选择。

对森林更新变化进行监测与评价时，可以采用样方调查法：在每个样地内设置 5 个样方，其中样地中心设 1 个，样地四角各设 1 个；样方大小通常设置为 $25m^2$（$5m \times 5m$，距边界 5m 处开始）；在各样方内调查树、幼苗的种类、数量、高度等，并据此监测森林覆盖率、林分公顷蓄积量、树种组成、林龄结构改善等情况。

（四）生物多样性变化

生物多样性是指在一定空间范围内多种有机体有规律地结合所构成稳定的生态综合体，不仅包括动物、植物、微生物的物种多样性，也包括物种的遗传与变异的多样性以及生态系统多样性。物种多样性、基因多样性（生物种群之内和种群之间遗传结构的变异）和生态系统多样性（存在于一个生态系统之内或多个生态系统之间）是构成生物多样性的 3 个基本层次。可以说，物种多样性是生物多样性最直观的体现，是生物多样性概念的中心；基因多样性是生物多样性的内在形式，每一个物种就是基因多样性的载体；生态系统多样性是生物多样性的外在形式，保护生物的多样性，最有效的形式是保护生态系统多样性。

监测与评价植物多样性的变化，分别计算灌木和草本的多样性，计算方法见公式（10-1）和公式（10-2）。

$$H = -\sum_{i=1}^{S} P_i \times \ln P_i \quad\cdots\cdots\cdots 公式（10-1）$$

式中：

H——香浓维纳指数 Shannon-wiener index；

P_i——第 i 个物种的个体数或盖度占样方内总个体数或盖度的比；

S——样方内的物种数量或盖度；

i——1，2，$\cdots$，S；

ln——以常数 e 为底数的对数；

$\sum$——对 1，2，$\cdots$，S 的值求和。

$$D = 1 - \sum_{i=1}^{S} (P_i)^2 \quad\cdots\cdots\cdots 公式（10-2）$$

式中：

D——辛普森指数 Simpson index；

P_i——第 i 个物种的个体数或盖度占样方内总个体数或盖度的比；

S——样方内的物种数量或盖度；

i——1，2，$\cdots$，S；

$\sum$——对 1，2，$\cdots$，S 的值求和。

（五）森林碳汇能力变化

森林碳汇（Forest Carbon Sinks）是指森林植物吸收大气中的二氧化碳并将其固定在植被或土壤中，从而减少该气体在大气中的浓度。森林是陆地生态系统中最大的碳库，在降低大气中温室气体浓度，减缓全球气候变暖中，具有十分重要的独特作用。扩大森林覆盖面积是未来 30 ~ 50 年经济可行、成本较低的重要减缓措施。许多国家和国际组织都在积极利用森林碳汇应对气候变化。

1. 乔木层地上部分

乔木层地上部分碳储量应根据组成林分各树种的平均单位面积地上生物量、树种含碳率及林分面积，采用以下公式计量。

$$C_{乔木地上部分} = \sum_{k=1}^{n} \left(B_{乔木地上部分,k} \times CF_{乔木,k} \right) \times s \quad \cdots\cdots\cdots\cdots\text{公式（10-3）}$$

式中：

$C_{乔木地上部分}$——林分乔木地上部分生物质碳储量，单位为吨碳（tC）；

$k = 1,2,3,\cdots,n$——组成林分的树种；

$B_{乔木地上生物量,k}$——林分中树种 k 的平均单位面积地上生物量，单位为吨干物质 / 公顷（t.d.m/hm²）；

$CF_{乔木,k}$——树种 k 的含碳率，单位为吨碳 / 吨干物质（tC/t.d.m）；

s——林分面积，单位为公顷（hm²）。

2. 乔木层地下部分

乔木层地下部分碳储量应根据组成林分各树种的平均单位面积地下生物量、树种含碳率及林分面积，采用以下公式获得。

$$C_{乔木地上部分} = \sum_{k=1}^{n} \left(B_{乔木地上部分,k} \times CF_{乔木,k} \right) \times s \quad \cdots\cdots\cdots\cdots\text{公式（10-4）}$$

式中：

$C_{乔木地上部分}$——林分乔木地下部分生物质碳储量，单位为吨碳（tC）；

$B_{乔木地上生物量,k}$——林分中树种 k 的平均单位面积地下生物量，单位为吨干物质 / 公顷（t.d.m/hm²）。

（六）地力变化

地力主要指土壤的肥沃程度，即土壤中含有氮、磷、钾等营养元素的含量。土层厚度、土壤侵蚀度和腐殖质层厚度等都直接影响土壤的肥沃程度。土层厚度直接反映土壤的发育程度，与土壤肥力密切相关，是野外土壤肥力鉴别的重要指标。通常将土层厚度划分为 3 个等级：小于 25 cm 的称为薄土层，26 ~ 50cm 的称为中土层，大于 50cm 的称为厚土层，土层越厚表明其能够促进林分的正向演替。土壤侵蚀度是指土壤在遭受侵蚀过程中所达到的不同阶段：轻度或无明显侵蚀、表土基本完整称为轻度侵蚀；表土面侵蚀较严重，沟壑密度＜ 1km/km²，沟蚀面积＜ 10% 称为中度侵蚀；沟蚀、重度面蚀沟壑密度 1 ~ 3km/km²，沟蚀面积 15% ~ 20% 称为强度侵蚀；崩山、深度沟蚀、侵蚀沟活动明显，沟壑密度＞ 3km/km²，沟蚀面积＞ 21% 称为严重侵蚀。腐殖质层厚度也是影响土壤肥力的重要影响因素，通常将＞ 5.0cm 称为厚腐殖质层；2.0 ~ 4.9m 称为中腐殖质层；＜ 2.0cm 称为薄腐殖质层。

森林土壤保育功能主要体现在固土和保肥两个方面，对地力变化的监测与评价也是森林经营效果的一个重要方面。对森林资源的固土量和保肥量可分别由公式（10-5）和公式（10-6）计算。

$$G_{固土}=A（X_2-X_1） \quad\text{..................} \quad 公式（10-5）$$

式中：

G 固土——森林防止土壤流失量；

A——林分面积；

X_2——无林地土壤侵蚀模数；

X_1——林地土壤侵蚀模数。

$$G_{保肥}=A（X_2-X_1）（N/R_1+P/R_2+K/R_3+M） \quad\text{..................} \quad 公式（10-6）$$

式中：

$G_{保肥}$——将土壤中的氮、磷、钾元素折算成尿素、过磷酸钙、氯化钾和有机质后的森林防止肥料流失量；

N、P、K、M——森林土壤中氮、磷、钾、有机质平均含量；

R_1——尿素化肥中氮的含量；

R_2——过磷酸钙化肥中磷的含量；

R_3——氯化钾化肥中钾的含量。

（七）投入产出分析

投入产出分析是从经济角度对森林经营活动的投入和产出进行分析，不仅包括投入的林地、劳动力、机械、种苗等生产要素的数量和木材及非木制林产品的产出量，还应综合考虑土地租金、人员工资、机械和种苗单价、木材及木制林产品的单价等经济因素。

$$\pi=P \times Q-AVC \times Q-TFC \quad\text{..................} \quad 公式（10-7）$$

π——森林经营活动产生的利润；

P——木材及非木制林产品单价；

Q——木材及非木制林产品销售量；

AVC——生产或供给单位数量木材及非木制林产品的变动成本；

TFC——生产或供给木材及非木制林产品总的固定成本。

对森林经营的投入、产出进行监测与评价时，需要对造林、抚育、更新、采伐等环节，行政管理等方面的资金使用、人员工资、机械投入以及销售木材及非木制林产品的价格和数量等信息进行搜集和监测。考虑森林经营的长周期性，货币表现出较为明显的时间价值，对其进行投入、产出分析可采用净现值法、内部收益率法和林地期望价值法等。

值得指出的是，基于森林经营的不同目的，对森林经营产出的考量不应仅仅考虑木材和非木制林产品的生产和销售，还应考虑森林生态产品的产出。

四、森林经营效果综合评价方法

指数分析法是利用指数体系，对现象的综合变动从数量上分析其受各因素影响的方向、程度及绝对数量。指数评价体系（exponential Evaluation Method）是指运用多个指标，通过多方面地对一个参评单位进行评价的方法，称为指数评价方法或者体系，简称指数评价法。其基本思想是通过多方面，选择多个指标，并根据各个指标的不同权重，进行综合评价。通常，要遵循科学性原则、导向性原则、综合性原则、可比性原则、可操作性原则等，选择不同的指标，指定不同的标准。主要用在经济指数评价、经济效益评价、单位个人效益评价上。

森林进行综合监测需要评价不同的监测指标，由于不同监测指标有不同的特点。往往应根据各指标的特点选择不同的监测方法，确定与监测指标相应的监测周期。例如，对林木（林地）资源、生物多样性、火灾、病虫害、水源、水质水量、土壤等指标可采用样地调查法；对非木制林产品资源、化学药品和化肥使用情况，经营活动对社会的影响等指标可采用资料搜集和利益相关访谈法；对森林经营活动对环境造成的影响可以采用林地巡视法；产销监管链可通过建立木材追踪体系进行监测；森林经营成本和利润可以采用成本效益分析法。对火灾、病虫害、水源、水质、水量，土壤、化学药品和化肥使用情况，经营活动对社会的影响，产销监管链森林经营成本和利润等指标应每年监测1次，非木制林产品资源和生物多样性可以1～5年监测1次，林木和林地资源每5～10年监测1次；森林经营活动对环境的影响应在每次有重大经营活动时进行监测。运用不同方法获取单个监测指标的数据，更重要的是选择合理的综合评价方法，对森林经营效果进行综合性的监测与评价。

（一）指数法评价

森林经营的方式方法是影响森林经营效果的关键，经营方式直接决定经营的性质和经营的成败；经营方法则是既定经营方式下具体的操作技术，直接影响经营结果的优劣程度。经营效果显然是经营方式和方法的综合体现。林分郁闭度、干扰强度和林分成层性是对森林经营方式的具体表达，而林分平均拥挤度、分布格局、物种多样性指数、树种隔离程度、竞争压力、优势度、健康林木比例以及胸径分布则是森林经营方法的直接反映。森林经营效果是各项林分状态指标调整的综合体现，为此，结构化森林经营给出一个新的林分经营效果综合评价指数，它被定义为考察林分状态因子中满足健康经营标准的程度，其表达式为：

$$M_e = \prod_{j=1}^{m} b_j \sum_{i=1}^{n} \lambda_i \delta_i \ \text{................ 公式（10-8）}$$

森林经营效果综合评价指数量化了特定经营方式下一次性经营效果的优良程度，主要包括选择适当的指标、确定权重、根据实测数据及其规定标准综合考察各评价指标、探求综合指数的计算模式、合理划分评价等级、检验评价模式的可靠性等关键步骤，结合具体经营过程可将经营效果划分为好（$0.85 < M_e < 1$）、中（$0.70 < M_e < 0.85$）、差（$M_e \leq 0.7$）3 个等级。

（二）层次分析法

层次分析法，简称 AHP，是指将与决策总是有关的元素分解成目标、准则、方案等层次，在此基础之上进行定性和定量分析的决策方法。该方法是美国运筹学家匹茨堡大学教授萨蒂于 20 世纪 70 年代初，在为美国国防部研究"根据各个工业部门对国家福利的贡献大小而进行电力分配"课题时，应用网络系统理论和多目标综合评价方法，提出的一种层次权重决策分析方法。

将森林经营效果监测指标划分为不同的层级，并对同一层级内的各项指标通过专家打分的方式赋予不同的权重，据此进行计算。如将第 1 层次监测指标确定为森林资源、森林环境、社会影响、森林经营环境和产销监管链。将第 2 层次监测指标确定为林木和林地资源、非木制林产品资源、生物多样性资源、森林火灾、森林病虫害、水源、水质和水量、森林土壤、化学品使用、环境影响、经营活动的社会影响、经营的成本和利润、产销监管链。将第 3 层次监测指标确定为林木的胸径、树高、单株材积密度、成活率、死亡率、公顷蓄积量、林木蓄积量、非木制林产品的种类和产量、野生动植物的种类、数量和保护等级；包括森林火灾的发生地点、面积、起因和处理方式，森林病虫害发生的原因、种类和防治措施，经营区内水源的数量、分布及水质情况；土壤肥力、土壤污染程度、土层结构、农药和化肥使用范围和数量、化肥和农药使用种类和数量、废弃物处理方式；木材生产和经济活动对环境的影响、企业内职工权益、提供的就业数量、森林资源的所有权和使用权、木材产品的产量和成本、管理费用、木材销售收入、木材的采伐、木材的运输、木材存储等。

五、监测评价结果运用

确定合理的森林经营模式，选择合理的森林经营方案能够实现以相对较小的环境成本提供相对较大的经济、社会和生态效益的目标；而选择不合理的森林经营方案和森林经营模式，在森林中不合理地开发林间道路、过度的木材生产、林分结构退化地力水平下降、景观遭到破坏、畜牧养殖等导致水质污染等问题则会对生态系统造成负面影响。国家、区域或森林经营单位组织技术力量对采种、育苗、造林、抚育、采伐等诸多关键环节的监测数据进行处理和分析，通过对不同时期监测数据进行对比分析，并将监测评价结果及时进行反馈，以促进森林经营效果监测评价在森林经营中发挥更重要的作用。

（一）相关决策提供参考

森林监测和评价的成果是通过实践调查、分析研究和综合考量得出的，具有一定的客观性、真实性、针对性，依托对森林经营效果监测数据的长期积累，通过建立数学模型研究各种监测内容的变化规律及发展趋势，为预测预报和影响评价提供基础数据，从而为政府部门、各级林业管理机构制定有关森林经营政策提供科学依据，为森林经营者（如林业生产、经营部门、林业企业等）从事林业生产经营活动提供决策依据。

（二）编制森林经营方案提供支撑

通过开展森林经营效果监测与评价，对森林经营的结果和效果进行定期的记录监测，并辅助以森林经理的其他调查活动获得大量的一手调查数据和资料，这些丰富的资料为森林经营方案的编制、修订、执行提供了重要的支撑。基于此编制的森林经营方案更加契合实际情况，更加具有可操作性，更加符合时代的要求。

（三）为监督森林经营活动提供依据

森林经营效果监测和评价是一种对森林经营工作的检查，通过调查研究、核查检查、测定等一系列监测活动定期对森林经营实施情况进行了解，帮助评价森林经营活动是否会对环境、社会和经济等方面造成负面影响，评价各项森林经营活动的实施是否达到了预期目标，若存在偏差，提出相应的改正措施和纠偏办法，以期实现森林可持续经营的最终目标。

（四）为森林经营全过程管理提供技术指导

森林经营效果监测和评价具有较强的技术性和专业性，从事森林经营效果监测和评价的人员都是业务素质较高的专业人员和技术人员，在监测活动的各个环节能够及时发现问题或偏差，并能够据此提出相应的修正和完善的意见和建议，帮助森林经营单位更加科学、合理地组织林业生产经营，对森林经理的各个环节起到技术指导作用；同时，在此过程中也发现、搜集诸多林业生产和经营、管理方面的科研问题，通过进一步深入研究转化为新的科技推动力。

综上所述，对森林经营效果开展监测与评价是森林经营和管理的重要组成部分，是不可或缺的关键环节，能够帮助检验森林经营方案的科学性、合理性和适用性，并能够促进及时发现问题、及时纠偏，对促进森林可持续经营有着十分积极的意义。

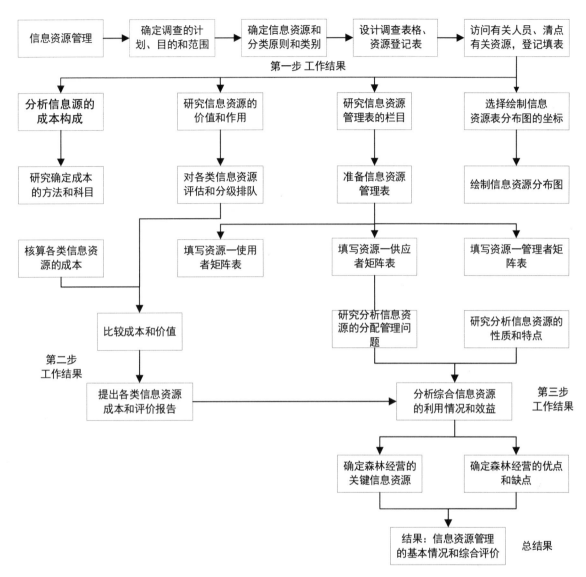

图 10-1　森林经营成效监测流程

第十一章 结论与展望

一、结论

（一）"三级规划 + 经营方案 + 成效监测评估"是一个完整的、贯通一致的、相互促进的森林经营体系

"三级规划 + 经营方案 + 成效监测评估"是一个完整的森林经营体系，它们的指导思想、原则、目标及技术体系是贯通和协调一致的，其中森林经营的"三级规划"是基础，层层相扣，从宏观角度明确了森林经营目标与方向；森林经营方案编制与执行是关键，是森林经营主体开展经营活动及上级主管部门监督森林经营的法律依据，是具体落实森林经营的目标；森林经营成效监测与评估是全过程监控森林经营的重要手段，最终确保森林经营目标的实现。体系各层次之间相互联系、相互促进，共同实现国家、区域林经营主体的森林发展目标，可为森林质量的精准提升奠定基础。

（二）翔实可靠的森林资源数据是编制森林经营规划及森林经营方案的基础

编制森林经营规划及森林经营方案过程中，森林资源基础数据必须真实、可靠，同时做好与其相关的专题规划，如地方社会经济发展规划、国土空间规划、森林保护发展规划、森林抚育规划及森林采伐规划等的衔接，才能确保可操作性。

（三）树立森林全周期经营及系统经营理念，才能保证森林经营的整体目标实现

森林培育周期包括造林（森林形成阶段）、幼林管护（竞争生长阶段）、抚育调整（质量选择阶段）、主伐利用（近自然阶段）、再次更新造林（恒续林阶段）。整个阶段森林经营对象多样、经营情况复杂、经营周期长，需要一系列贯穿于整个森林经营周期的保护、培育和合理利用的技术及制度等，才能建立健康、稳定、优质、高效的森林生态系统。

（四）科学经营森林，必须落实森林分类经营措施

森林分类经营的指导思想是根据森林的主体功能来经营森林，商品林由经营主体按市场经济规律经营森林，其经营行为是一种商业行为，而生态公益林则以森林生态公益功能的发挥为主要经营目标。针对森林现状，按分类经营的理念，确定相应的经营目标及经营策略，合理设计森林经营类型、森林作业法及经营措施等关键技术，做到科学经营森林，充分发挥森林的生态、社会及经济效益，为当地民众提供优良生态环境及优质森林生态产品。

（五）建立多层次的森林经营成效监测评估考核制度，落实森林经营反馈调节机制

各层次的森林经营规划及森林经营主体的森林经营方案实施，需要建立森林经营成效监测与评估制度，落实森林经营反馈机制，同时也作为森林经营管理目标实现与否的考核依据。

（六）示范带动，森林质量精准提升更显著

各地根据森林资源现状及经营管理实际，通过建立各类型森林经营示范基地、样板基地及典型经营模式等，起到示范带动作用，引领当地森林经营质量精准提升。

二、展望

（一）森林经营理论与技术体系需要进一步完善

积极吸收、借鉴国际上可持续经营、多功能经营、近自然经营等先进森林经营理念，推进森林经营理论和技术模式的创新。加强森林经营理论、森林经营作业法、经营成效监测评价等理论与技术的研究，进一步完善森林经营有关技术规程，修订造林、抚育、采伐等方面技术标准和规程。探索符合不同区域特点、不同森林类型的经营技术模式，建立一批森林经营样板基地和示范林、建设森林经营方案实施示范林场，发挥示范带动效应。

（二）提高公众参与森林经营的积极性，促进森林经营规划及经营方案的有效实施

在制订和修订森林经营规划或方案阶段，采取研讨会、在线平台、问卷调查、社区论坛、热线电话等方式，广泛听取各参与方和公众的意见；在监测和评估阶段，满足公众的知情权和监督权，使公众参与贯穿森林经营方案制订与执行的全过程，调动公众参与森林经营的积极性，提高实施效果。

（三）森林经营体系的法律法规逐步完善，森林经营走向标准化、规范化及制度化

加强森林经营相关法律法规的立法，完善兼用林（包括以生态服务为主导功能及林产品生产为主导功能等）的法律地位及经营技术措施，落实分类经营政策，严格公益采伐，分类管理兼用林的经营采伐，放活商品林采伐，确保森林经营主体独立行使职责。以全面推行林长制为契机，建立省、市、县、镇、村五级林长体系，落实森林资源保护和发展目标责任制。

（四）出台森林经营财税政策，加大森林经营资金支持

加强造林、抚育等经营活动的财政补贴，根据不同地区的林业功能和森林经营目标，对造林采取差异性的补贴手段，生态公益林应实行全额补贴，商品林进行部分补贴，混交林的补贴力度应高于纯林。完善森林生态效益补偿制度，通过增加各级财政投入，扩大生态公益林补偿范围，在提高补偿标准的基础上，逐步实现分级管理，对不同等级的森林给予不同的补偿。实行税收减免政策，优化抵押贷款制度，建立适合省情的政策性森林保险制度，进一步优化林业投资环境，减轻林业经营风险。积极推进、落实政府与社会资本合作机制（PPP），通过购买服务、股权合作等方式，吸引金融资本、工商资本。

参考文献

[1] 中国可持续发展林业战略研究项目组 . 中国可持续发展林业战略研究总论 [M]. 北京：中国林业出版社，2002.

[2] 国家林业局 . 国家林业局关于印发《森林经营方案编制与实施纲要》（试行）的通知 [J]. 国家林业局公报，2007(1)：32-40.

[3] 王延飞 . 县级森林可持续经营评价及其经营方案的编制 [D]. 南京：南京林业大学，2012.

[4] 杨晔 . GIS 在森林经营方案编制中的应用 [D]. 安徽：安徽农业大学，2019.

[5] 张剑，唐小平 . 森林经营方案实施效益评价方法的研究 [J]. 林业资源管理，1999(6)：30-36.

[6] 周生贤 . 中国林业的历史性转变 [M]. 北京：中国林业出版社，2002.

[7] 王兆君 . 国有林森林资源资产运营研究 [M]. 哈尔滨：东北林业大学出版社，2003.

[8] 雍文涛 . 林业分工论：中国林业发展道路的研究 [M]. 北京：中国林业出版社，1992.

[9] 雷加富 . 论中国的森林资源经营 [M]. 北京：林业经济，2007.

[10] 景彦勤，林文卫，邓鉴锋 . 德国近自然林业经营与管理模式——赴德国林业考察报告 [J]. 广东林业科技，2006，22(3)：113-116.

[11] 刘宪钊，陆元昌，雷相东 . 多功能森林经营的理论和技术体系 [R]. 北京：中国林业科学研究院，2019.

[12] 普洱市林业和草原局 . 思茅区森林质量精准提升试点示范林实施方案 [R]. 北京：北京中林联林业规划设计研究院有限公司，2020.

[13] 普洱市林业和草原局 . 卫国林业局森林质量精准提升试点示范林实施方案 [R]. 北京：北京中林联林业规划设计研究院有限公司，2020.

[14] 宋永全，王雁，余涛，等 . 云南省森林经营方案编制细则(试行) [S].云南：云南省林业和草原局，2019.

[15] 胥辉.森林经营理论与方法[M].北京:中国林业出版社,2020.

[16] 陈文伟.决策支持系统及其开发[M].北京:清华大学出版社,2000.

[17] 邓华锋,杨华,程琳.森林经营规划[M].北京:科学出版社,2012.

[18] 李振军.森林多功能经营模式[J].林业实用技术,2013(1):18-20.

[19] 刘珞,李莉,郑冬梅.森林经营规划与森林经营方案探讨[J].现代农业科技,2017(13):
     166-168.

[20] 陆元昌,雷相东,王宏,等.森林作业法的历史发展与面向我国森林经营规划的三级作业法
     体系[J].南京林业大学学报(自然科学版),2021,45(3):1-7.

[21] 孟宪宇.测树学[M].北京:中国林业出版社,2006.

[22] 孟楚.南方集体林区森林多功能经营方案编制关键技术[D].北京:北京林业大学,2016.

[23] 邱梓轩.中国陆表森林植被碳汇测计方法与应用研究[D].北京:北京林业大学,2019.

[24] 魏晓慧.森林多功能经营技术与利用模式研究[D].北京:北京林业大学,2013.

[25] 吴涛.国外典型森林经营模式与政策研究及启示[D].北京:北京林业大学,2012.

[26] 惠刚盈,胡艳波,徐海.结构化森林经营[M].北京:中国林业出版社,2007.

[27] 惠刚盈,Gadow K. V..德国现代森林经营技术[M].北京:中国科学技术出版社,2001.

[28] 王倩,王红春,王端.森林经营方案施行检评方法研究[J].林业资源管理,2023(4):179-184.

[29] 唐小平,欧阳君祥.森林经营方案发展综述[J].林业资源管理,2022(S1):8-18.

[30] 马揭立.森林经营规划与森林经营方案探究[J].南方农业,2020,14(35):54-55.

[31] 胡中洋,刘锐之,刘萍.建立森林经营规划与森林经营方案编制体系的思考[J].林业资源管
     理,2020(3):11-14+71.

[32] 鹿占祥.论森林经营方案编制与实施的必要性[J].内蒙古林业调查设计,2020,43(4):
     1-2+10.

[33] 刘珞,李莉,郑冬梅.森林经营规划与森林经营方案探讨[J].现代农业科技,2017,(13):
     166-168.

[34] 李淑艳.浅析森林经营方案的编制[J].现代园艺,2020,43(11):195-196.

[35] 韦希勤.我国森林经营方案问题研究评述[J].林业调查规划,2007(5):105-108.

[36] 梁振.森林经营方案的编制流程和方法[J].农家参谋,2020(8):91+122.

[37] 王芳.浅议森林经营方案在编制与应用中存在的问题[J].林业勘查设计,2018(2):6-7.

[38] 章礼拐.森林经营方案编制技术探析[J].安徽农学通报,2019,25(9):57-58+61.

[39] 冯文达.森林经营规划与森林经营方案探讨[J].现代园艺,2019(10):214-215.

[40] 宫敬君,曹冰,田恩喜.森林经营规划与森林经营方案探讨[J].农业与技术,2017,
     37(23):67-68.

[41] 高洁. 以森林经营方案为核心的管理途径研究 [J]. 农业网络信息, 2009(2): 135-139.

[42] 庞占峰. 森林经营规划与森林经营方案探讨 [J]. 中国地名, 2020(4): 70.

[43] 李文娟. 森林经营方案编制的意义、内容及编制要点 [J]. 防护林科技, 2009(4): 71-73.

[44] 王玉峰. 编制森林经营方案的主要技术环节 [J]. 中小企业管理与科技（上旬刊）, 2016(9): 72-73.

[45] 王年锁, 崔爱萍. 编制森林经营方案与森林资源可持续发展 [J]. 山西林业科技, 2002(4): 17-21.

[46] 谭锦玉. 可持续发展背景下森林资源经营与培育探究 [J]. 南方农业, 2021, 15(32): 84-86.

[47] 赵华, 刘勇, 吕瑞恒. 森林经营分类与森林培育的思考 [J]. 林业资源管理, 2010(6): 27-31.

[48] 惠刚盈, 胡艳波, 赵中华. 结构化森林经营研究进展 [J]. 林业科学研究, 2018, 31(1): 85-93.

[49] 邓海燕, 莫晓勇. 森林质量精准提升综述 [J]. 桉树科技, 2017, 34(2): 37-44.

[50] 徐高福, 余启国, 孙益群, 等. 新时期森林抚育经营技术与措施 [J]. 林业调查规划, 2010, 35(5): 131-134+139.

[51] 李婷婷, 陆元昌, 姜俊, 等. 马尾松人工林森林经营模式评价 [J]. 西北林学院学报, 2015, 30(1): 164-171.

[52] 吴涛. 国外典型森林经营模式与政策研究及启示 [D]. 北京: 北京林业大学, 2012.

[53] 谢国来, 陈振雄. 中国森林经营模式的选择与应用探讨 [J]. 中南林业调查规划, 2018, 37(1): 1-4.

[54] 赵双林, 秦玉, 廖长琨, 等. 浅谈森林经营模式及对策分析 [J]. 经济研究导刊, 2014(30): 56-57.

[55] 陆绿洲. 不同森林经营模式对林分结构与生态特征的影响 [J]. 现代农业科技, 2021(16): 144-145.

[56] 李茗. 国有林场森林资源经营模式改革的思考 [J]. 中国林业经济, 2013(6): 30-31+54.

[57] 田瑞松. 国有林场森林健康可持续经营模式探讨 [J]. 现代农业科技, 2017(1): 167.

[58] 许雪飞. 近自然育林经营模式及体系创建的启示 [J]. 安徽农学通报, 2015, 21(24): 115-116.

[59] 杨帆, 邓杨兰朵, 吴梅, 等. 新时代森林经营规划设计体系探讨 [J]. 中南林业调查规划, 2020, 39(3): 1-4.

[60] 曾昭佳. 森林经营规划与森林经营方案探讨 [J]. 绿色科技, 2018(23): 189-190.

[61] 向艳平. 森林资源规划设计调查为基础的森林分类经营与经营措施 [J]. 绿色科技, 2018(17): 168-169.